四川食用菌

彭卫红　吴传秀　主编

中国农业出版社
北京

致谢：农业重大技术协同推广项目，
四川食用菌创新团队项目经费支持！

四川食用菌

主　　编：彭卫红　吴传秀
副 主 编（以姓氏笔画为序）：
　　　　王　勇　刘　娟　许瀛引　李　享　何晓兰　姜　邻
　　　　唐　杰　谭　伟
编写人员（以姓氏笔画为序）：
　　　　马　洁　王　迪　王　波　王　勇　王国英　甘炳成
　　　　叶　雷　冯仁才　向泉桔　刘　询　刘　娟　刘天海
　　　　刘如县　刘理旭　闫世杰　许瀛引　孙传齐　杜晓荣
　　　　李　林　李　享　李　彪　李小林　李昕竺　余　洋
　　　　杨　梅　杨　敬　肖　奎　吴传秀　何　斌　何晓兰
　　　　张　波　张　谦　张春坪　陈　强　陈　影　苗人云
　　　　罗建华　周　洁　赵　辉　赵树海　柳成益　姜　邻
　　　　秦娜娜　贾定洪　徐　德　唐　杰　曹雪莲　梁　勤
　　　　彭卫红　蒋　芳　辜运富　舒雪琴　曾先富　谢丽源
　　　　赖泉淏　谭　伟　熊维全

支持单位：

四川省食用菌研究所

四川省园艺作物技术推广总站

四川农业大学

成都市农林科学院

中国农业科学院都市农业研究所

四川省水产学校

巴中市通江银耳科学技术研究所

攀枝花市农林科学研究院

达州市农业科学研究院

攀枝花市经贸旅游学校

眉山职业技术学院

长宁县农业农村局

成都迈乐赛生物科技有限公司

四川金地菌类有限责任公司

前　言

四川位于我国西南地区，地形地貌复杂、植被丰富多样，为多种大型真菌的生长提供了优越条件，是我国野生食用菌资源最丰富的区域之一。据不完全统计，四川在市场直接售卖的野生食用菌已超过200种，境内珍稀食用菌，如松茸、冬虫夏草、块菌等，产量大、品质好，已成为产区农牧民收入的重要来源。

勤劳的四川人民很早就开始有意识地培育食用菌。秦巴山区"两耳一菇"栽培历史悠久，影响深远，据《宣汉县志》记载，在清代已形成了较为完善的银耳、黑木耳、香菇的段木栽培技术体系。通江耳农在清代成立了"耳山会"，制定了耳林保护公约，有的栽培工艺至今还完整保留；当地菌类文化的珍贵文物相继出土，成为研究食用菌发展史的珍贵材料。

四川不仅是我国银耳、羊肚菌等食用菌人工栽培的发源地，也是国内较早系统开展食用菌研究的地区。20世纪70年代末，四川省农业科学院土壤肥料研究所原微生物研究室主任刘芳秀等经过考察和前期研究，确定了以食用菌为科研工作重点，开启了四川食用菌科学研究的序幕。在她的带领下，一批年轻的研究者投身食用菌研究，积极开展国内、国际的合作，先后进行了平菇、香菇、灰树花、竹荪和毛木耳等新品种选育和配套栽培技术研究工作，在金堂、什邡、简阳、中江、名山等地建立生产示范基地，这些区域也成为四川食用菌产业发展的先行区。40余年来，四川食用菌从"两耳一菇"和"六菇三耳"发展到30余个种类规模化生产，形成了独具四川特色的食用菌产业发展模式。当前，传统单家独户的生产方式、具备一定设施的集约式栽培与自动化程度较高的现代工厂化生产方式并存，多种模式互为补充，灵活多样地满足了不同区域和不同类型的市场需求，食用菌产业也逐渐成为真正的富民产业。

四川是我国西部食用菌主产区，栽培种类丰富、栽培模式多样、知名品牌众多，已有通江银耳、利州香菇、青川木耳、长宁竹荪、

金堂姬菇、金堂羊肚菌、雅江松茸、黄金木耳等国家地理标志产品、农产品地理标志产品和地理标志证明商标近30个，为乡村振兴发挥了积极作用，也为四川食用菌高质量发展奠定了基础。

随着大食物观的树立和践行，食用菌不仅是"小蘑菇、大产业"，更是"向植物动物微生物要热量、要蛋白"中微生物的典型代表。在巩固拓展脱贫攻坚成果同乡村振兴有效衔接的历史阶段，正值四川食用菌产业面临转型升级的关键时期，也是科技支撑新时代更高水平"天府粮仓"和实施"天府森林粮库"工程的历史时期，食用菌产业发展迎来了新的机遇，也面临新的挑战。笔者希望通过客观地回顾四川食用菌产业发展历史，记载四川食用菌产业发展的足迹，为四川食用菌产业的未来发展提供有效借鉴。

为此，笔者组织四川省内从事食用菌科研、教学和管理的相关人员，选择了一批能代表四川特色的食用菌种类，如最早在四川实现人工栽培的银耳和羊肚菌，产量一直稳居全国第一的毛木耳，具有区域特色的黄色金针菇、段木木耳、姬菇、竹荪、茯苓，以及在四川栽培面积较大的大球盖菇、杏鲍菇、真姬菇等23个栽培食用菌种类，按照栽培模式分为段木及代料栽培、覆土栽培两篇分别进行描述；同时，对四川产量较大的松茸、冬虫夏草、块菌等16种野生食用菌进行了简要说明。希望通过本书能大体呈现四川食用菌的产业现状、栽培历史和栽培技术特点，为食用菌从业人员提供有益参考。

由于编者水平所限，加之时间仓促，本书定会存在不足之处，敬请广大同行和读者批评指正！

编　者

2024年12月，成都

目 录

第三篇　常见野生食用菌

第四篇　食用菌贮运加工

第一篇

段木及代料栽培食用菌

香　菇

　　香菇（图1-1）在四川的栽培历史可以追溯到清嘉庆年间，四川《宣汉县志》记载宣汉县老君乡自清代就有段木香菇生产，所产"老君香菇"菇形圆正、肉厚、柄短，肉质嫩脆，香味浓郁，是四川香菇的典型代表之一。

图1-1　香　菇

　　秦巴山区为四川省传统香菇的主产区，香菇段木栽培和代料栽培模式并存，四川通江、广元、绵阳等地至今还部分保留了段木栽培的方式，2013年入选国家地理标志保护产品的"利州香菇"即是选择产区范围内树龄7～8年的壳斗科青冈属木材、在海拔800～1000米处段木栽培而成的，所产香菇肉质致密、香味浓郁，是香菇中的上品。

　　20世纪80年代初，四川广元等地开始了代料香菇栽培，90年代后期，四川省农业科学院引进浙江香菇内外袋技术，较好地解决了制袋污染率高的问题。之后，香菇代料栽培在双流、崇州、雅安等地发展较快，并扩展到四川省内其他地区，香菇也逐渐成为四川主栽食用菌种类之一。2022年四川省香菇产量34.12万吨，居于四川食用菌产量第三位。

一、概述

（一）分类地位及分布

香菇 *Lentinula edodes* (Berk.) Pegler，古称台蕈、合蕈，又被称作香蕈、香信、冬菇、花菇等，隶属于担子菌门 Basidiomycota，伞菌纲 Agaricomycetes，伞菌目 Agaricales，类脐菇科 Omphalotaceae，微香菇属 *Lentinula*。

野生香菇在我国21个省份均有分布。四川攀西地区、秦巴山区、甘孜藏族自治州、阿坝藏族羌族自治州等地均有野生香菇分布，但以攀西地区产量最大。

（二）营养保健价值

香菇营养丰富，肉质肥厚细嫩，味道鲜美，干品香气独特，素有"山珍""菇中皇后"的美誉。在美国，香菇被称为"上帝的食品"，在日本，香菇被认为是"植物性食品的顶峰"，具有很高的食药用价值。

1. **营养价值**　据测定，香菇子实体干品蛋白质含量约为20%，8种人体必需氨基酸的含量占氨基酸总量的32%以上；碳水化合物含量超过50%，其中半纤维素和香菇多糖含量较高，香菇多糖含量为3.80%～16.82%；粗脂肪含量约为4%，且以不饱和脂肪酸为主；灰分含量约为5%，富含人体所需的钾、钙、磷、硫、镁、锰、硒、铜、锌等矿质元素；还含有香菇酶和核酸等营养成分，可以提高机体食欲和帮助消化。

2. **保健价值**　据古籍记载，香菇具有"益气不饥、治风破血""味甘、性平，大能益气助食，及理小便失禁""甘、寒、可脱豆毒""大益胃气"等功能。现代医药研究表明，香菇中含有香菇多糖、香菇素、干扰素诱生剂等物质，具有增强免疫力、抗病毒和防肿瘤的作用；香菇腺嘌呤、香菇多糖、维生素和香菇素共同作用可预防心脑血管疾病。研究表明，香菇多糖对小白鼠肉瘤和艾氏癌的抑制率分别达到97.5%和80%，是临床常用的治疗恶性肿瘤的辅助用药。香菇子实体富含的麦角甾醇在阳光下转变为维生素D后，可促进机体对钙质的吸收，可防治儿童佝偻病和老年人骨质疏松；此外，香菇还具有健胃护肝、调节内分泌、抗疲劳、抗氧化、抗突变和抗衰老、减重等功效，是优质的食药同源产品。

（三）栽培历史

中国是世界香菇人工栽培的发祥地，首次栽培在公元1000—1100年间，创始人为浙江省龙泉县的吴三公；而最早对香菇生产方法有文字记载的是公元1189年何澹所著的《菌蕈》；随后在公元1313年，元代农学家王祯所著《王祯农书》"卷八·百谷谱四·蔬属"中的"菌子"篇，用了152个汉字对香菇栽培方法进行简明、准确描述，表明元代的香菇砍花法栽培技术已非常成熟，而栽培区域已从浙江的龙泉、庆元、景宁三县扩展至闽、赣、皖诸省，并逐步向湖南、湖北、江苏、贵州、四川、河南、山东等省份扩展。成书于清嘉庆年间的《庆元县志·风土志》曾记载，庆元县的青壮年远赴川、陕、云、贵等地栽培香菇。

据《宣汉县志》记载，达州市宣汉县老君乡自清代起就有香菇种植；《南江县志》亦记载民国时期巴中市南江县用砍花法栽培香菇的技术，表明香菇砍花法栽培技术最先传入川东山区，并在秦巴山区逐步传播和发展。20世纪50年代后，香菇段木砍花法栽培技术逐步在四川达县、广元及万县等地区得到推广应用。

20世纪70年代，随着香菇纯培养菌丝播种技术和代料栽培技术的应用，四川香菇代料栽培模式逐渐得到发展。20世纪80年代初，四川广元市实用技术研究所利用锯木屑等材料制成"人造段木"生产香菇，接种后放在室外自然环境里出菇。1987年，四川省科学技术委员会邀请了日本菌类学家富永保人来四川省农业科学院进行香菇、金针菇等栽培技术交流。1989年，四川省农业科学院刘芳秀、唐家蓉等对引自国内外的18个香菇菌株进行品比和示范。20世纪90年代后期，四川省农业科学院土壤肥料研究所微生物研究室与浙江丽水香菇种植户合作，在双流等地应用香菇菌袋内外袋技术，显著提高制袋成功率和栽培产量。同期，四川雅安名山、荥经等地开展了香菇代料栽培，并形成一定规模。之后，来自浙江、福建等地的香菇种植户在成都周边种植香菇，进一步推动了四川香菇代料栽培技术的产业化发展。

2000年后，围绕香菇开展优良菌种的引进示范、品种引育、栽培技术等研究逐渐增多，四川省农业科学院育成了香菇新品种金地香菇，并先后通过四川省审定和国家认定，为四川香菇产业的发展作出积极的贡献。

（四）产业现状

据中国食用菌协会统计，2022年全国香菇产量为1 295.47万吨，约占全国食用菌总产量的1/4；四川省香菇产量约为34.12万吨，居四川食用菌第三位。四川香菇生产总体比较分散，2010年前后，成都周边栽培规模比较大，由于原材料、劳动力等生产成本升高和环保要求等原因导致香菇生产逐步向盆周山区转移。目前，四川香菇生产集中在广元、巴中、达州、绵阳四市，约占四川香菇栽培总量的60%，生产方式以农户小规模生产为主，并逐步向集约化、设施化生产方式发展。四川香菇还保留了少量段木香菇栽培模式，主要集中在绵阳平武、巴中通江、广元的青川和利州等地区。

四川香菇在品牌建设和产品开发方面取得了一定的成效。2018年，中国蔬菜流通协会授予广元市利州区"中国段木香菇之乡"的称号；2015年，广元市昭化区"晋贤香菇"获得"国家地理标志证明商标"；达州市宣汉县"老君香菇"和广元市利州区"利州香菇"通过农产品地理标志产品认证；2020年，农业农村部中国绿色食品发展中心授予甘孜藏族自治州理塘县理塘极地果蔬香菇基地香菇国家级绿色食品认证。目前，四川已开发的香菇加工产品有香菇柄肉松、香菇柄蜜饯、人造香菇腊肉、香菇（牛肉）酱等。

四川香菇生产在原材料资源、自然气候条件等方面都具有较突出的优势，且川渝地区饮食文化，特别是火锅对香菇产品的需求量很大，产业发展前景广阔。

二、生物学特性

（一）形态特征

香菇孢子呈椭圆形至卵圆形、薄壁、光滑、无色，大小为（4.5 ~ 9）微米 ×（2 ~ 4）

微米。菌丝白色绒毛状，有横隔，双核菌丝有锁状联合，菌落呈白色绒毛状。

子实体群生或丛生，也有单生。菌盖幼时边缘内卷呈近半球形至扁半球形，后渐平展至反卷，直径5～20厘米，厚1～1.5厘米；菌盖肉质、白色至奶油色、软革质；生长后期菌盖颜色因品种和栽培条件不同略有差异，多为浅褐色至黑褐色。菌盖表面有白色、黄白色的鳞片（图1-2），老熟后鳞片脱落至近光滑，在温度差和湿度差较大的情况下有龟裂纹。

图1-2　香菇子实体形态

菌褶弯生至离生、不等长、柔软而稠密，幼嫩时为白色，生长后期呈褐色，干燥时呈淡黄色，褶缘锯齿状。

菌柄白色至浅褐色，实心、坚韧、半肉质至纤维质，菌柄圆柱形或锥形，中生至稍偏生，中下部常覆有深褐色毛状鳞片。

（二）生长发育条件

1.营养条件　香菇是木腐菌，可分解基质中的木质素、纤维素、半纤维素等营养物质，营腐生生活。

（1）碳源。香菇菌丝易吸收利用葡萄糖、果糖等单糖，麦芽糖、蔗糖等双糖，以及淀粉等多糖；木质素、纤维素和半纤维素等大分子物质需要分解成小分子化合物才能被吸收利用；不能利用大多数有机酸，且有机酸对香菇生长发育有害。香菇栽培中常用的碳源包括木屑、棉籽壳、玉米芯和甘蔗渣等。

（2）氮源。香菇菌丝可直接吸收利用天门冬氨酸、天门冬酰胺、谷氨酸、谷氨酰胺等小分子有机氮源，能利用铵态氮和有机氮，不能利用硝态氮和亚硝态氮。香菇栽培中常用的氮源包括麦麸和米糠等。

（3）碳氮比（C/N）。菌丝体生长阶段要求碳氮比为（25 ~ 40）∶1，生殖生长阶段碳氮比在（73 ~ 600）∶1均可。

（4）矿质元素。包括钾、钙、磷、镁和硫等大量、中量元素，以及铁、锰、锌、钼和硼等微量元素。

（5）维生素。香菇自身不能合成维生素B_1，但栽培原料如米糠和麦麸中维生素含量丰富，生产中不必另外添加。

2. 环境条件

（1）温度。香菇菌丝在5 ~ 32℃均能生长，23 ~ 25℃最适宜，菌丝耐低温不耐高温，在−10 ~ −8℃条件下可存活30 ~ 40天，34℃菌丝停止生长，40℃菌丝很快死亡。

香菇属低温型变温结实型菌类。低温型品系原基分化适宜温度为5 ~ 15℃，中温型为10 ~ 20℃，高温型为15 ~ 25℃；高温出菇型需3 ~ 6℃温差出菇，中低温出菇型需5 ~ 10℃温差出菇。

（2）光照。菌丝生长不需要光照，但原基分化和子实体发育需要光照。原基分化的必要光照强度为50 ~ 100勒克斯，子实体发育的光照强度宜为200 ~ 600勒克斯。子实体在黑暗环境中生长会出现菌柄长、菌盖小、颜色淡、菌肉薄等畸形情况。为诱导原基分化，菌袋培养中后期需200 ~ 600勒克斯的光照持续照射，促进菌袋转色。

（3）水分。菌丝体生长阶段，段木栽培方式要求适宜含水量为35% ~ 40%，以木屑为主料的代料栽培基质中适宜含水量为60% ~ 65%；空气相对湿度为60% ~ 70%。子实体发育阶段要求培养料含水量为52% ~ 60%、空气相对湿度为80% ~ 90%。

（4）空气。香菇属好气性菌类，菌丝生长和子实体发育需要充足的氧气。若生长环境氧气不足，菌丝生长受阻，易衰老甚至死亡，原基不易形成，子实体分化及发育受抑制，导致菌盖畸形、菌柄徒长，菇体失去商品价值。

（5）酸碱度。香菇喜酸性，菌丝喜在偏酸性条件下生长，适宜pH为5 ~ 6，pH 7.5以上菌丝生长受抑制；在培养过程中，香菇菌丝产生和积累的有机酸会降低基质pH，pH 3.5 ~ 4.5最适宜香菇原基分化和子实体发育。

三、栽培技术

（一）段木栽培

1. 栽培季节 香菇段木栽培季节与海拔高度密切相关。海拔在800米以上的地区，宜在12月至翌年1月制栽培种、2—3月接种、10月出菇；海拔在800米以下的地区，宜在9—10月制栽培种、11月至翌年1月接种、10月出菇。

2. 品种选择 选择本地已试种成功、品性稳定的品种或菌株，或经过试验示范效果好的新品种。

3. 段木准备

（1）树种选择。四川常用栓皮栎、麻栎、槲栎、青冈栎（图1-3）和板栗树等为原料进行栽培。

图1-3　青冈栎树段

（2）适时备料。选择树龄10～30年、直径12～20厘米的适宜树种，在秋季至翌年春季发芽前一个月进行采伐*，采伐时用斧头或油锯在树兜上部距地面30厘米左右伐断，切忌损伤树皮。

（3）截断干燥。树木采伐后先架晒7～10天，再剔去枝丫，然后截断成1～1.2米长的段木，并用5%石灰水、多菌灵或克霉灵等涂刷截面，防止杂菌侵染。截好的段木以"井"字形（图1-4）或三角形架在通风且有散射光照处继续干燥，至段木截面产生放射状裂纹，且不超过截面直径的2/3为宜。上述过程常需20～40天，干燥后的段木含水量为40%～50%。

图1-4　"井"字形架晒

---

* 根据《森林法》，未经林业行政主管部门及法律规定的其他主管部门批准并核发林木采伐许可证，任意采伐森林或其他林木的行为，以滥伐林木罪处罚。因此，砍伐树木前需办理林木采伐许可证，并严格按照证书规定进行采伐。本书余后相关内容同。——编者注

4.接种 要求使用适龄菌种,菌种菌丝洁白浓密、生长旺盛、无污染、无老化。使用前需用75%的酒精或其他消毒液擦洗菌种袋表面进行消毒。

气温5~25℃即可接种,15℃左右最佳。首先用电钻在段木上打孔(图1-5),孔深2~2.5厘米,孔径1.6~1.8厘米,接种孔行距约5厘米,穴距12~15厘米,呈"品"字形排列;将桤木、白杨等木质疏松的树种加工成高约0.5厘米、边长比孔径大1~3毫米的木块,作为封口木块晒干备用。

接种时,接种人员双手及工具需用消毒液或75%的酒精擦拭消毒,用手将菌种掰成锥状,填入接种孔内,用工具稍稍压实,以利菌丝定殖,再用提前准备好的封口木块稍打紧封住接种孔表面,利于保水和防杂菌侵染(图1-6)。

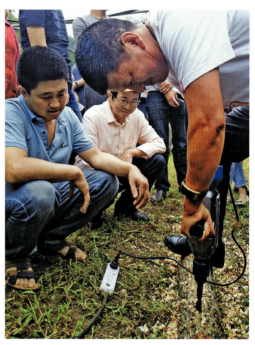

图1-5 打 孔

图1-6 封种穴

5.发菌 选择遮阴避风、排水良好、交通便利、水源近的地势平坦地区或缓坡地带为发菌场。接种后的菇木先集中堆码发菌,让香菇菌丝迅速定殖后向菇木内蔓延生长。

（1）堆码。

①井叠式堆码。适于在地势平坦、场地湿度较高、菇木含水量偏低的情况下使用。堆放时先在地面横放高约10厘米的砖石或垫木，再在其上呈"井"字形堆码菇木（图1-7），堆高1～1.2米，表面用茅草、薄膜、遮阳网等覆盖保温保湿。规模化集约栽培一般采用此方法堆码。

图1-7　井叠式堆码发菌

②横堆式堆码。菇场湿度、通风等条件中等，堆码可采用横堆式。先横放砖石或垫木，再在其上按同一方向堆放菇木，堆高约1米，表面覆盖茅草、薄膜等。

（2）管理。当气温在10～15℃时，接种建堆后7～10天菌丝在菇木中定殖，15～20天接种口长出白色的菌丝圈，25～30天菇木截面若出现白色斑点状菌落，则表明菌丝已侵入菇木，生长良好。

发菌结束即进入养菌期。养菌时间受品种、积温等因素影响，中低温品种一般需要8～10个月，菇木较粗或用质地紧实树种作菇木的则需养菌1年以上。养菌期需保持适宜的温度、湿度和通风条件。

①遮阴避光。发菌期避免阳光直射菇木，可搭遮阳棚避光。

②通气。香菇菌丝定殖后每隔3～5天掀开覆盖物通风1次。集中发菌结束后，去除薄膜、草帘等覆盖物，结合翻堆将菇木按间距3～5厘米呈"井"字形堆放，加强堆内空气流通，利于菌丝在菇木内生长。

③温度。段木香菇栽培在接种时一般气温较低，需在堆表面覆盖薄膜等保温。集中发菌堆内温度不宜超过20℃，温度过高应去掉覆盖物，通风降温。养菌期堆内温度不超过32℃，温度过高时应及时散堆降温。

④湿度。发菌期环境湿度要求以偏干为主、干湿交替管理。发菌前期菇木需水量小，喷水量以菇木表面喷湿均匀为宜。发菌后期，菇木菌丝生长旺盛、需水量大，当菇木截面出现相连的裂缝时，则需喷淋补水，常采用连续喷淋1～2天、每天早晚喷淋1～2次、

每次喷淋约3小时、再停水5～7天的方法。补水量大时要及时加强通风，避免闷湿环境下杂菌虫害大量滋生或菇木发黑腐烂等。

⑤翻堆。堆码发菌因位置不同，温湿条件不一致，菇木发菌效果不一，需翻堆管理，即将菇木上下、内外调换位置。翻堆次数应因地因时而定。

冬春季播种的菇木，气温低、菌丝生长缓慢，若堆内无杂菌污染、生长不良等异常现象，可不必翻堆；3月中旬至4月上旬，气温回升，进行初次翻堆。若气温低，则翻堆后仍紧密堆叠，若气温高，则翻堆后将菇木按间距3～5厘米呈"井"字形堆放。每隔30天在晴朗干燥天气翻堆1次，以增强堆内空气流通，抑制杂菌污染。养菌后期可搬运至出菇场地进行覆瓦式散堆排放以炼棒养菌，同样，也要不定时将菌棒调头及翻面。翻堆时防止烈日直晒，切忌损伤菇木树皮。

翻堆的同时检查发菌效果：一是撬开菇木树皮，看树皮与木质结合部是否有白色气生菌丝；二是撬开菇木封口木块，看接种孔是否有白色菌丝，是否有黑、灰、红、绿等不正常的颜色；三是锯断菇木，看截面菌丝长入的深度，菇木白色菌丝生长旺盛，菌香浓郁则为发菌正常。对未成活或少量感染杂菌的菌棒，可在原接种孔周边重新打孔接种发菌；发现杂菌污染严重的菇木需及时清理出养菌场地。

⑥环境管理。定期清除场地内的枯枝败叶、畜禽粪便、较大的灌木杂草等，并在地面及环境死角撒生石灰消毒，以预防病原菌及害虫滋生。

（3）菇木成熟。养菌成熟后的菇木，树皮颜色鲜明而有光泽，敲打时发出浊音，树皮柔软有弹性，粗糙不平或出现瘤状突起（菇蕾），皮下呈黄褐色，散发出浓厚的香菇气味，甚至有少量子实体（俗称"报信菇"）出现。菇木成熟后应及时立木，进行出菇管理。

6. 出菇

（1）菇场选择。出菇场应建在交通方便、水源充足，自然植被疏密有度的林地，或向南或向东南的缓坡，或通风、向阳、易排水的平坦地带。

（2）搭建菇棚。将菇场上的树枝、落叶、杂草等整理干净。林地菇场中若树木长得过密需进行疏伐，使树木郁闭度为0.60～0.65；若长得过稀则用黑色遮阳网适当遮阴。空旷的菇场可搭建黑色遮阳网出菇棚。要求遮光度为"三分阴七分阳"，还需在距菇木上部约30厘米处架设喷淋管道。

（3）入场架木。养菌成熟的菇木及时入场架木，规模栽培常采用"人"字形架木，即先用木叉和横木或镀锌管制成高60～70厘米、长5～10米的横架，再将菇木间距10厘米呈"人"字形交错排放在横架上，架间距60厘米（图1-8左）；"人"字形菇木应南北向排放，以使其受光均匀。规模小或山林里栽培也可用"井"字形架木，每层放3～4根棒（图1-8右）。

（4）出菇管理。

①惊木。先将菇木浸水或喷水浸湿，再用铁锤等敲击菇木的两端截面，不仅可使菇木缝隙中多余水分溢出，还能促使菇木中原基大量形成。

②控温。中低温香菇品种子实体分化适宜温度为8～15℃，适宜生长温度为10～25℃。在适宜温度范围内，温差大于5℃有利于子实体形成。可利用天气变化，人为拉大温差，促使子实体形成。

图1-8　"人"字形（左）和"井"字形（右）架木出菇

③调湿。出菇阶段的水分管理包括菇木含水量和空气相对湿度两部分。菇木含水量要求第一年在40%～50%，第二年在45%～55%，第三年在65%～80%；菇场的空气相对湿度应保持在80%左右。进行湿度管理时切忌向菇直接喷水，如遇长期阴雨天，还需遮盖避雨，避免形成劣质薄菇、烂菇、死菇等。若菇木含水量足够，空气相对湿度长期低于70%，光照充足（大于1 500勒克斯），且有8℃以上的温差刺激时易形成花菇。

7.采收　用于鲜销的香菇应于五六成熟时采收，此时菌盖边缘内卷、菌膜未破或稍有破裂；用于干制的香菇应于六七成熟时采收，此时菌盖边缘内卷较紧、菌膜破裂但尚未完全脱落。采摘时用手指掐住菇柄基部，轻轻地将其旋转拧下，切忌损伤菌盖、菌褶。采摘时需及时清除死菇及残断菇柄，以防腐烂引发霉菌感染。

8.转潮养菌　当一批香菇采摘完毕或一季停产后，菇木中菌丝养分和水分大量减少，需要重新积累，这一过程即为转潮养菌。在转潮养菌期间需控制菇木水分，加大通风并适当提高温度，防止暴晒，同时进行病害防治。养菌结束，再进入下一潮香菇的出菇管理。

（二）代料栽培

1.栽培季节　主要分为冬季和夏季栽培，冬季栽培在5—6月制栽培种、6—7月制袋、11月至翌年4月出菇，夏季栽培在10—11月制栽培种、12月至翌年1月制袋、5—10月出菇。

2.品种选择　根据栽培季节，因地制宜选择适宜品种。

3. 栽培料准备

（1）栽培原料。阔叶树杂木屑、蔗糖、麸皮、石膏等，要求原材料新鲜、无霉变、无腐烂。其他原料如果树枝条、桑枝等，也可与阔叶树杂木屑搭配使用，木屑用粉碎机制成片状颗粒、长度3～10毫米。

（2）常用配方。杂木屑78%、麦麸20%、蔗糖1%、石膏1%，含水量60%，pH自然。

（3）原料预处理。将杂木屑预湿后在空旷场地上建堆，夏季需堆7～10天，5天翻堆1次，冬季需堆14～20天，7～10天翻堆1次，在预处理期间需喷水保持料堆湿润。

4. 拌料装袋

按配方称量预处理后的原料，用人工或拌料机加水混合均匀。选用规格为（15～18）厘米×（55～58）厘米×（0.004 5～0.005 0）厘米的聚乙烯（用于常压灭菌）或聚丙烯（用于高压灭菌）塑料袋，用装袋机装袋并扎口，要求松紧适度，一般15厘米×55厘米×0.005 0厘米的料袋可装料2.3千克（图1-9）。

图1-9　普通装袋机（左）、半自动装袋机（中）和全自动装袋机（右）

5. 灭菌

灭菌时先将料袋墙式堆码在灭菌筐内或灭菌架上；若无灭菌筐或灭菌架，则在灭菌仓内墙式堆码，要求堆码整齐且每列料袋间留有空隙，并避开排气孔，避免造成灭菌不彻底。然后关闭仓门或盖紧帆布包开始灭菌。灭菌时间根据灭菌的料袋数量和规格有所不同，以灭菌9 000袋、折径17厘米的菌棒为例，高压灭菌需保持115℃、10小时，闷汽2小时；常压灭菌需保持100℃、24小时，闷汽2小时（图1-10，图1-11）。

图1-10　高压灭菌

图1-11　常压灭菌

6.冷却　冷却场地使用前7～10天要将空间、地面以及场地四周打扫干净，并加强通风，保持场地干燥；使用前2～3天对场地内外喷洒0.25%新洁尔灭或3%来苏儿等进行消毒、杀菌、杀虫；使用前1天用气雾消毒剂熏蒸场地。料袋灭菌结束后，整齐堆码在场地上冷却备用。

7.接种　栽培种应在长满袋后15天内使用，要求菌丝洁白浓密、生长旺盛、无污染、无老化。使用前需用75%的酒精或其他消毒液擦洗菌种袋表面进行消毒。料袋冷却至28～30℃时方可接种。可在接种帐、接种箱或接种室内人工或机械接种（图1-12），接种前需对接种场所、工具和人员双手等进行清洗消毒。

图1-12　开放式接种　（左）、接种箱接种（中）和无菌室接种（右）

接种帐或接种室内接种需多人配合完成，1人打孔、4人接种、2人套外袋、2人搬运；接种常采用一侧打三孔、对侧打两孔或一侧打四孔的方式，孔径3厘米、深3厘米。接种箱内接种一个人即可独立完成所有操作。集约化栽培可采用流水线或全自动接种机接种。

8.发菌

（1）发菌场准备。发菌场多为塑料大棚或发菌室，要求场地整洁、卫生、避雨、干燥、通风良好。菌棒进场前须对发菌场消毒，并撒上一层干石灰防潮、防菌和防虫。

（2）预培养管理。根据栽培条件，发菌可采用堆码发菌或层架发菌。堆码发菌秋冬季节可采用墙式或"井"字形堆码（图1-13），根据气温高低，墙式可堆码8～13层；

"井"字形可堆码8～10层，每层3～4袋；春夏季节采用"井"字形堆码6～7层，每层2～4袋。码袋时接种穴需相互错开且不被挤压，码堆整齐成行并留有通风道和人行道。控制堆间温度20～26℃，袋内温度＜28℃，空气相对湿度60%～70%，CO_2浓度小于5 388毫克/米^3，避光培养20～25天，预培养结束。

图1-13　墙式堆码（左）、"井"字形堆码（中）和层架（右）发菌

（3）培养管理。

①脱袋散堆。预培养结束后须及时去外袋，以增氧并散堆降温。散堆时将菌棒上下内外调换位置，并清除污染或未萌发的菌棒，采用"井"字形堆码，一般堆码6～10层，控制堆间温度20～23℃、袋内温度低于25℃，空气相对湿度60%～70%，CO_2浓度小于5 388毫克/米^3，避光培养。

②一刺增氧。温度适宜条件下，接种30～35天，菌袋接种孔正面菌丝全长满、侧面基本长满、背面有少量菌丝透壁，此时菌丝生长旺盛，袋内氧气不能满足菌丝正常生长，需刺孔增氧。采用钉子直径5毫米的板钉，在接种面的两侧离菌丝边缘2厘米处分别刺1排孔，每排有12个孔，刺孔深3厘米（图1-14）。

图1-14　一刺时菌棒状态（左）、刺孔工具（中）和一刺位置（右）

③二刺增氧。温度适宜条件下，接种50～55天，菌丝完全长满且有少量瘤状物形成，需二次刺孔增氧，促进转色。采用钉子直径5毫米的板钉或刺孔机，在菌棒四周均匀刺6排孔，每排有10～12个孔，刺孔深5厘米（图1-15）。

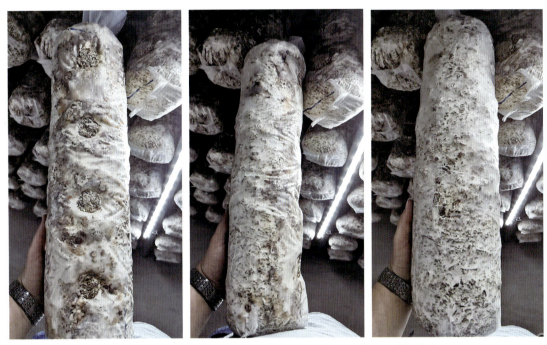

图1-15　二刺时菌棒正面（左）、侧面（中）和背面（右）状态

④转色管理。二刺后进入转色管理，可采用"井"字形堆码、斜插排袋或层架堆码方式转色（图1-16）。控制堆间温度18～22℃、袋内温度＜24℃，空气相对湿度60%～70%，CO_2浓度小于13 500毫克/米^3，光照度200勒克斯。采用"井"字形堆码转色，为使菌棒转色均一，其间需10～15天倒堆1次；转色快结束时，为防止菌棒提前出菇，不能震动，且控制温差不宜大于5℃。转色完成时，菌棒表面瘤状物分布均匀，菌皮松软、湿润、有弹性，外软内硬，转色均匀，红褐色菌皮均匀分布且占表面积70%以上。

图1-16　"井"字形堆码（左）、斜插排袋（中）和层架堆码（右）转色

9.出菇

（1）菇棚搭建。菇棚应搭建在交通方便、水源充足、地势平坦、远离养殖场和化工厂的田间或空地上。根据栽培条件，可采用竹木或镀锌管材、钢材等搭建出菇棚，包括"人"字形棚或单拱棚、连栋大棚、双层保温棚、空调控温棚等（图1-17），棚外根据栽培需求盖薄膜、遮阳网、保温材料等，棚内配微喷灌设施。根据出菇排场方式不同，分为斜插式、层架式和地栽式。

图1-17 拱形（左）、"人"字形（中）和空调控温（右）出菇棚

（2）菌袋排场。菌棒转色完成后，若温度适宜，需及时脱袋并去除1/3 ～ 1/2老种块。根据栽培需求，采用一头向下斜插并左右交叉依靠在床架上的斜插式排场，或接种孔向上平放在层架上的层架式排场（图1-18），或平铺在地上的地栽式排场，要求菌棒间隔5厘米，采用地栽式时菌棒间需填充干净细沙至与菌棒面齐平。上架后，需喷水增湿使菌棒吸水、表面菌皮软化，利于菇蕾形成。

（3）催蕾。香菇为变温结实型真菌，中低温型香菇需5 ～ 10℃温差刺激，高温型香菇需3 ～ 5℃温差刺激；中低温型品种控制棚内温度在10 ～ 20℃，高温型品种控制棚内温度在15 ～ 30℃；并调节棚内空气相对湿度为85%～95%、光照度为100 ～ 300勒克斯、CO_2浓度小于1 796毫克/米^3，通小风。菇蕾形成后视菇蕾密度决定是否疏蕾，若疏蕾应待菇蕾长至菇盖直径0.8 ～ 1厘米时进行，去除畸形蕾、弱蕾、密集蕾，以及后期形成的原基，要求菇蕾间距大于3厘米。

图1-18 斜插式（左）和层架式（右）排场

（4）出菇管理。菇蕾形成3～5天后，可发育成幼菇，进入出菇期管理。中低温型品种控制棚内温度在10～18℃，高温型品种控制棚内温度在15～28℃，并调节棚内空气相对湿度80%～90%、光照度大于1 000勒克斯、CO_2浓度小于1 800毫克/米^3、加大通风。若菌棒含水量足够，而空气相对湿度长期低于70%，光照充足（1 500勒克斯以上），且有8℃以上温差刺激时易形成花菇（图1-19）。

图1-19　出　菇

10.采收　同段木栽培。

11.转潮养菌　当一潮菇采收结束后，需要让菌棒重新积累营养，这一过程即为转潮养菌。养菌前期常需要3～5天，控制棚内温度20～28℃、湿度85%～90%、光照度约300勒克斯、CO_2浓度小于5 400毫克/米^3、减少通风；养菌后期需10～12天，控制棚内温度22～26℃、湿度80%～85%、不需光照、CO_2浓度小于5 400毫克/米^3、通小风。

12.注水　养菌结束时，手捏菌棒有弹性且重量变轻，即可注水（图1-20）。第一次注水，水压0.2～0.3兆帕，注水至菌棒重1.6～2.0千克（折径15厘米的菌袋），注水完成后进入催蕾和出菇管理。注水时水压和注水后菌棒重量随着注水次数增加而降低，而注水时间随着注水次数增加而延长。

图1-20　斜插（左）出菇和层架（右）出菇注水

参考文献

陈士瑜,1983.中国食用菌栽培探源[J].中国农史(4):42-48.

戴玉成,图力古尔,崔宝凯,等,2013.中国药用真菌图志[M].哈尔滨:东北林业大学出版社.

黄来年,林志彬,陈国良,2010.中国食药用菌学[M].上海:上海科学技术文献出版社.

李玉,李泰辉,杨祝良,等,2015.中国大型菌物资源图鉴[M].郑州:中原农民出版社.

谭伟,2017.香菇优质生产技术[M].北京:中国科学技术出版社.

袁明生,孙佩琼,1995.四川蕈菌[M].成都:四川科学技术出版社.

张金霞,蔡为明,黄晨阳,2020.中国食用菌栽培学[M].北京:中国农业出版社.

周伟,凌亮,郭尚,2020.香菇食药价值综述[J].食药用菌,28(6):461-465.

编写人员：甘炳成　苗人云　冯仁才　李林

银　耳

中国是世界上最早认识和利用银耳（图2-1）的国家，银耳在我国有非常悠久的食用历史，《神农本草经》中就有银耳的记载。公元659年，苏敬等修订《新修本草》收录药物844种，银耳（桑耳）就收录其中。

图2-1　银　耳

银耳含有蛋白质、多糖、维生素等丰富的生物活性物质，不仅是传统的滋补品，还具有抗肿瘤、抗衰老、降血糖、降胆固醇、降血脂等多种保健功能，是可以法定入药的菌物，同时，银耳多糖还具有美白保湿的功效，银耳产品已渗透到大健康产业和医美产业。

四川通江是世界银耳人工栽培发源地，独特的生态环境造就了"天生雾、雾生露、露生耳"的通江银耳。根据成书于清道光二十一年（1841）的《本草再新》推测，1835年前通江县就开始了银耳的栽培。据通江出土的"银耳碑"记载，清光绪二十四年（1898），通江耳农组织成立了耳山会，这可能是我国食用菌产业历史上最早的农民专业合作组织。通江耳农较早就制定了全体耳农必须遵守的耳林保护公约，形成了"坐七砍八"的传统，对耳林资源的保护是四川通江段木银耳历经百余年仍绵延不断的基础。

四川通江银耳生产至今仍主要采用段木栽培方式，段木银耳产品独树一帜，质量优良，是银耳中的极品。1995年，通江县被授予"中国银耳之乡"的称号。2004年，"通江银耳"成为国家地理标志保护产品。通江县委县政府先后在银耳发祥地陈河镇以及高明新区周子坪建立了中国通江银耳博物馆，并举办了银耳节；近年来，进一步加强了对段木银耳独有品质的发掘研究、对段木银耳栽培技术的提档升级，以及对银耳文化保护和品牌的打造，古老的通江银耳焕发了新的生机。2022年，通江县人民政府提出了"双轮驱动战略"，将按照"段木银耳保品牌，木屑银耳深加工"的思路发展壮大通江银耳产业，产业发展进入新阶段。

一、概述

（一）分类地位及分布

银耳 *Tremella fuciformis* Berk.，俗称白木耳、白耳子，隶属担子菌门 Basidiomycota，银耳纲 Tremellomycetes，银耳目 Tremellales，银耳科 Tremellaceae，银耳属 *Tremella*。

银耳主要分布于亚热带地区，在温带森林中也有分布。国内野生银耳主要分布于四川、云南、重庆、福建、贵州、广西等地；在四川主要分布在秦巴山区，多生长于栎属枯木上。

（二）营养保健价值

1.营养价值 银耳为食药兼用真菌，每100克银耳干品中含碳水化合物78.3克、蛋白质5.0~6.6克、脂肪0.6克、粗纤维2.6克和灰分3.1克，含钙357毫克，含铁185毫克，含有大量的维生素A、维生素B_1、维生素B_2、维生素E、烟酸，以及钾、锌、磷、硒等矿质元素和银耳多糖，含有较丰富的膳食纤维，具有补脾开胃、益气清肠、滋阴润肺、消除疲劳、美容祛斑等作用。

2.保健价值 银耳被誉为"菌中之冠"，味甘、淡、平、无毒，起扶正固本作用，具有"滋阴补肾、润肺止咳、和胃润肠、益气和血、补脑提神、壮体强筋、嫩肤美容、延年益寿"之功效。在明清已被列为宫廷贡品，备受皇室贵族推崇，视为延年益寿之上品。陶毅根据隋唐五代及宋初相关典故汇编的《清异录》中有"北方桑上生白耳，名桑鹅，贵有力者咸嗜之，呼五鼎芝"的记载。清代张仁安《本草诗解药性注》记载银耳"此物有麦冬之润而无其寒，有玉竹之甘而无其腻，诚润肺滋阴要品，为人参、鹿茸、燕窝所不及"。

现代药理研究证明，银耳含多种活性成分，能提高机体免疫力，银耳的主要活性成分是多糖，特别是以α-甘露聚糖为主链，以β-（1，2）L-木糖、β-（1，2）葡萄糖醛酸和少量的岩藻糖为侧链构成的酸性异多糖，能提高人体的免疫力和肝脏的解毒能力，起护肝作用，并提高机体对原子能辐射的防护能力。银耳粗多糖具有极强的增稠稳定性，常作为天然添加剂广泛应用在食品、医药和日化领域。银耳已被收录到《中华本草》《中药

大辞典》《四川道地中药材志》《全国中草药汇编》等著作中，通江银耳已被确定为四川
道地药材之一。

（三）历史文化

1.栽培历史　银耳人工栽培起源于四川通江。通江县陈河镇雾露溪畔的"九湾十八
包"是银耳的发祥地，独特的地理生态环境造就了"天生雾、雾生露、露生耳"的通江
银耳（图2-2）。

图2-2　银耳原生境"九湾十八包"

通江银耳与黑木耳同源，最初伴随着黑木耳偶然出现。据吴世珍编撰《民国通江
县志（稿）》（1926）记载"光绪庚辰年、辛巳年间，小通江河之涪阳、陈河一带，突产
白耳，以其色白似银，故称银耳"，认为通江银耳的人工培育成功是在清光绪六七年间
（1880—1881）。据《重修通江银耳志》记载，清同治四年（1865）通江县已有银耳栽培
和产出。根据民间走访调查，通江银耳人工栽培时间最早可追溯到道光十六年（1836）。

银耳人工培育最初采用半野生栽
培模式（图2-3），称为"旧法生产"，
完全依靠自然条件传播孢子生产，将
耳木砍伐截段经架晒（炕棒）后，不
打孔、不接种、不建棚，选"三分阳
七分阴"的野外林坡地作为天然"耳
堂"，将"炕棒"后的耳棒堆叠发菌，
半个月后顺坡紧贴地面"排堂"，待
产耳后适时拣拾处理。旧法生产完全
"靠天吃饭"，产量低、收成无保障，
现多已不用。

图2-3　银耳半野生栽培模式

1959年9月，通江县引入孢子悬浮液菌种法生产银耳，1970年后又陆续引入银耳香灰混合菌丝体菌种制种技术，并加大银耳栽培技术改革，在实践中总结形成了银耳生产"五改"技术，也称为"新法生产"，一改依靠自然传播孢子为人工接种，二改山坡沟壑天然耳堂为人工薄膜荫棚土墙耳堂，三改自然条件获取光温水气为人工控制光温水气，四改单纯自然给养为人工辅助给养，五改春夏砍山为冬季砍山。新法生产之后，银耳人工栽培单产、规模迅速提升，其原生态栽培方式一直沿用至今。1979年，李正国、屈全飘、苟文级等研究的"新法生产通江银耳"获四川省重大科技成果奖四等奖。

四川段木银耳生产主要集中在通江。近年来，与通江毗邻的巴中市南江县和广元市旺苍县、青川县、利州区、剑阁县等地先后引入通江银耳栽培技术均获得成功，并有逐年扩大趋势。

2.银耳文化 通江银耳生产历史悠久，流传了丰富的美妙传说和大量诗词歌赋、文献史志，这都成为通江银耳文化的重要基石。

清光绪二十四年（1898），通江耳农就组织成立了耳山会，1964年4月在通江涪阳鄢家沟娃娃岩出土的会碑（今称"银耳碑"）（图2-4），就是由耳山会于1898年5月所立，这可能是我国农民合作组织的雏形。

图2-4 通江涪阳鄢家沟娃娃岩出土的耳山会会碑

通江县先后在银耳发祥地陈河镇和高明新区周子坪建立了中国通江银耳博物馆（图2-5，图2-6），成为通江银耳文化对外传播的重要窗口。通江县人民政府分别于1991年9月、2004年9月、2014年10月、2023年8月成功举办了中国·通江银耳节（图2-7），确定了银耳节会歌《相聚九月九》，以银耳节为平台，开展了具有地方特色的文艺表演、商贸洽谈、产品交易、招商引资、特色推送等各项活动，并在第三届中国·通江银耳节期间成功举办了全国银耳产业发展高峰论坛。20世纪80年代，通江县组织编撰出版了《通江银耳志》，并于2010年进行了重修（图2-8）。2016年四川通江银耳生产系统被列入全国农业文化遗产普查结果名单。

图2-5　位于通江陈河镇的通江银耳博物馆

图2-6　位于通江高明新区的中国通江银耳博物馆

图2-7　第四届中国·通江银耳节开幕式

图2-8　特色产业志书
《通江银耳志》

（四）产业现状

四川通江段木银耳久负盛名，常年银耳用种量150万袋，接种段木约500万段（1亿斤*以上）。1995年四川通江被命名为"中国银耳之乡"。"通江银耳"于2001年获得证明商标注册使用权；2003年获得A级绿色食品标识使用权；2004年被录入国家原产地域产品保护名录；2006年获得国家地理标志使用权；2008年被评为"四川省著名商标"，并在第二届中国西部国际农业博览会上获评金奖；2009年获"四川老字号"称号。2010年通江县被认定为首批四川省现代农业产业基地强县（食用菌）。2014年，通江银耳入选"四川十大特产"，获"天府七珍"之首称号；2015年"通江银耳及图"注册商标被国家工商行政管理总局商标局认定为"驰名商标"；2018年通江银耳成功入围全国区域品牌（地理标志保护产品）百强榜单；2019年荣登四川省"一城一品"金榜，被列入中国农业品牌目录。通江县先后被列入四川省、全国特色农产品优势区。2023年通江银耳公共品牌价值评估达到61.66亿元。

二、生物学特性

（一）形态特征

1. 菌丝体 银耳担孢子萌发生成初生菌丝，呈灰白色，极细。担孢子萌发形成菌丝或以芽殖方式产生酵母状分生孢子。在显微镜下担孢子无色透明，卵形，大小为（5 ～ 7.5）微米 ×（4 ～ 7）微米。银耳菌丝白色，双核菌丝有锁状联合，多分枝，直径1.5 ～ 3微米，生长极为缓慢，有气生菌丝，易产生酵母状分生孢子，易扭结并胶质化形成原基。

在生产中，银耳完成生活史需要香灰菌的协助。香灰菌丝生长迅速，呈羽毛状，初期白色，随后草绿色，再渐变为褐色，有时有碳质的黑疤。香灰菌丝生长常使培养基变为黑褐色。

2. 子实体 新鲜的银耳子实体胶质，白色或乳白色，半透明，柔软有弹性，波浪卷曲的耳片丛生，呈鸡冠形、菊花形、牡丹形或绣球形，大小不一，生长较大的子实体直径可达到30厘米以上。通江银耳鲜品白如凝脂、晶莹剔透、富有弹性，干品色泽米白、空松油润、清香持久、不易褐变，这些特点是与其他产地银耳鉴别的重要依据（图2-9）。

图2-9 通江银耳子实体鲜品（左）及干品（右）形态

---

* 斤为非法定计量单位，1斤=500克。——编者注

（二）生长发育条件

1.营养条件　银耳是一种较为特殊的木腐菌类。银耳菌丝能吸收利用葡萄糖、蔗糖、麦芽糖等小分子碳水化合物，但几乎没有分解木质素和纤维素的能力，对纤维素、半纤维素、木质素的利用需要借助香灰菌。

适宜银耳段木栽培的树种很多，除含有芳香油、树脂等物质的松、杉、柏、樟树种不宜采用外，其他阔叶树均可，一般以材质疏松、边材发达、树皮厚度适中又不易脱落的树种为佳。目前各地应用较多的树种主要有青冈栎、桤木等，以选择树龄8年以上、直径8～14厘米的栓皮栎或麻栎最为理想。

2.环境条件

（1）温度。银耳属中温型恒温结实菌类，稳定的温度环境有利于菌丝和子实体的生长发育。孢子萌发的温度为15～32℃，以22～26℃最适宜。菌丝生长的最适温度为20～25℃，低于12℃菌丝生长极慢，高于30℃生长不良；香灰菌丝生长的适宜温度为22～26℃，低于18℃生长发育受到影响；银耳菌丝与香灰菌丝的混合菌丝体，耐低温，不耐高温，15～30℃范围均可生长，但以23～26℃最适宜，超过35℃停止生长。18～28℃子实体可正常分化发育，以23～26℃最适宜。

（2）水分。段木银耳生产要求木段架晒至两端截面有短而细的放射状裂纹，一般木段含水量37%左右。子实体生长阶段，空气相对湿度对产量和品质影响很大，湿度低影响原基形成，湿度高易发生"流耳"，适合的空气相对湿度为80%～95%，但应根据银耳不同生长期进行精细管理。一般幼耳阶段保持空气相对湿度80%，中耳期90%～95%，成耳期90%。

银耳菌丝耐干燥，香灰菌丝相对不耐干燥。可利用这一特性从基质中分别分离银耳菌丝和香灰菌丝。

（3）空气。银耳是一种好氧性真菌，不论是在菌丝生长阶段还是在出耳阶段，都需要充足的氧气。发菌场所如果通风不良，易造成接种穴口杂菌污染；但若通风太多，过分蒸发失水，将影响原基形成。在出耳阶段，若通风不良，二氧化碳浓度过高，会抑制耳芽发育，不利于子实体展片；清新微风、干湿交替有利于生长发育。

（4）光照。菌丝生长不需光线，子实体分化发育需要有少量的散射光。光线弱，子实体分化迟缓，但直射光不利于子实体的分化发育。在稍荫蔽的环境、有足够的散射光条件下，子实体发育良好、有活力。在银耳子实体接近成熟的4～5天，夜间可开日光灯增加光照时间，促使耳片增厚，提高银耳品质。

（5）酸碱度。在pH 5.2～7.0范围内，银耳菌丝都能生长，以pH 5.2～5.8为宜。代料栽培时，培养基的pH一般为6.0～6.5。在银耳菌丝（包括香灰菌丝）生长过程中，会分泌酸性物质，因此出耳时培养基质的pH一般为5.2～5.5。

三、栽培技术

（一）生产季节

一般是春季生产，3月上中旬开始接种，清明节前接种结束，6—7月为出耳盛期，9—10月采耳结束，从开始接种至采耳结束的生产周期7～8个月。

（二）栽培场地

选择交通便利、地势较为平坦、给排水方便及无污染的生产场地搭建耳堂。林下仿野生栽培宜选用坡度10°～30°的北坡、东坡、西北坡山地作为栽培场地，光线要求"七分阴三分阳"，通风条件好。

（三）耳堂搭建

可因地制宜选用平地搭棚耳堂、坑道式耳堂、林荫耳堂，也可利用闲置房屋等作为耳堂。

1. 平地搭棚耳堂　以搭建土墙耳堂（图2-10）或塑料薄膜耳堂为宜（图2-11），采用"人"字形棚或拱形棚，以排放5 000千克耳棒为宜。四川通江一般耳堂棚长10米、宽4.5米、边高2.5米、顶高3.5米，前后侧各设门一樘，开地窗与天窗通气散热。地窗与地面平行，在长边一侧近地对开3个地窗，每个耳堂共计6个地窗，大小为30厘米×30厘米；短边两侧靠顶部两端各开天窗2个，大小为50厘米×50厘米。内棚外搭遮阴棚，加盖遮阳网、草帘或稻草、茅草遮阴。堂外四周挖排水沟。耳堂内沿纵向设中间过道1条，宽1米，沿中间过道两侧搭建耳棒支架各1组，单侧支架由纵向两行篱桩组成，两桩横向间距80厘米，篱桩距地面70厘米高，用木杆（或竹竿）将篱桩纵向固定为两行。

图2-10　土墙耳堂

图2-11　塑料薄膜耳堂

2. 坑道式耳堂　棚内地面下挖50厘米，挖出的湿土堆积于棚四周垒成墙拍实，高50厘米，两侧每隔3米挖一通风窗，起架盖膜后加盖草帘或稻草遮阴。可在四周种上藤蔓植物辅助遮阴降温。

3.**林荫耳堂**　在林下建棚作仿野生栽培，根据树的行距确定棚宽和相对长度，棚架固定、盖膜后，上面覆盖一层遮阳网（图2-12）。

图2-12　林荫耳堂

4.**室内耳堂**　利用农村闲置房屋，彻底消毒后可用作耳堂起架出耳。房内两侧和两端应有门窗，安装薄膜或防虫网，以调节通风和保温。

（四）生产技术

段木银耳栽培的主要流程：耳木准备→截段架晒→打孔接种→发菌管理→起架排堂→出耳管理。

1.**耳木采伐**　选用壳斗科的麻栎、栓皮栎等栎木或其他硬杂木，树龄8～12年，胸径8厘米以上，一般农历春节前后采伐，秋季叶黄落叶至翌年新芽萌发前进行（图2-13）。通江银耳生产利用栎木再生强的特点，形成了"坐七砍八"的耳林循环利用制度。

图2-13　传统耳木采伐方式

2.截段架晒 耳木采伐1周后进行剔枝截段，段长100厘米。截段后，粗细分开，并运至通风干燥、地势较高的架晒场架晒，一般采用"井"字形（图2-14）或三角形堆码（图2-15）。段木截面涂15%的生石灰水消毒，防止杂菌侵入。当耳木架晒至原重的80%～85%、两端截面有短而细的放射状裂纹时即可接种。一般架晒30天左右。

图2-14　段木架晒（"井"字形堆码）

图2-15　段木架晒（三角形堆码）

3.打孔接种 打孔可采用传统啄斧打孔（图2-16）或电钻打孔（图2-17）的方法。孔径1.6厘米、孔深1.5～2厘米，行距6～8厘米，孔距8～10厘米，呈"品"字形排列，一般细棒孔距较粗棒略大。

图2-16 传统啄斧打孔

图2-17 电钻打孔

接种场地应整洁、卫生、干燥。选用适宜段木栽培的菌种。采用瓶装式菌种，需在接种前将菌种搅碎拌匀后接种；采用袋装菌种，将栽培种掰成长块接入穴孔，按压坚实，若略有凸起，用木槌打平（图2-18），无需封口。一般每500克菌种接种段木30千克左右。

图2-18 段木接种

4.发菌管理 发菌应选择背风向阳、无污染、整洁卫生、地势开阔的场所。发菌前，场地表面用生石灰进行消毒处理。接种后的耳棒常采用"井"字形或顺式堆码发菌，堆高1.0～1.2米，堆宽1米，堆长不限，耳棒堆码后，覆盖塑料薄膜（图2-19）。发菌7～10天，开始翻棒补水保湿，第一次翻棒后每间隔7天翻棒补水1次。翻棒补水时耳棒上下、内外换位，采用喷雾补水方式，要求"干不露白，湿不流水"，补水后不能马上盖膜，应将表面水晾干后再盖膜。第一次翻棒后，要求每天中午揭膜通风透气2～3小时，以防高温伤害和绿霉侵染。在正常情况下，木质松软、直径小于10厘米的段木，发菌期40～45天；木质硬、直径10厘米以上的段木需要发菌45～60天。接种孔壁可看见黑色斑线标志发菌正常，待有10%左右耳棒出耳即可起架排堂。

图2-19 建堆发菌

5.起架排堂　发菌结束即可进棚起架排堂。耳棒排堂的方式多采取单向斜靠式（图2-20），斜靠角度为80°，每根菌棒的间距为5厘米，每排菌棒之间横放一根耳棒作为斜靠支撑，每排菌棒之间的间距为8～10厘米；也可采用"人"字形相向斜靠式排堂（图2-21），比单向斜靠式排堂的占地面积大。

图2-20　单向斜靠式排堂

图2-21　"人"字形相向斜靠式排堂

6.出耳管理 起架早期棚内温度应控制在28～30℃；出耳期的棚温应控制在22～25℃。温度超过30℃，可采用加厚遮阳物、棚外喷水、棚内空地喷水及早晚开地窗和24小时开天窗、加强通风换气等措施来保持棚内适宜温度。在银耳子实体生长后期，当气温降到20℃以下，应注意保温保湿。早晚不宜打开门和天窗、地窗，通风换气应该在中午气温回升时进行，并逐步减少遮阳物，增强光照，提高温度，促使子实体生长。

棚内空气相对湿度保持在80%～95%，保持棒面、地面、耳片湿润。喷水宜采用喷雾器或吊喷设施喷雾状水，喷水应遵循"晴天多喷，阴天少喷，雨天不喷；耳棒上部多喷，下部少喷；耳片干多喷，耳片湿少喷或不喷；中午不喷，早晚多喷；采前1～2天不喷，采后1～2天停喷"的原则，做到耳棒"干干湿湿、干湿交替"。

通风管理应与温度、湿度管理协调，通风时间、通风时长、通风次数随温度、湿度和棚外环境的不同而异，每次通风时间不低于1小时。子实体生长需要散射光，在出耳期间避免阳光直射。

（五）病虫害防治

以防为主，防重于治。在出耳期间严禁施用化学农药。

危害段木银耳生产的杂菌有瓦灰霉、绿霉、链孢霉、棉腐菌、裂褶菌、云芝、木霉、黑疔菌等，危害子实体的包括绿霉、青霉、木霉等；生产中还易发生细菌性烂耳、白粉病和红酵母病等。菌棒受到杂菌侵染后应及时刮除，然后用石灰水消毒，置阳光下晒1～2天。应做好栽培场所的整洁卫生和通风换气，保持耳棚空气流通，防高温、高湿；对发病严重的子实体应及时摘除，使用生物农药控制。

段木银耳生产常见的害虫有螨类、线虫、菌蝇蚊、蛞蝓等。

螨类防治方法：清洁耳棚周围环境，用猪牛骨粉炒熟诱杀；在发菌后期，于晴天的傍晚，在发菌堆四周喷一遍糖醋液，摆上草把，盖上薄膜，诱使螨虫爬到草把上，次日清晨，把薄膜和草把带出，集中烧毁，并及时用高剂量低毒杀虫剂喷施杀放置草把的地方，连续使用3～5次。

预防线虫为害，要防止水中带有线虫，耳棒勿沾泥土，以防线虫入侵；对已发生的烂耳，应及时刮除，并用清水刷洗，防止蔓延；药物防治可用1%醋酸或稀释4倍的醋，或用0.1%～0.2%敌百虫喷洒耳棒，抑制线虫的繁殖。

菇蝇蚊幼虫蛀食菌丝体，造成菌丝衰退或消失；蛀食子实体，造成子实体萎缩、腐烂；同时，菇蝇蚊幼虫还携带杂菌和线虫，传播病虫害。耳棚使用前要进行彻底杀虫和杀菌，成虫具有趋光性，夜晚可用灯光诱杀；也可取一些烂果放入盘中，加入少量敌敌畏药液诱杀；或用一定比例的糖醋液诱杀；采耳后清理干净残留耳基。

蛞蝓防治方法：保持场地清洁卫生，并撒一层生石灰；在其爬动的场所喷0.1%高锰酸钾溶液或5%的食盐水防治。

（六）采收

待耳片七八成熟，即耳片充分展开，呈白色半透明，手触有弹性，中间无硬心，手捏整朵变得蓬松有弹性时及时采收（图2-22）。采收前停水1～2天，待耳片失水干爽后采收。采收时按采大留小、采弱留强的原则，用手采下整朵子实体，保留耳根，剔除其基部杂质，同时将耳棒调头，重新排好，并尽量不要将感染病虫的银耳的耳根和木屑掉在耳堂内。采收后停水2～3天养菌管理，促使菌丝生长。

图2-22　段木银耳采收

四、贮运与加工

（一）银耳脱水加工

采收的鲜耳应及时干制，以免影响质量和色泽。

新鲜的段木银耳含水率一般在85%～95%，不易贮存、运输与保鲜，干燥是银耳贮运最为重要的步骤。干燥前新鲜银耳需修剪耳蒂，并进行淘洗。

银耳干燥方法主要有淘洗后自然晒干（图2-23，图2-24）和机械烘干（图2-25）两种。晒干为自然干燥，是耳农经常采用的简便干燥方法，但此方法需要有晴好天气。

图2-23　段木银耳淘洗

图2-24　银耳自然晒干

图2-25　银耳机械烘干

　　通江段木银耳最佳的干燥方式为热风梯度干燥，即干燥温度从35℃起，每0.5小时升温5℃，达到50℃时不再升温，干燥至水分含量为25%左右；其后，每0.5小时降温5℃至40℃，保持恒温直至银耳水分含量≤15%。此方法对设备要求较低，操作简单，适用于实际生产与推广，所得银耳干品品质较佳。通江银耳干品色白或微黄，具有油润、空松的外观特性。

　　干制后的银耳按朵形、大小、色泽进行分级，用食品级塑料袋密封包装，贮于避光、阴凉、干燥、通风处（图2-26）。并随时注意检查，严防回潮、霉变或虫蛀。保存时要防止挤压，保持朵形。

图2-26　银耳贮存（散装）

（二）精深加工

20世纪80年代曾有多种段木银耳加工产品，主要有银耳酒、银耳香槟、银耳软糖、银耳茶、银耳饮料、银耳粉、银耳洗护品等。近年来，新一代银耳加工产品陆续推出，主要有精品银耳、银耳面膜、银耳酒、银耳汤、压缩银耳、银耳挂面、即食银耳等；循环利用银耳废弃耳棒可生产海鲜菇、黑木耳、大球盖菇等。

参考文献

常明昌，2003.食用菌栽培学[M].北京：中国农业出版社.

黄年来，钟恒，1985.银耳生活史的研究[J].食用菌(3): 3-4.

孙曼芬，等，2017.通江段木银耳的干燥工艺[J].食品工业，38(2): 102-106.

郑瑜婷，2019.袋栽银耳料棒工厂化生产的效益及技术[J].食药用菌，27(5): 340-343.

编写人员：赵树海　王国英　刘如县　刘娟　李享　吴传秀

黑 木 耳

黑木耳（图3-1）药食兼用，具有一定抗肿瘤、降血脂、降血糖、软化血管、防止血栓形成的功效，是中国人餐桌最常见的食用菌之一。据考证，四川青川生产黑木耳历史至少可以追溯到800年前的南宋时期，黑木耳的生产最早在大巴山南麓的四川南江、万源、太平等地，逐渐传播到现在四川秦巴山区的青川、通江。据通江出土的玄祖庙碑记载"小江河之有黑木耳山也，开天以来便已有之"；清道光七年（1827），胡炳纂修《南江县志》，也较为详细地记载了黑木耳的生产方式。四川早期的耳农将产品运到成都、江油、西安等地销售，在原中坝场（今江油市）就设有"青川黑木耳"专销店。

四川秦巴山区是全国三大富硒带之一，资源丰富，气候宜人，特

图3-1 黑木耳

殊的气候条件和栽培模式造就了四川黑木耳优良品质。辖区内"青川黑木耳"一直采用段木栽培方式并保持至今，2005年被国家质量监督检验检疫总局核准为国家地理标志产品。四川宣汉县境内老君乡、黄金镇、厂溪镇等地从20世纪80年代开始进行黑木耳栽培，境内所产"黄金黑木耳"主要采用段木栽培的方式，耳片单片、舒展，一面灰白一面深黑，肉质肥厚、嫩脆，2011年入选国家农产品地理标志产品。2010年前后，宣汉县引进浙江云台县黑木耳品种和技术进行代料栽培，四川黑木耳栽培由此进入代料栽培与段木栽培共存时期。四川野生黑木耳资源丰富，许多本土野生黑木耳口感软糯，商品性状优良，亟待开展对这些资源的发掘利用研究。

一、概述

（一）分类地位与分布

黑木耳 *Auricularia heimuer* F. Wu，B.K. Cui，Y.C. Dai，也称云耳、光木耳、细木耳、桑耳、耳子、黑菜等，古籍上又名木檽、木菌、木蛾、树鸡、木堆、木茸等。隶属担子菌门 Basidiomycota，伞菌纲 Agaricomycetes，木耳目 Auriculariales，木耳科 Auriculariaceae，木耳属 *Auricularia*。

黑木耳为胶质类木腐真菌，是木耳属中分布最为广泛的物种之一，主要分布于东亚地区，生长在阔叶树死树、倒木及腐朽木上，特别是在栎属树木上更为常见。长期以来，我国栽培黑木耳被普遍认为是 *A. auriculaa-judae*，但吴芳等（2014）利用形态学和分子生物学方法对 *A. auriculaa-judae* 模式产地标本和我国栽培黑木耳进行研究，结果表明我国栽培的黑木耳与欧洲的 *A. auriculaa-judae* 存在差异，并将其命名为 *A. heimuer*。

（二）营养保健价值

1.营养价值 黑木耳素有"山珍""素中之荤"的美誉，药食兼用，脆滑爽口，肉质细腻，含有丰富的营养物质。每100克黑木耳干品中含有蛋白质12.5克、总糖66.1克、纤维素4.3克、水溶性多糖10.2克、几丁质5.4克、果胶7.4克、脂肪1.7克、灰分3.6克、不溶性膳食纤维29.9克、钙247毫克、磷292毫克、铁97.4毫克、胡萝卜素0.01毫克、硫胺素0.17毫克、核黄素0.44毫克、烟酸2.5毫克。黑木耳铁含量是菠菜的20倍、猪肝的7倍，是一种天然的补铁产品和预防缺铁性贫血的优质食物来源，从古至今均有广泛应用。此外，黑木耳含钙量相当于牛奶的2倍、肉类的20～30倍，钾元素含量是红富士苹果的6倍，磷元素含量与瘦猪肉相当。

2.保健价值 黑木耳性平味甘，归肺、脾、大肠、肝经。在《本草从新》中记载"利五脏，宜肠胃，治五痔及一切血症"；《神农本草经》记载"益气不饥，轻身强志"，《日用本草》描述其"治肠癖下血，又凉血"，《本草纲目》认为其"治痔疮下血"。现代科学研究表明，黑木耳中主要的活性成分为多糖、多肽、腺苷类物质、黑色素等，具有抗肿瘤、抗衰老、降血脂、降血糖、止咳化痰、改善肠道菌群、软化血管、防止血栓形成、提高机体免疫功能等保健功效。

（三）栽培历史

黑木耳的食药用和生产栽培历史悠久。据考证，从西周时期的《周礼》开始，到汉代的《说文解字》都有黑木耳的记载，《神农本草经》记录黑木耳可以入药，北魏时期的《齐民要术》记载了用黑木耳做菜的方法，隋唐时期，甄权所著《药性论》记载了"煮浆粥安槐木上，草覆之，即生蕈"，描述了黑木耳生长的树种和栽培方法。

古代黑木耳的生产是天然孢子自然传播接种在原木上的生产模式。宋元时期，出现了食用菌人工接种的方法。元代的《王祯农书》中记载"竟年树朽，以蕈碎剉，匀布坎内，以蒿叶及土覆之，时用泔浇灌……雨露之余，天气蒸暖，则蕈生矣"，当中"以蕈碎到，匀布坎内"描述的是人工接种，而"以蒿叶及土覆之，时用泔浇灌"则是描述人工接种后管理的方法。至此食用菌栽培技术获得了突破，由自然传播接种栽培转为人工接种栽培。

四川最早的黑木耳栽培在大巴山南麓的四川南江、万源、太平等地，逐渐传播到现在秦巴山区的青川、通江等地，并逐渐由半人工栽培过渡至人工栽培。据考证，"青川黑木耳"的栽培历史至少可以追溯到800年前的南宋时期，适宜的气候条件和丰富的资源为黑木耳段木人工栽培奠定了基础，黑木耳也一直是当地传统栽培的特色食用菌之一。

（四）产业现状

据中国食用菌协会统计，2022年四川省黑木耳产量107 568吨，居于全国黑木耳产量第13位。四川黑木耳主产区为青川及周边地区，其中青川县常年种植黑木耳3 000万棒左右，年产量4 500吨，产值超过4亿元。近年，四川甘孜藏族自治州泸定、道孚等地利用高原地区优势气候条件发展段木黑木耳产业，产品品质优良，成为当地乡村振兴的优势产业之一。

四川黑木耳生产至今仍以段木栽培模式为主，川东北地区有少量代料栽培。平原、丘陵和山区在每年清明节前后完成点种（接种），当年春末夏初出耳，夏末秋初进入采收季；高原地区生产季节延后1个月左右。

四川青川段木黑木耳闻名遐迩。2005年"青川黑木耳"获得国家地理标志产品保护；2016年成为生态原产地保护产品；2019年入选中国农业品牌目录和农产品区域公用品牌，同年还获得第七届四川农业博览会"最受欢迎'四川扶贫'产品"称号。以青川黑木耳为代表的四川黑木耳在产业结构调整、产品宣传、品牌培育、乡村振兴等方面发挥了积极作用，促进了四川黑木耳产业的健康持续发展。

二、生物学特性

（一）形态特征

黑木耳担孢子呈腊肠状（图3-2），大小为（11～13）微米×（4～5）微米，无色，光滑。菌丝纤细半透明，双核菌丝具锁状联合。暗培养下菌落边缘较为整齐（图3-3），菌落浓密度与黑木耳品种相关。

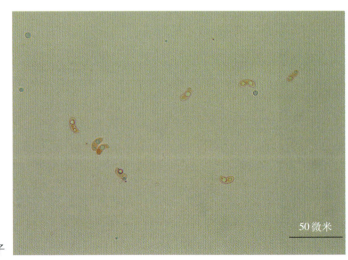

50微米

图3-2 黑木耳担孢子

图3-3　PDA培养基25℃暗培养7天菌落形态

　　黑木耳子实体呈耳状，新鲜时胶质；边缘光滑或微翘反卷；鲜耳腹面（子实层）浅黄褐色、褐色至黑褐色，腹面皱褶有或无，背面（非子实层）呈黄褐色至灰褐色，皱褶有、极少或无；干耳腹面（子实层）褐色至黑色，背面绒毛可见，呈黄褐色、灰色或灰白色。野生黑木耳颜色较浅，栽培黑木耳品种繁多，颜色、形态丰富多样（图3-4）。

图3-4　黑木耳子实体

（二）生长发育条件

与常见食用菌栽培生长环境不同，黑木耳子实体分化发育不需要遮光，采用全日光露地栽培，配以间歇弥雾管理更利于其生长发育。

黑木耳喜温喜湿，人工栽培的黑木耳菌株一般菌丝体生长温度为15～28℃；子实体（包括原基）生长发育温度为10～32℃；段木栽培时木段含水量一般为40%～45%，代料栽培时基质含水量为60%～70%，子实体生长发育需要"见干见湿、干湿交替"，弥雾状水分最为适宜。

营养生长时菌丝体可暗培养，刺激原基形成需要散射光，黑木耳代料栽培菌棒下地或段木排场、原基形成、子实体分化和生长需要全日光。黑木耳为好氧性真菌，需要大量通风。段木或代料模式的露地全日光弥雾栽培环境通风良好，满足了黑木耳好气性的需求。

三、栽培技术

黑木耳栽培包括传统段木栽培和代料栽培，目前全国黑木耳生产以代料栽培为主，段木栽培较少且主要集中在林木资源丰富的西南区域。

（一）栽培季节

四川青川县段木栽培一般选择在10—12月完成原种制种，12月至翌年2月完成栽培种制种，2—4月中旬完成段木接种，5—6月开始出耳。直径大于12厘米、较粗的木段出耳可以持续两年；甘孜藏族自治州等高原藏区段木接种时间要相对延后，如泸定、道孚等地接种时间一般为5月。

代料栽培可以栽培两季。第一年11—12月制作原种，第二年1—2月制作栽培种，菌袋3月中旬开始下地，4—5月开始出耳并持续至11月；也可以夏末秋初7—8月制作栽培种，9—11月出耳，但是该季节制种污染率高且生产效率较低。各地生产黑木耳应根据当地气候特点合理安排农时。

（二）品种选择

品种（菌株）的选择要因地制宜，根据本区域气候条件、栽培模式、栽培季节等因素，选择适应性广、优质丰产、生育期适宜的品种或菌株。引种后需要进行试种，筛选确定适宜的品种后才能进行大规模生产，降低种植风险。

（三）段木栽培

1.栽培工艺流程 木段截断→架晒→打孔→接种→发菌→立架→出耳管理→采收。

2.段木准备

（1）树种（原料）选择。不应选用松、杉、柏、樟和桉科树种。

（2）截断。在树木落叶后至新芽萌发前的晴天砍伐，砍伐后10天左右削枝、截段，长度以100厘米为宜。

（3）木段规格。建议木段直径8～14厘米。

（4）架晒。将段木以"井"字形（图3-5）、三角形等方式堆叠，自然风干至段木的重量减轻15%左右、横断面出现短而细的放射状裂纹为宜（图3-6）。

图3-5　木段架晒

图3-6　架晒后的木段横截面

3.接种场地 在室内或室外荫棚下均可接种，避免阳光直射或雨淋，场地应整洁、干净。

4.接种 用电钻在段木上打接种孔（图3-7），孔径1.6～1.8厘米，孔深入木质部1.0～1.2厘米，孔间距8厘米，行间距6厘米（图3-8），呈"品"字形排列，将菌种按压入接种孔，填满，压实后用小木片封住穴口。

图3-7　木段打孔

图3-8　木段接种孔穴

5.**发菌期管理** 段木栽培时的发菌管理处于自然环境下，管理相对粗放，重点围绕温湿度进行管理以利于菌丝体定殖。

（1）场地处理。黑木耳耳棒培养和出耳在同一场所，耳棒放入前1～2天用生石灰、生物杀虫剂对场地进行消毒和杀虫处理。

（2）建堆。接种后耳棒建堆统一管理，利于发菌定殖，在地面上平行摆放2根段木作枕木，间距0.6米。在枕木上以"井"字形堆码放耳棒，上部用顺码方式堆成龟背形，堆高1.0～1.4米，堆长以10米为宜，用塑料薄膜覆盖以保温保湿（图3-9）。

图3-9　建堆发菌

（3）温度和湿度管理。发菌期堆内温度以23～28℃为宜；堆内空气相对湿度在接种后15～20天调节至65%左右，接种后20～40天调节至75%左右，其间注意通风。

（4）翻棒。将耳棒上下、内外相互调换位置。第一次翻棒为接种后15～20天，每隔10天左右翻棒1次，其间及时清理被污染的耳棒。

（5）补水。结合翻棒，适时采用喷水的方式（雾状水）给耳棒补充水分，视天气情况，发菌15～20天进行第一次补水，前期喷水量以耳棒表面"见水不流水"为宜，中后期则根据耳棒失水情况和堆内空气相对湿度适当增加补水量，发菌期补水3～4次即可。

（6）通风。根据堆内温度揭膜通风换气，堆内中心温度超过28℃及时通风换气。

（7）发菌结束。耳棒断面菌丝体长至中心或木质部4～5厘米处、30%左右耳棒开始出现耳芽时，完成发菌，进入出耳管理。

6.**出耳管理** 出耳管理重点围绕水分进行，其他条件在自然环境下管理较粗放。

（1）起架。木段出耳需要立架出耳，采用"人"字形架，在场地中立木桩，木桩高1.2～1.3米，木桩间距3米，地上高度为0.9～1米，木桩间拉铁丝，菌棒按"人"字形摆放在铁丝两侧，倾斜45°角，菌棒间距4～8厘米，架与架之间的作业道要操作方便（图3-10），便于采收管理。

图3-10 段木黑木耳起架出耳

（2）田间管理。起架后的管理工作围绕水分进行，浇水为雾状水，根据天气灵活调整，间歇喷雾进行"干干湿湿、干湿交替、见干见湿"的水分管理。

7.采收 成熟的耳片充分展开、耳片边缘舒展、耳根收缩。依据市场的需求采收，一般鲜耳片长以3～5厘米为宜。采收要在晴天进行，采大留小。最好在采收前一天少量浇水，待第二天早晨耳片稍干时采收，这样易于操作且耳片不易破碎。

（四）代料栽培

1.栽培工艺流程 备料配料→拌料→装袋→灭菌→冷却→接种→发菌→扎孔（刺孔）→下地排场→田间管理→采收。

2.配方 因地制宜选择原料，常见配方如下：

①阔叶树木屑78%、麦麸或米糠20%、石膏1%、石灰1%。

②阔叶树木屑86.5%、麦麸10%、豆粕1.5%、石灰1%、石膏1%。

3.菌袋制备

①原料。代料栽培原料要新鲜无霉变，在有质量保证的厂家购置。

②拌料。均匀，主料（木屑）要进行预湿，含水量适宜。

③装袋。机器装袋，松紧适中，紧实光滑，及时剔除破袋。

④料袋规格。黑木耳代料栽培的菌棒有长棒和短棒两种，长棒栽培袋规格是15厘米×55厘米×0.003厘米，装料后菌袋长40厘米左右（图3-11）；短棒栽培袋规格是17厘米×33厘米×0.003厘米，装料后菌袋长20～22厘米（图3-12）。

⑤灭菌。装袋完成后立即灭菌，料袋码放要留出空隙；升温要快，控温要稳，灭菌时间要到位。

⑥冷却。在专用场地冷却，环境相对无菌，通风顺畅。

图3-11 黑木耳代料栽培（长棒）

图3-12 黑木耳代料栽培（短棒）

⑦接种。栽培袋冷却至料温28℃左右，抢温接种利于定殖，接种要稳、准、快。长棒是长边袋子一侧打孔接种并套袋封口；短棒则采取抽出打孔棒后，孔穴接种并用海绵封口。

4. 发菌管理 代料栽培发菌在设施内完成，管理相对精细，重点围绕温度进行，做好温度、湿度、光照、通风等管理工作，发菌前中后期各有侧重。培养室使用前要消毒处理，接种后的菌棒及时送入培养室，最好立放，接种口朝上或双层摆放，注意间距，避免打堆造成烧菌、袋料变形和分离，影响后期出耳。

发菌前期，即接种后15天内，温度控制在23～28℃，使菌种快速定殖，暗培养，湿度控制在50%左右，其间及时通风。特别注意要经常检查菌棒污染情况，尤其是破袋的菌棒，发现后要及时处理、轻拿轻放，避免人为传播杂菌孢子，造成大面积污染。

发菌中期，即接种后15～40天，菌丝体定殖后快速生长，菌棒自身会产生热量，为避免烧菌，温度控制在20～25℃，暗培养，湿度控制在50%左右，其间注意通风。继续检查污染情况并及时处理，做好发菌室定期消毒。

发菌后期，即接种40天后，菌丝体基本长满菌棒，采用相对低温管理，温度控制在15～22℃，加强菌丝体生长利于后熟，湿度控制在60%左右，为了使菌棒由营养生长转向生殖生长，可以有些散射光以刺激原基的形成，其间注意通风。

5. 出耳管理与采收 目前代料栽培包括立地栽培和吊袋栽培，可根据场地进行选择。地势平坦可进行立地出耳，场地有限则需要选择设施，如在大棚或温室吊袋栽培。目前四川地区两种出耳方式均有。

（1）扎孔（刺孔）。立地出耳的菌棒为长棒或短棒，吊袋出耳的菌棒一般为短棒。菌棒下地排场前需要完成扎孔（刺孔）。一般用打孔机扎孔，选用小孔出耳。孔形为圆形钉子孔，孔直径2～4毫米，孔深5毫米，孔间距1.5～2厘米。扎孔（刺孔）后，长棒一般采用"井"字形或三角形堆放，短棒放在培养架或培养筐内培养，一般培养7～10天，其间注意通风散热并给予自然散射光，有利菌丝体恢复及生理成熟。扎孔（刺孔）后完成养菌，明显可见小孔处新生菌丝体，即完成小孔封口，之后培养数天小孔处出现"黑眼眉"（图3-13），即菌丝体褐变即将形成原基或者出现原基（图3-14）时，可以进行下地排场出耳。

图3-13 小孔出现"黑眼眉"

图3-14 小孔出现原基

（2）立地出耳下地排场。畦面（厢面）要求：平畦，长度根据场地和喷水设施条件合理安排，以便操作，宽1.2～1.5米，过道便于排水和人员走动，过道宽0.4～0.5米、深0.15米，畦面铺设地膜，起到反光、防泥水喷溅和除草的作用。

长棒菌棒下地排场（图3-15）的畦面要架设木桩或铁钎，连接铁丝以稳固菌棒。木桩间距1.2米，长0.5米，离地高度0.27米。畦面铁丝间距0.4米，外侧各留0.25米，铁丝离地高0.27米。长棒菌袋摆放呈"人"字形，菌棒间距5厘米。喷水带（喷出雾状水）固定在木桩上，或者安装高压微型雾化喷头。

图3-15　长棒黑木耳菌棒下地排场

短棒菌棒下地排场（图3-16）的畦面要平整，长度和宽度根据场地和喷水设施条件合理安排，以便操作，上面铺设地膜，菌棒立放，封口处向下，封口海绵拔出或者向内插入接种孔，避免吸水引起杂菌污染，每平方米放置20～25袋。喷水带直接铺在地面上，保证雾状水能均匀喷洒在菌棒表面。

图3-16　短棒黑木耳菌棒下地排场

（3）吊袋出耳排场。吊袋出耳要在设施内完成，因菌棒立体悬挂，可充分利用空间，相同面积下的出耳数量至少为立地出耳的3倍，提高了土地利用率。但是吊袋栽培对于设施和环境调控要求高，设施成本投入大，环境管理精细化程度高。重点要把控水分管理和污染菌袋的清除，否则被杂菌污染的菌袋易通过水分的淋溶造成更大面积的污染。菌棒吊在大棚或温室的横梁上，以两根或三根尼龙绳为一组，连接和固定菌棒，菌棒袋口朝下夹在尼龙绳上，之后放置固定三角扣或铁环，再依次放置菌棒（图3-17，图3-18）。

图3-17　吊袋黑木耳菌棒排场

图3-18　吊袋黑木耳出耳

（4）田间管理。代料黑木耳出耳期以水分管理为重点，间歇喷雾进行"干干湿湿、干湿交替、见干见湿"的水分管理，根据天气灵活调整。既要防止湿度过大、高温高湿引起流耳，又要防止湿度不够影响产量和品质。有条件时，雨量过大可以临时覆盖塑料薄膜以便避雨。

（5）采收。采收要求同段木栽培。

（五）常见病虫害与防治方法

黑木耳是抗杂性较弱的食用菌，四川黑木耳主产区气候温润，杂菌和病虫害多发，防治黑木耳病虫害要坚持"预防为主、综合防治"的原则。

1.常见杂菌　包括绿色木霉菌和链孢霉，主要发生在黑木耳制种、制袋阶段，在高温高湿条件下，还可感染段木。防治方法：注意原材料要新鲜、无霉变，灭菌要彻底；菌棒的接种和培养操作要相对无菌，规范生产；环境调控要精细；及时检查、清理污染菌棒。

2.常见病虫害　在段木栽培出耳期间最常见的病虫害为细菌、黏菌或线虫侵染，或管理不当等引起的流耳，主要表现为耳片表面产生一层黏质物，耳片解体腐烂，呈黏液脱落。防治方法：保持出耳场地卫生，及时清理耳场；水源洁净，水分管理要见干见湿；随时关注天气预报，如遇连雨天适时提前采收；出现流耳后及时摘除，停止喷水，加强通风。

段木栽培常见蓟马危害，蓟马常见于段木接种穴处或耳片内，严重时造成流耳。防治方法：保持出耳场地的卫生；出耳前场地要彻底消毒，如撒生石灰，还要彻底清除场地的杂草杂物，减少虫源；可利用蓟马对蓝板的趋向性，挂蓝色粘板防治。

四、贮运与加工

黑木耳产品流通为干制品。采收后的鲜木耳一般进行自然风干或烘干，干木耳含水量不超过14%。烘干要注意温度控制，烘烤时要经常上下移动烤筛，使其受热一致，干燥均匀。黑木耳干制后，要在相对干燥环境下贮存。根据市场需求，干制产品按照等级进行初加工。

参考文献

陈香利，周天天，李庆伟，等，2021. 黑木耳营养功能、产品开发的现状与趋势[J]. 食药用菌，29(5):
　380-387.

陈影，姚方杰，张友民，等，2014. 木耳栽培种质资源的数量分类研究[J]. 菌物学报，33(5): 984-996.

李玉，2001. 中国黑木耳[M]. 长春：吉林科学技术出版社.

姚方杰，边银丙，2010. 图说黑木耳栽培关键技术[M]. 北京：中国农业出版社.

编写人员：陈影　曹雪莲

毛 木 耳

毛木耳子实体口感脆嫩，营养丰富，是川渝火锅的好食材，子实体色泽变异大，遗传多样性丰富。小巧秀丽的"玉木耳"、色泽艳丽的"粉木耳"，以及背毛致密的"白背木耳"均是毛木耳家族成员（图4-1）。1981年，四川从我国台湾引进毛木耳菌株台2，首先在金堂县进行栽培，之后迅速扩展到中江、简阳、什邡、彭州等地。据中国食用菌协会统计，1991年四川毛木耳产量跃居全国第一，四川也成为全国最大的毛木耳产区并保持至今。长期以来，四川毛木耳生产一直以黄背木耳为主，沿用大袋栽培模式，以耳片大而厚为特色。20世纪90年代后，四川毛木耳产业曾因油疤病的横行一度陷入低迷状态，2010年前后，四川省农业科学院土壤肥料研究所与国家食用菌产业技术体系专家、四川食用菌创新团队专家联合攻关，确定了油疤病的病原菌为毛木耳柱霉，创建了毛木耳油疤病综合防控技术，该技术在四川主产区的成功应用将病害的发生率从85%以上降低到5%以下，并显著提高毛木耳产量和栽培效益，对四川毛木耳产业发展及农户增收均起到了积极的推动作用。2018年，四川什邡湔氏镇获得"中国黄背木耳之乡"荣誉称号。2022年，四川毛木耳产量93.69万吨，位列全国毛木耳产量第一，占四川食用菌总产量的38.28%。

图4-1 毛木耳

当前毛木耳新品种、新技术、新设施和新产品在不断开发应用，并逐渐由农法栽培向工厂化集中制袋方向发展。

一、概述

（一）分类地位及分布

毛木耳 *Auricularia cornea* Ehrenb.，又称黄耳、耳子、粗木耳等，隶属担子菌门 Basidiomycota，伞菌纲 Agaricomycetes，木耳目 Auriculariales，木耳科 Auriculariaceae，木耳属 *Auricularia*。

野生毛木耳分布广泛（图4-2），常发生于青冈树、柳树、槐树和桑树等阔叶树腐木上。早期的文献中，*A. polytricha* 是我国栽培毛木耳最常用的拉丁学名，但研究证明该名称是长毛木耳 *A. nigricans* 的同物异名，且在中国并没有分布，吴芳等研究证实我国栽培的毛木耳拉丁学名应为 *A. cornea*。

自然状态下毛木耳多为丛生，在环境温度 15 ~ 30 ℃、通风良好、有适当光照、雨水充沛条件下生长较好。

图4-2　野生粉色毛木耳（2020年叶雷摄于四川省成都市狮子山）

（二）营养保健价值

1.营养价值　毛木耳是一种优良食材，口感脆似海蜇皮，广泛用于烫火锅、炒肉片、凉拌耳片（丝）等料理，也是螺蛳粉的主要原料之一。笔者测定结果显示，每100克四川黄背木耳子实体干品含有氨基酸4.13克、人体必需氨基酸1.51克、粗纤维33.3克、粗蛋白6.15克、灰分1.90克、粗多糖3.77克、粗脂肪0.2克、维生素 B_2 0.25毫克。

2.保健价值　毛木耳子实体富含的多糖、蛋白质等物质可益气强身、活血、止痛，有助于治疗抽筋麻木、产后虚弱、湿寒性疼痛、外伤疼痛、血脉不通、手脚抽搐、反胃多痰、痔疮出血等。当前毛木耳药理作用研究主要集中在多糖抗凝血、止血、抗肿瘤、提高免疫力、降血脂等方面。喂食毛木耳多糖后的高脂血症大鼠，其血清总胆固醇和甘油三酯含量分别下降 29% 和 18%，降血脂作用明显。20%毛木耳多糖溶液对延长血浆凝血酶作用时间和血浆凝固时间有非常显著的作用。

（三）栽培历程

1981年，四川从我国台湾引进黄背木耳菌株，率先在金堂县进行栽培，随后迅速推广到全省50多个县（市），迄今已有40余年的生产历史。1991年，四川毛木耳产量达

5 000多吨、产值达1亿元，四川也成为全国毛木耳栽培规模最大省份并保持至今。20世纪80年代，四川金堂、中江、简阳、什邡等地均开始了黄背木耳的栽培，目前，什邡湔氏镇是全国最大的毛木耳生产基地。

（四）产业现状

四川毛木耳生产以黄背木耳为主，栽培模式为熟料袋栽荫棚出耳。据中国食用菌协会统计，2022年四川毛木耳产量为93.69万吨，占全国毛木耳总产量的40%以上，主产地在什邡、中江、金堂、彭州和简阳等地区。

什邡市是2005年农业部"全国无公害农产品生产示范基地县达标单位"，以"川湔"牌、"湔氏"牌为主的黄背木耳产品获农业农村部无公害农产品认证，是国家质量监督检验检疫总局2007年确定的"黄背木耳标准化生产示范基地"。该市的湔氏镇2018年获中国乡镇企业协会食用菌产业分会授予的"中国黄背木耳之乡"荣誉称号。黄背木耳生产已成为该市重要特色效益农业产业和农民增收致富的主导产业。

（五）研究成果

四川是全国较早开展毛木耳研究的省份，20世纪80年代就开始了新品种筛选、栽培基质配方研究等工作。2003年，川耳1号新品种通过四川省作物品种委员会的审定，之后10余个农艺性状优异的川耳系列品种相继通过审定并应用于生产。2023年，四川省食用菌研究所选育的川耳206、川耳208和川耳213新品种获得农业农村部新品种权授权。

20世纪90年代后，油疤病曾经是影响四川毛木耳产量和栽培效益的重要因素。2008—2009年，国家食用菌产业技术体系和四川食用菌创新团队相继成立，通过国家、地方团队和什邡湔氏食用菌协会的共同努力，优质丰产毛木耳新品种、高效轻简化栽培技术以及油疤病综合防控技术先后应用于生产，成功解决了横行毛木耳产区20余年的"癌症"，将油疤病发病率从85%以上降低到5%以下，产量提高1/3以上，显著提高栽培效益，四川毛木耳产业焕发了新的生机，这也成为国家、地方团队联合解决生产重大问题的典型案例。2014年，"毛木耳优异种质发掘和新品种选育及精准化栽培技术研究与应用"成果荣获四川省科学技术进步二等奖。

二、生物学特性

（一）形态特征

1.**孢子** 呈肾形或圆筒形、弯曲、表面光滑，在显微镜下可见其内含物质，孢子大小（11～17）微米×（4～6）微米（图4-3）。

2.**菌丝** 菌丝无色透明，有分枝和横隔，直径2～5微米，次级菌丝有锁状联合。孢子萌发前在内部产生隔膜，初生单核菌丝可从孢子顶端、侧面和两侧萌发（图4-3）。

在PDA培养基上，菌落近圆形、边缘整齐、白色，气生菌丝细密（图4-4）。在适宜温度下短期培养时，培养基中无明显色素产生，在高温长期培养条件下，菌丝会在培养基中分泌褐色色素。

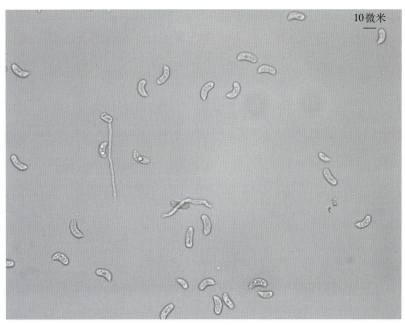

图4-3　黄背木耳孢子和初生菌丝形态

图4-4　毛木耳菌落形态

3.子实体 子实体韧胶质，早期杯状，后渐变为耳状或分叶状。成熟子实体簇生或丛生，有明显耳基。鲜耳子实体白色、粉色、黄棕色、浅褐色至褐色（图4-5），背面有灰白色至浅黄色短绒毛，腹面较光滑，未成熟前有白色灰状物。菌肉中实、有弹性，富含胶质。干耳背面呈灰白色至褐色，腹面深褐色。

粉色毛木耳　　　　　　　　　　　　　白色毛木耳

褐色毛木耳

图4-5　不同色泽的毛木耳子实体

（二）生长发育条件

1.营养 毛木耳为木腐菌，能以金银花枝和叶、棉籽壳、玉米芯、猕猴桃枝条、蔗渣、桑枝木屑、松树、杉树、桉树等为碳源，以麦麸、玉米粉、蚕沙和豆粕等为氮源，以石膏、石灰等为辅料进行熟料栽培。

2.温度 毛木耳为中高温型出耳菌类。在10～37℃下菌丝均可生长，最适温度24～28℃。子实体发育温度15～33℃，最适温度22～28℃，高于35℃发育受阻。

3.光照 菌丝生长不需要光照，光照太强会抑制菌丝生长。一定的散射光照可以诱导原基分化和子实体形成，黑暗条件下不易形成子实体。

4.水分 栽培基质含水量要求60％～65％。菌丝体生长阶段空气相对湿度65％～

75%，原基分化和耳基形成阶段空气相对湿度85%以上，子实体发育阶段空气相对湿度90%～95%。

5.**空气**　毛木耳属好氧性菌类。在菌丝生长和出耳阶段均需大量新鲜空气。透气不良的菌袋发菌时间延长，菌丝长势弱，抗病性下降，耳片小，单产低。在出耳阶段氧气不足易形成畸形耳，出现耳基柄长等问题。

6.**酸碱度**　毛木耳菌丝在pH 5～7的基质中生长良好。拌料时，将灭菌前基质pH调至10左右，有利于减少料袋杂菌污染。

三、栽培技术

毛木耳按商品名主要分为黄背木耳和白背木耳两类，栽培方式有一定差异，本节主要以四川"熟料袋栽荫棚出耳"模式栽培黄背木耳为代表进行介绍。

（一）栽培季节

传统农业栽培一般在6月下旬至7月上旬制作母种，7月上旬至8月制作原种，8—10月制作栽培种，10月至翌年2月制袋，翌年3—4月上架，4月下旬至8月出耳采收。

（二）品种选择

四川黄背木耳主栽品种有上海1号、781、川琥珀木耳1号、川白木耳、黄耳10号、951和丰毛6号等。

（三）菌袋生产

1.**基质配方**　毛木耳菌丝在栽培基质C/N为60∶1左右时，菌丝长速较快、长势好，有利于毛木耳产量形成。根据生产经验，常见栽培基质配方见表4-1。生产者可根据本地优势原料资源择优采用基质配方。

表4-1　毛木耳生产常用基质配方（以干料计）

基质名称	原料比例
棉壳木屑玉米芯基质	棉籽壳30%、杂木屑30%、玉米芯30%、麦麸5%、石灰4%、石膏1%
木屑玉米芯棉壳基质	棉籽壳10%、杂木屑47%、玉米芯30%、麦麸8%、石灰4%、石膏1%
玉米芯木屑棉壳基质	棉籽壳10%、杂木屑30%、玉米芯30%、米糠20%、麦麸5%、石灰4%、石膏1%
木屑棉壳棉柴基质	棉柴10%、棉籽壳10%、杂木屑23%、玉米芯30%、米糠20%、玉米粉2%、石灰4%、石膏1%
玉米芯蔗渣木屑棉壳基质	蔗渣20%、棉籽壳10%、杂木屑13%、玉米芯30%、米糠20%、玉米粉2%、石灰4%、石膏1%
木屑蔗渣棉壳基质	蔗渣30%、棉籽壳10%、杂木屑33%、米糠20%、玉米粉2%、石灰4%、石膏1%

（续）

基质名称	原料比例
木屑玉米芯杏鲍菇菌渣棉壳基质	杏鲍菇菌渣10%、棉籽壳10%、杂木屑33%、玉米芯20%、米糠20%、玉米粉2%、石灰4%、石膏1%
玉米芯木屑杏鲍菇菌渣棉壳基质	杏鲍菇菌渣11%、棉籽壳10%、杂木屑22%、玉米芯30%、米糠20%、玉米粉2%、石灰4%、石膏1%
玉米芯木屑高粱壳基质	高粱壳15%、杂木屑28%、玉米芯30%、米糠20%、玉米粉2%、石灰4%、石膏1%
金银花枝玉米芯棉壳基质	棉籽壳10%、金银花枝丫（屑）33%、玉米芯30%、米糠20%、玉米粉2%、石灰4%、石膏1%
桉树屑基质	桉木屑84%、麸皮10%、豆粕3%、轻质碳酸钙3%（基质pH约7.3，含水量约63%）

注：木屑颗粒度为≤2.0毫米（过筛网以去除大颗粒物，筛孔直径1厘米）。

2. 拌料　以制备10 000千克棉壳木屑玉米芯基质为例。称取干料：棉籽壳3 000千克、杂木屑3 000千克、玉米芯3 000千克、麦麸500千克、石灰400千克、石膏100千克。按照栽培料由多到少依次铺料（图4-6），用拌料机或人工将料拌匀，边拌料边加水，控制基质含水量62%左右，即以栽培料手捏成团、拍撒即散为宜。栽培料拌匀后需要自然闷堆8～12小时后装袋。

——麦麸、石灰等

——棉籽壳

——玉米芯

——杂木屑

图4-6　依次分层铺料

3. 装袋　毛木耳栽培料袋使用聚乙（丙）烯料袋，料袋折径20厘米、长度48厘米，用装袋机装料，装料量湿重约2.4千克/袋，干料约1.1千克/袋。料袋两端套上内径为4.0厘米的塑料颈圈，用塑料薄膜和橡皮筋封口（图4-7）。

图4-7　装袋完成的料袋

　　4.灭菌　装袋完成后尽快灭菌，将料袋搬入并堆码于灭菌灶料仓中，要求当天装袋当天灭菌。通常采取常压蒸汽灭菌方式，一般2 200 ～ 2 500袋/灶，灭菌16小时左右。四川毛木耳产区率先实现"煤改气"，以天然气为能源进行料袋灭菌，与传统燃煤灭菌灶相比，具有环保、节工和省力的优点（图4-8）。也可使用高压蒸汽灭菌器进行灭菌，料仓每次装量为8 000袋，灭菌温度121℃，压力0.15兆帕，灭菌时间约2.5小时。

图4-8　传统燃煤灭菌灶（左）和天然气灭菌灶（右）

　　料袋灭菌出灶后，可堆码在经消毒处理的冷却室自然冷却，或采用强冷空调进行逐级冷却，自然冷却过程中可将料袋堆码呈三角形，以加速料袋的冷却。

5.接种与发菌　四川毛木耳固体菌种生产应用已近40年，原种和栽培种均采用750毫升玻璃瓶盛装，料袋接种用种量为8袋/瓶。常在料袋口温度降至28℃左右，于凌晨进行"抢时抢温"接种。接种按照无菌操作要求进行环境、设施等消毒灭菌。在接种箱内、料袋两头接种，用灭过菌的纸和橡皮筋封住接种口（图4-9）。

图4-9　料袋接种

将接种后的菌袋放置在清洁培养室或发菌棚，堆码8～10层，避光发菌（图4-10）。发菌必须注意控制温度，时常检测菌棒堆内温度变化，菌丝未生长至菌袋肩部时，控制发菌堆内温度25～28℃，"过膀"后控制堆温在20～23℃，以防高温烧菌。菌丝从接种口生长至料袋肩部下3～5厘米时进行翻袋，并及时清除污染菌袋。菌丝长满后，菌棒后续培养10～15天即可上架出耳。一般2个月内完成料袋发菌。

图4-10　避光保温培养

毛木耳菌袋工厂化生产使用液体菌种，须采用配套专用接种机接种（图4-11）。接种完毕后，立即放置在经过消毒处理的恒温培养室发菌培养。与传统固体菌种相比，液体菌种菌丝萌发点多、萌发速度更快。

图4-11　工厂化液体菌种发菌设备（左）与接种（右）

（四）出耳

1.栽培设施　出耳大棚以拱形棚和平棚为主，层架式出耳。棚长20～30米、宽15～20米，中部高3～5米，边高3～3.5米，棚骨架采用钢管、钢筋、竹等构件，棚外用无纺布、黑色或绿色遮阳网、薄膜等遮盖（图4-12），遮阳网可选11～14针黑色、绿色或新型反光遮阳网（图4-13），一般控制棚内光照度在200～500勒克斯。棚顶安装无动力扇或通风口。棚中间留作业道宽2米，作业道两边为出耳架，且出耳架外侧距棚边0.8～1米，层架高2.2～2.7米、长5～7米、宽20厘米，第一层距地面40厘米，层高20～25厘米，堆码10层。棚内安装微喷灌设施，抽水泵功率75～1 100瓦，管道主管用PVC管，管道每2～3米安装1个喷头（图4-14）。

图4-12　四川什邡出耳棚外观（左）及内部结构（右）

图4-13　四川棚顶反光遮阳网出耳大棚

图4-14　出耳棚内微喷灌设施

2.出耳管理　一般在2月下旬至4月将培养好的菌袋移入出耳棚，整齐地摆放于出耳架上（图4-15），并用1%澄清石灰水冲洗菌棒表面1～2次。也可采用吊袋或夹袋的方式排袋。在出耳期间重点调节环境温度和空气相对湿度，可通过关闭或开启大棚的棚门、开启或关闭微喷灌设施来调节。

图4-15　四川黄背木耳层架式出耳

待气温上升到18℃以上时，去掉菌袋两端袋口处的封口纸，用竹片或刀片去掉袋口处的"接种块"，并刮平袋口料面，将耳棚内温度控制在18～25℃，空气相对湿度控制在85%～90%，适当给予散射光和通风。

耳基形成至耳片长至5厘米大小前，控制空气相对湿度为85%～90%，耳片长至10厘米以上时，开启棚门加大通风量，同时控制空气相对湿度为90%～95%，当耳片背面泛白时，适当喷水，若耳片背面呈褐色则不需要浇水。一般情况下晴天早晚喷水、阴天视情况喷水，且喷水时不能直喷耳基。当菌袋口的耳片长至五分成熟时，可在菌袋中部开一个直径1.0～1.5厘米的出耳口，以收获1潮耳，增加出耳单产。

我国毛木耳生产在不同区域具有较大的差异，表4-2对四川、福建等毛木耳主产区的出耳管理方式进行了比较。

表4-2　四川与山东、江苏和福建出耳管理差异

内容	地　区			
	四川	山东	江苏	福建
制袋期	11月至翌年3月	11月至翌年2月	11月至翌年2月	8～10月
出耳棚	拱形棚和平顶棚。竹、木、水泥柱或钢构骨架，外用遮阳网、塑料膜或草垫覆盖	拱形棚。竹制或水泥柱骨架，外用草垫、遮阳网或塑料膜覆盖	拱形棚。竹制或水泥柱骨架，外用草垫、遮阳网或塑料膜覆盖	拱形结构。棚顶高4.2米，滴水高3.2～3.6米，长不超50米。棚顶覆盖物有3层，内层为塑料薄膜，中层为再生毛毯，间隔0.5米盖一层塑料薄膜，外层为遮阳网，棚四周用黑色防渗土工膜。棚顶每隔3米开一个50厘米×50厘米的排气窗
出耳菌袋摆放方式	层架式，摆10层，架间距1.2米	墙式栽培，菌袋横放，剪去袋口塑料膜，每层袋口朝向一致，上下层方向相反，墙高10～12层（袋），层间用竹片横隔，底层距离地面10～15厘米	夹袋式栽培（菌袋被夹在2根细竹竿之间）、三角堆码式（菌棒交叉摆放呈三角式）和墙式栽培（菌袋横放，2个菌袋紧挨着并排摆成一层），摆8～10层，单层菌棒间用竹竿分割	墙式栽培，排袋行距为1～1.1米，左右每排又分为3个小格，每格高1.2米，可排放8～9袋/层，层高一般19袋
菌袋出耳部位	菌袋两端和菌袋中部	菌袋两端开口出耳	菌袋两端开口出耳	菌袋两端开口出耳
耳基诱导方式	控制出耳棚温度18～25℃，早晚通风15分钟，空气相对湿度85%～90%，给予散射光	V形开口，每袋10个左右，大小约2厘米×2厘米，开口呈"品"字形排列。控制出耳棚温度18～25℃，增加光照，适时通风，开口后3～5天浇水，维持空气相对湿度85%～90%	气温稳定在23℃以下时即可开袋。遇高温天气，适当延后开袋	气温稳定在18℃以上时开袋
水分管理	采用微喷灌，可大水漫灌耳片	每天早晚喷雾1～2次，水分不宜过多，维持空气相对湿度85%～90%。水不能直接喷到耳片上，保持耳片湿润不滴水为度	水分不宜过多，耳片开片至2～3厘米时维持空气相对湿度85%～95%。水不能直接喷到耳片上	高温天气棚内空气相对湿度在70%左右，减少喷水，加强通风；湿度较低时，以保湿为主。水不能直接喷到耳片上，多次进行，以耳片上的水分不下滴为准
出耳温度	24～28℃	20～25℃	20～25℃	18～22℃
光照	晴天中午棚内250～310勒克斯	维持耳房"七阳三阴"	维持耳房"七阳三阴"	早、晚温度较低，空气湿度较适合时，掀开全部薄膜，增加光照，但不宜阳光直射。在原基期，若气候干燥，白天应拉下四周薄膜，防止原基干枯

（续）

内 容	地 区			
	四川	山东	江苏	福建
通气方式	白天温度超25℃时，中午开启棚门通风；白天最高温度30℃时，早晨和傍晚开启棚门通风。通风时间每天15～30分钟	耳片干湿交替，经常通风换气，喷水后要通风	耳片干湿交替，经常通风换气，喷水后要通风	温度低、湿度小，要减少通风；温度高、湿度大，要加大通风；在连续阴雨天时，要一直保持通风状态，降低湿度，防止发生"流耳"
出耳采收期	4月下旬至9月下旬	3月下旬至8月下旬	3月下旬至8月下旬	12月至翌年3月中旬

（五）采摘

四川毛木耳在八九分成熟时即可采收。采收标准为子实体背面颜色由深褐色转为浅褐色，腹面"耳灰"尚未完全消失，未大量弹射孢子，耳片边缘卷曲。

选择天气晴朗的时间采摘。采前1～3天应停止喷水。采收时对同一菌袋，不论大小一并采摘，并及时将袋口清理干净，以防残留耳基霉烂。采收后产品应立即进行晾晒，避免长时间堆积，引起耳片霉烂。采收后，可用搅拌机对耳片进行轻轻揉搓，除去腹面"耳灰"，然后摊平晾晒，提高干耳品相。

晒耳时，耳片背面向上，单片摆放，用刀片除去耳片基部附带的少量培养料，对其中大朵的耳片，应从耳基部将其单片掰开晾晒。

采收后应停止喷水3～5天，再进入下一潮耳的管理，一般可收3潮耳。4—5月采收第一潮耳，5月下旬至6月采收第二潮耳，7—8月采收第三潮耳。一般单袋可产干耳150～250克。

（六）晾晒

毛木耳多是将鲜耳晾晒成干品销售，属于初级加工产品。四川产区是将鲜耳片单片铺放在竹笆子上自然晾晒干燥（图4-16）。毛木耳干品在干制后，进行密封包装封存，内放干燥剂避免回潮，用食品级塑料密封袋或者专用包装进行储存。

图4-16　竹笆晾晒毛木耳

（七）病害防控

在料袋发菌过程中常发生油疤病（图4-17），以及木霉、曲霉、链孢霉、细菌、根霉和毛霉等杂菌危害菌棒，引起出耳单产降低。其中，油疤病曾是影响毛木耳生产最严重的病害，发生率可达90%以上，病原菌为毛木耳柱霉*Scytalidium auricola* W.H.Peng。生产中可通过使用抗病品种、提高栽培基质酸碱度、低温发菌、提前开口出耳等方法预防病害发生。

图4-17 毛木耳菌棒感染油疤病

发菌过程中的杂菌防治应以预防为主，采取综合防控措施。栽培原料应做到新鲜干燥无霉变，培养料要充分预湿，料袋灭菌要彻底，菌种生产要规范，接种消毒要到位，培养料营养均衡，发菌过程中发现污染菌袋要立即处理。

参考文献

戴玉成，杨祝良，2018. 中国五种重要食用菌学名新注[J]. 菌物学报，37(12): 1572 -1577.

黄忠乾，唐利民，郑林用，等，2011. 四川毛木耳栽培关键技术[J]. 中国食用菌，30(4): 63-65.

李远江，郭耀辉，何斌，等，2014. 利用猕猴桃枝条栽培毛木耳[J]. 食用菌学报(3): 41-44.

马静，邱彦芬，岳诚，2019. 毛木耳食药用价值述评[J]. 食药用菌，27(5): 4.

苗人云，叶雷，李小林，等，2016. 二浸豆粕为氮源栽培毛木耳的研究[J]. 中国食用菌，35(6): 18-22.

谭伟，郭勇，周洁，等，2011. 毛木耳栽培基质替代原料初步筛选研究[J]. 西南农业学报，24(3): 1043-1049.

谭伟，黄忠乾，苗人云，等，2016. 毛木耳栽培降本增效新技术[J]. 四川农业科技 (11): 9-12.

谭伟，李小林，戴怀斌，等，2019. 四川毛木耳栽培模式构建及其技术特点——以什邡市黄背木耳为例[J]. 中国食用菌，38(3): 30-35.

谭伟, 苗人云, 周洁, 等, 2018. 毛木耳栽培技术研究进展 [J]. 食用菌学报, 25(1): 1-12.

汪彩云, 李勇, 2012. 毛木耳耳棚的搭建 [J]. 食药用菌 (2): 112-113.

吴芳, 2015. 木耳属的分类与系统发育研究 [D]. 北京: 北京林业大学.

袁滨, 柯丽娜, 吴尚钦, 等, 2017. 巨尾桉木屑配方对7种毛木耳产质量的影响 [J]. 热带农业科学, 37(2): 62-66.

张波, 李小林, 苗人云, 等, 2018. 金银花枝、叶替代木屑栽培毛木耳生产效益研究 [J]. 中药材, 41(2): 261-265.

张波, 苗人云, 周洁, 等, 2017. 不同氮源配方栽培基质对毛木耳农艺性状、品质及生产效益的影响 [J]. 南方农业学报, 48(12): 2210-2217.

编写人员：谭伟　叶雷　张波

金 针 菇

野生金针菇（图5-1）分布较广，基本为黄色。金针菇生产中主要有白色和黄色两个品系。相比白色金针菇，黄色金针菇具有风味浓郁，口感好的突出优势，是川渝火锅常用优质食材，也是即食食品麻辣金针菇的优良加工原料，四川即食金针菇产品曾风靡全国。

图5-1　野生金针菇

20世纪80年代初，四川省农业科学院在全国较早开展了金针菇的研究。2003年，四川省农业科学院2个金针菇品种通过认定，之后川金系列金针菇相继问世，其中川金菇3号产量高、菌盖浅黄色、菌柄褐变程度较传统品种明显降低，商品性好，成为当时应用面积最大的黄色金针菇品种。

川渝地区是黄色金针菇的主产区，除了峨眉、大邑等地使用传统农法顺季栽培，曾经四川金针菇栽培的一大特色是利用川西高原夏季的冷凉气候条件进行高原反季节栽培。21世纪初，白色金针菇工厂化栽培迅速发展，而黄色金针菇品种普遍存在贮藏期短、头潮菇产量偏低等突出问题，黄色金针菇栽培面积逐渐减少。近年来，随着黄色金针菇工厂化栽培品种选育工作的突破，四川、重庆地区逐渐形成了一批工厂化生产黄色金针菇的企业，黄色金针菇产量逐渐增加。

四川有丰富的金针菇种质资源，具有十分扎实的研究基础。面对我国白色金针菇工厂化生产种源"卡脖子"的问题，开展关键核心技术攻关、加强种质资源的发掘评价，以及加快优良金针菇品种改良研究，将是四川新一代食用菌研究者的重要使命。

一、概述

（一）分类地位及分布

金针菇*Flammulina filiformis*（Z.W. Ge，X.B. Liu & Zhu L. Yang）P.M. Wang，Y.C. Dai，E. Horak & Zhu L. Yang，又名冬菇、朴菇、智力菇等，隶属担子菌门 Basidiomycota，伞菌纲 Agaricomycetes，伞菌目 Agaricales，膨瑚菌科 Physalacriaceae，小火焰菇属*Flammulina*。

Flammulina velutipes（Curtis）Singer 曾被广泛用作金针菇的拉丁学名，但 Wang et al.（2018）基于分子生物学研究证实当前栽培的金针菇不同于毛腿金针菇*F. velutipes*，是一个独立的物种，即*F. filiformis*。

野生金针菇分布较广，基本为黄色，可生长于多种阔叶树腐木上，常发生在深秋时节。野生菌株菌盖淡黄色，中央部分茶黄色、光滑，表面有胶质的薄皮，湿时具黏性，边缘内卷后呈波状（图5-2）。

图5-2　野生金针菇子实体

（二）营养保健价值

1.营养价值　金针菇营养丰富，风味鲜美。每100克金针菇子实体干品含有蛋白质17.5克、总氨基酸2.8克、总必需氨基酸1.99克、脂肪2.3克、碳水化合物65.5克、钠26毫克。在金针菇所含必需氨基酸中，亮氨酸和赖氨酸的含量高于一般的食用菌类，这对提升儿童的智力有着非常重要的作用，因此金针菇又称为"增智菇"。金针菇富含 47 种矿物质，包含钠、钾、钙、镁等对人体有益的常量元素以及锌、铁、锰等微量元素，其中钾元素的含量很高，而钠元素的含量很低，这种高钾低钠的营养特征有降低人体血压的功能，因此食用金针菇就成为了心脏病患者和需要限制盐摄入人群的合理选择。

2. 保健价值　金针菇具有抗肿瘤、调节免疫力、抗病毒、降血脂、抗疲劳和护肝等多种保健价值。多糖是其重要成分之一，金针菇多糖是由葡萄糖、半乳糖、阿拉伯糖、甘露糖、岩藻糖、木糖、鼠李糖等10多种单糖通过糖苷键连接而成的多聚物。常食金针菇有辅助预防癌症的作用。

（三）栽培历史

我国金针菇栽培历史悠久，古籍记载最早见于元代，规模化商业生产始于20世纪80年代。早期的金针菇栽培使用黄色品系。1988年，日本学者培育出白色金针菇M50，并逐渐推广，由于白色金针菇具有产量高、出菇集中和耐贮运等突出的优势，非常适宜工厂化栽培，因此白色金针菇逐渐取代黄色品系，成为工厂化生产的主导品种。但由于黄色金针菇口感好、风味独特，因此在川渝等地仍占有相当的市场份额。近年来，随着人们对优质食用菌产品的需求增加，黄色金针菇工厂化栽培品种和技术正在日益突破，产业有了新的发展。

四川较早就开始了金针菇的栽培研究。20世纪80年代初，四川省农业科学院闵怡行等就开始了金针菇栽培技术研究、品种比较试验等工作；20世纪90年代至21世纪初，四川菇农还较多地利用冷库进行金针菇栽培，利用四川红原等地冷凉气候进行反季节栽培，并取得了较好的经济效益（图5-3）。

图5-3　四川高原反季节金针菇栽培

2008年至今，在国家食用菌产业技术体系品种改良工作及四川省育种攻关等项目支持下，四川省农业科学院重点开展了金针菇新品种选育研究等工作，先后建立金针菇核心种质资源库，育成了系列适用工厂化/农法栽培的金针菇品种，修正了金针菇生活史，创新了黄色金针菇的工厂化栽培，显著缓解金针菇种源"卡脖子"问题，为我国金针菇产业发展作出积极的贡献。

（四）产业现状

目前金针菇已是世界四大栽培食用菌之一，分为黄色和白色两大类品系，有工厂化栽培和农法栽培两种模式。工厂化栽培以白色品系为主，有瓶栽、袋栽差异；农法栽培可分为农业设施栽培和反季节栽培等。

第一个注册在生产中使用的白色金针菇品种是M50，由日本学者从黄色菌株的白色变异菌株中育成。随着金针菇工厂化生产的迅速发展，白色金针菇瓶栽已成为主要生产方式，但使用的品种主要来自日本或经过适应性系统选育而成，这也是我国食用菌领域"卡脖子"最突出的问题之一。

四川黄色金针菇生产在国内占据优势地位，栽培模式多样，农法栽培和工厂化栽培并存，黄色袋栽金针菇工厂化生产又有菌袋横卧式栽培（图5-4）和菌袋立式栽培（图5-5）等方式。黄色金针菇口感脆嫩、风味浓郁，但头茬产量偏低，菌柄基部容易褐变，不耐储运，亟须开展优良新品种选育工作。

图5-4　黄色金针菇工厂化栽培-菌袋横卧式栽培

图5-5　黄色金针菇工厂化栽培-菌袋立式栽培

随着传统农业向现代农业的转变，食用菌工厂化生产是未来发展的大趋势，黄色金针菇生产也将逐步由农法栽培模式向工厂化栽培模式转变，选育适宜工厂化生产的黄色金针菇品种是产业发展的迫切需求。

二、生物学特性

（一）形态特征

金针菇子实体丛生，由菌盖、菌褶、菌柄3部分组成（图5-6）。菌盖直径1～2.5厘米，幼时球形至半球形，逐渐开展至平坦。菌褶白色或带奶油色，延生，稍密集。菌柄硬直，长2～13厘米，直径2～8毫米，上下等粗或上部稍细，基部暗褐色，密被黄褐色至暗褐色的短绒毛，初期菌柄内部髓心充实，后期变中空。

菌丝白色，分枝多，有锁状联合。孢子印白色，担孢子在显微镜下无色，表面光滑，横圆形或卵形，大小为（5～7）微米×（3～4）微米。粉孢子无色，表面光滑，大多是四柱形（近短杆状）或卵圆形，大小为3.9微米×（2～4）微米。

图5-6　生长中的黄色金针菇子实体

（二）生长发育条件

1.营养条件　金针菇生长发育所需要的碳源、氮源及无机盐类均来自培养基质，但必须由菌丝体分泌的胞外酶降解后才能被利用。

碳源材料主要来自农林副产物，如适宜树种的木屑、棉籽壳、甘蔗渣等；适宜的氮源为有机氮，无机氮中仅能利用铵态氮，不能利用硝态氮，生产中主要是从麦麸、米糠、玉米粉等含氮量较高的农副产品下脚料中获得。常用玉米芯、棉籽壳、棉渣、麦麸、玉米粉等原料配方栽培。为了获得较高产量，金针菇配方中氮源含量较高。

金针菇生长发育所需要的无机盐类因所需甚微，基本不必另外添加，但添加镁离子和磷酸根离子可促进菌丝生长。

2.环境条件

（1）温度。金针菇属于低温恒温结实型菌类。菌丝体生长温度范围为4～30℃，最适生长温度18～22℃。原基形成最适温度12～15℃，子实体生长发育温度范围为4～18℃，在一定范围内，温度越高，子实体生长越快，绒毛变多，商品性变差。

（2）光照。菌丝能在完全黑暗的条件下生长。子实体在完全黑暗的条件下，菌盖生长慢而小，多形成畸形菇，微弱的散射光可刺激菌盖生长，过强的光线会使菌柄生长受到抑制。

（3）水分。金针菇喜湿，基质含水量以65％～69％为宜，发菌期空气相对湿度70％～80％，催蕾阶段空气相对湿度95％～98％，子实体生产阶段空气相对湿度90％～95％。

（4）氧气/二氧化碳。发菌阶段需要充足的氧气，子实体生长阶段，需要高浓度的二氧化碳以促进菌柄生长、抑制菌盖开伞。

（5）酸碱度。要求偏酸性环境，菌丝在pH3～8.4范围内均能生长，最适pH为4～7，子实体形成的最适pH为5～6。

三、栽培技术

（一）农法栽培

1.**栽培季节**　四川农法栽培的金针菇一般于8月开始制栽培种，9月下旬至12月底制袋，10月底至翌年3月底出菇。也有的菇农利用高海拔地区冷凉气候实现反季节栽培，四川红原等地曾为金针菇反季节栽培区域。

2.**品种选择**　四川农法栽培金针菇多为黄色品系，常用品种包括川金3号、川金4号、川金631等（图5-7）。川金3号子实体生长整齐，菌盖半球形、浅黄色，菌柄近白色、基部绒毛少，出菇温度6～20℃，适宜温度8～12℃。川金4号菌盖半球形、黄白色，不易开伞，菌柄白色或近白色、粗细均匀、基部无绒毛、生长整齐，出菇温度5～20℃，最适出菇温度6～13℃。

图5-7　黄色金针菇川金3号（左）、川金4号（右）子实体

3.常用配方

①棉籽壳77%、麸皮或玉米粉20%、石灰3%，含水量65%。

②棉籽壳50%、废棉30%、麸皮10%、玉米粉7%，石灰3%，含水量65%。

③棉籽壳33%、玉米芯33%，麸皮31%、石灰3%，含水量65%。

④棉籽壳56.4%、花生壳30%、麸皮4.5%、玉米粉3%、石灰2.6%、石膏1.6%、磷肥1.9%，含水量65%。

⑤棉籽壳64%、蚕豆壳25%、玉米粉7.5%、石灰2.5%、石膏1%，含水量65%。

4.料袋制作　选用规格（20～22）厘米×（43～48）厘米×0.003厘米的聚丙烯或低压聚乙烯塑料袋，每袋装干料1千克左右。常压灭菌需要100℃维持12～18小时，高压灭菌通常121℃维持2～3小时，常见料袋堆码方式见图5-8。

图5-8　料袋堆码及常压灭菌

5.**接种**　料袋冷却到25℃以下，在无菌条件下接种，接种可在接种箱或接种室内进行。栽培种在使用前应用消毒剂擦洗外表面，瓶口用酒精灯灼烧杀菌，表层老化的菌种去除不用，一般1瓶750毫升菌种瓶可接种料袋8～10袋，接种后培养发菌。

6.**发菌**　在发菌棚或出菇房内发菌（图5-9，图5-10），发菌温度18～22℃，空气相对湿度70%～80%。在低温季节，为了保温，可在堆码的菌袋上覆盖薄膜等保温材料。菌丝生长到料袋长度的1/2以上即可进行出菇管理。

图5-9　发菌棚发菌

图5-10 出菇房内堆码发菌（上）与层架式发菌（下）

　　7. 出菇管理　金针菇出菇需要进行"搔菌"以激原基的形成。具体方法：揭掉封口纸或将袋口系绳解开，用清洁的工具挖去菌袋表层的菌种和失水的培养料，套上口圈，用塑料薄膜覆盖或悬挂在层架一侧保湿（图5-11），保持一定的散射光，温度10～18℃，空气相对湿度95%左右，约12天可见菇蕾的形成。当子实体生长出袋口1～2厘米长度时，在瓶口上套上塑料袋增加CO_2浓度，使菌柄伸长，避免菌盖过早开伞（图5-12）。当子实体生长长度达到14～16厘米时即可采收。

　　8. 采收　采收时捏住菌柄，将整丛采下，分级进行包装销售（图5-13）。

图5-11　搔菌后保湿

图5-12　套袋出菇

图5-13 采收分级

（二）工厂化瓶栽

1.品种选择 目前工厂化栽培的金针菇以白色品系为主，有少量黄色品系。工厂化栽培的金针菇一般只采收一潮，因此一般要求品种生长周期短，头潮菇产量集中。目前的白色瓶栽品种多数来自日本，国内科研院所育成的白色品种已在逐步应用中。

2.原料控制 为了保障生产的稳定高效，工厂化生产对栽培原料有相对严格的要求，原材料需保证新鲜、干燥、无霉变、无虫害，尽量保证每批原料质量基本一致。每家企业都有自己的栽培配方，都是经反复试验及生产实践，结合所在地原材料供应，不断改进优化，筛选出的高产经济配方，以保证金针菇优质高产。

3.配方 较多金针菇工厂使用的主料为玉米芯，主要氮源为米糠、麸皮等农业生产的下脚料。为了获得尽可能的高产，金针菇配方要求有较高的营养配比，部分企业使用米糠的比例达到40%以上，具有高养分、高含水量的特点。原料应搅拌均匀、充分吸水，不易吸水的原料如玉米芯可用石灰水浸泡预湿后使用。常用栽培配方有如下两种：

①玉米芯35%、棉籽壳10%、米糠35%、麸皮10%、甜菜渣5%、玉米粉4%、贝壳粉（或轻质碳酸钙）1%。

②玉米芯33%、棉籽壳8%、米糠35%、麸皮8%、甜菜渣5%、啤酒糟5%、干豆渣5%、贝壳粉（或轻质碳酸钙）1%。

4.**装瓶灭菌**　金针菇栽培配方加水搅拌至灭菌应在3小时内完成，高温季节尤其要注意控制时间，避免原料酸败。金针菇工厂化瓶栽容积规格1 400～1 500毫升，口径85毫米。通过机械自动装瓶、打孔、加盖，每瓶装料量应基本一致，培养基料面平整。一般16瓶为1组放置在塑料筐中，通过机械运输进行高压灭菌（图5-14）。灭菌后的料瓶需要在净化洁净的环境中快速冷却至17～22℃后进行接种。

图5-14　装瓶灭菌

5.**接种发菌**　工厂化生产均使用液体菌种，液体菌种成本低、生长快、品质好，但对设备、环境、栽培料、技术人员等均有较高要求。发酵罐液体菌种培养温度16～20℃，初始pH 5～7，培养7～10天。接种使用机械操作或在无菌室内人工操作，接种量25～35毫升/瓶。

接种后在净化的培养室内发菌，在发菌期间不需要光照。接种后1～7天为促进菌丝快速定殖，培养温度14～16℃；从第8天开始，随着菌丝生长散发的热量增加，为了避免温度升高形成局部高温，培养温度要降低至11～14℃，空气相对湿度70%～80%。

6.**催蕾与育菇**　培养21～23天，菌丝长满瓶后要进行"搔菌"处理，促进菇蕾在料面整齐形成，用搔瓶机挖除料面的菌丝和老化的菌皮，搔菌后料面距离瓶口2～2.5厘米（图5-15）。整平料面后补水10～15毫升，进入催蕾促进原基形成（图5-16）。该阶段温度14～15℃，空气相对湿度95～98%，二氧化碳浓度3 000～4 000毫克/千克，给予100勒克斯间歇性短时光照，4～5天就可见原基的形成。

图5-15　搔菌前（上）、搔菌后（下）的菌丝

在菌柄长至3～5毫米时，采用低温弱风，间歇性光照蹲菇，使菇蕾生长整齐（图5-17）。温度逐渐降至5～8℃，菇蕾长出瓶口1～2厘米时用塑料包菇片将瓶口包裹，提高局部二氧化碳浓度，促进菌柄伸长，抑制菌盖开伞（图5-18）。整个育菇周期26～28天。

图5-16 补水前（上）、补水后（下）的菌丝

图5-17 原基形成及蹾菇

图5-18 套包菇片出菇

7.采收 当菌柄长15～17厘米、菌盖直径0.5～1厘米时即可采收（图5-19）。采收后的产品按照要求进行切根处理，分级包装销售。成品于0～4℃仓库冷藏。

图5-19 采 收

参考文献

葛再伟,刘晓斌,赵宽,等,2015.冬菇属的新变种和中国新记录种(英文)[J].菌物学报,34(4):589-603.

黄年来,1980.色美味鲜的金针菇[J].食品科技(8):20.

刘启燕,戚俊,王卓仁,等,2021.我国金针菇工厂化生产现状与思考[J].中国食用菌,40(12):83-88,92.

罗信昌,陈士瑜,2010.中国菇业大典[M].北京:清华大学出版社.

闵怡行,1983.人工栽培金针菇[J].四川农业科技(4):46-47.

彭卫红,肖在勤,2001.白色金针菇新品种金白1号的选育[J].西南农业学报(S1):75-78.

谭艳,王波,赵瑞琳,2015.金针菇生活史中核相变化[J].食用菌学报,22(2):13-19.

王波,甘炳成,彭卫红,等,2006.金针菇杂交品种——川金3号[J].食用菌(6):15.

王波,唐利民,姜邻,等,2001.川金2号金针菇菌株选育初报[J].食用菌(3):11-12.

王桂林,李国辉,杨宇,等,2022.金针菇多糖提取纯化研究进展[J].中国野生植物资源,41(3):49-54,60.

熊鹰,高俭,1988.金针菇品种比较试验[J].食用菌(5):9-10.

熊鹰,姜邻,唐瑞生,等,1997.风冷式冻库中金针菇的高产高效袋栽技术[J].食用菌(3):28-29.

杨文斌,2018.金针菇的营养与生长发育条件[J].吉林蔬菜(4):39.

余冬生,吴莹莹,冯婷,等,2019.金针菇子实体多糖FVPB2对小鼠T淋巴细胞和巨噬细胞的免疫调节作用[J].菌物学报,38(6):982-992.

张金霞,蔡为明,黄晨阳,2020.中国食用菌栽培学[M]北京:中国农业出版社.

Wang P M, Liu X B, Dai Y C, et al., 2018. Phylogeny and species delimitation of *Flammulina*: taxonomic status of winter mushroom in East Asia and a new European species identified using an integrated approach[J]. Mycological Progress, 17(9): 1013-1030.

编写人员:贾定洪 刘询 李享 刘娟 何晓兰 彭卫红 王波

平 菇

　　广义的平菇包含了侧耳属的多个种类，品种遗传多样性丰富，栽培原料来源广，生料、熟料栽培均可，技术粗放，栽培效益较稳定，十分适宜城郊农户的栽培。

　　20世纪70年代末，四川省农业科学院土壤肥料研究所微生物研究室刘芳秀等前辈率先进行平菇品种的引进和栽培技术研究，1983年与四川大学联合进行了平菇菌种引种鉴定和深层培养工艺研究，为四川平菇产业的发展奠定了基础。1988年由四川省农业厅牵头，联合省内9个相关单位进行"四川平菇高产技术大面积推广应用"，提出了平菇生产综合开发技术，实现了产量和效益的显著增加。

　　1990年，四川省农业科学院土壤肥料研究所肖在勤研究员建立了食用菌远缘原生质体融合技术，以金针菇和凤尾菇为亲本，育成了世界首例科间融合食用菌新品种金凤2-1（图6-1），这是四川省农业科学院育成品种中第一个通过审定的品种。金凤2-1品种子实体灰白色，出菇温度范围广，产量高，在20世纪90年代至21世纪初，非常广泛地应用于我国平菇栽培产区，在全国20余个省市进行较大面积的栽培。肖在勤研究员主持完成的研究成果"应用细胞融合技术选育食用菌新品种"也获得1998年四川省科学技术进步一等奖和1999年的国家技术发明二等奖，是四川省至今为止食用菌领域等级最高的国家级成果奖励。

图6-1　金凤2-1品种子实体形态

一、概述

（一）分类地位

广义的平菇是侧耳属中糙皮侧耳、美味侧耳、白黄侧耳、肺形侧耳、佛罗里达侧耳等数个生物学种的统称，隶属担子菌门Basidiomycota，伞菌纲Agaricomycetes，伞菌目Agaricales，侧耳科Pleurotaceae，侧耳属*Pleurotus*。本文所述"平菇"主要指糙皮侧耳*Pleurotus ostreatus* (Jacq.) P. Kumm.，古称天花蕈、天花菜，又名北风菌、蚝菌、冻菌、青蘑、灰蘑，四川有的地方也称其桐子菌。

野生平菇分布广泛，在亚洲、欧洲、北美洲、南美洲、非洲等均有分布；我国四川多地都有野生平菇生长，多发生在温度较低的秋冬季和冬春季，主要生长在多种阔叶树活立木、枯腐干、倒木或伐桩上。

（二）营养保健价值

1.营养价值 平菇味道鲜美、营养丰富，具有高蛋白，低脂肪的特性。每100克平菇干品中含有蛋白质1.9克、脂肪0.3克、碳水化合物4.6克、不溶性膳食纤维2.3克、灰分0.7克、胡萝卜素10微克、硫胺素0.06毫克、核黄素0.16毫克。其中，人体必需氨基酸占总蛋白质含量40%～50%，油酸、亚油酸等人体必需脂肪酸占脂肪总含量70%。平菇含有丰富的维生素E、胡萝卜素、烟酸、叶酸、泛酸、维生素A、维生素B_{12}、维生素B_1、维生素B_2、维生素B_6、维生素C等，以及较高的磷、镁、钾、钠、铜、锌、铁、硼、硒等有益矿质元素，特别是其高钾低钠的特性，对高血压和心脑血管疾病有较好预防效果。

2.保健价值 平菇是一种保健价值极高的食用菌。中医认为平菇性微温、味甘，具有滋养脾胃、除湿驱寒、和中润肠、舒筋活络等功效。现代研究表明：平菇子实体中含有丰富的多糖、甾类、挥发油类、多酚类等，能提高人体超氧化物歧化酶和谷胱甘肽过氧化物酶活性，增强冠状动脉机能和心肌供氧能力，激活人体免疫细胞改善新陈代谢和免疫力，改变肿瘤细胞膜通透性；具有抗氧化、防衰老，预防高血脂、高胆固醇引起的动脉硬化等心脑血管疾病，显著提高HBV亚单位疫苗免疫效果，护肝保肝、抗菌消炎、抗病毒、抗肿瘤等作用；对治疗股骨头坏死、阿尔茨海默病也有一定疗效。平菇中含有的蒽醌类物质，对减轻多巴胺等神经毒素伤害和降低线粒体功能障碍也有一定功效。

（三）栽培历史

中国有800多年的平菇食用历史，是世界上记载平菇最早的国家。北宋文学家黄庭坚在《答永新宗令寄石耳》中曾言"雁门天花不复忆"，"天花蕈"是古人对平菇的别称，可见北宋时期平菇就是一道不可多得的佳肴。南宋诗人朱弁也写下"三年北撰饱擅腥，佳蔬颇忆南州味，地菜方为九夏珍，天花忽从五台至""树鸡湿烂渐叩门，桑蛾青黄漫趋市，赤城菌子立万钉，今日因君不知贵"专咏平菇，赞誉推崇之意不胜言表。南宋陈玉仁所撰《菌谱》是中国最早的菌类著作，其中也写道"五台天花，亦甲群汇"。

但平菇实现人工栽培相对较晚，普遍认为起源于20世纪初欧洲的平菇木屑瓶栽技术，首次人工栽培是在1900年的德国。20世纪30年代初期，中国长白山林区有少量段木人工栽培。20世纪70年代研究利用棉籽壳栽培平菇取得成功后，中国平菇栽培开始大面积发展，至今仍为推广普及面最广的食用菌之一。

四川平菇的研究有较早的历史。20世纪70年代末至80年代初，四川省农业科学院土壤肥料研究所刘秀芳等就开展了平菇新品种的引进和配套栽培技术研究；1984年，四川省农业科学院土壤肥料研究所祁和意等开展了平菇液体种研究与应用；1988年，四川省农业厅李昌祥等与四川省农业科学院土壤肥料研究所闵怡行等人联合开展平菇综合生产开发技术研究与应用，大面积推广以熟料袋栽立体栽培为主的高产栽培技术，筛选了系列平菇品种、建立了配套技术，研究成果"四川平菇高产技术大面积推广应用"获得全国农牧渔业丰收三等奖。20世纪90年代初，肖在勤等人利用研究发明的食用菌远缘原生质体融合技术，育成广温型优质丰产平菇品种金凤2-1，在全国20个省市大面积应用，该成果分别在1998年和1999年获得四川省科学技术进步一等奖和国家技术发明二等奖。

目前四川平菇栽培规模位列四川食用菌前三，平原、山区、高原和丘陵地区均有栽培，其中80%集中在成都、遂宁、巴中、南充、德阳、泸州、乐山、广元、达州等城市的郊区。主要以木屑、棉籽壳、玉米芯以及水稻秸秆等为主要栽培原料，搭配不同温型品种可实现周年栽培，具有操作相对简单、产量高、污染小、稳定性好等优势。四川平菇栽培曾经使用的品种较多，子实体色泽有深黑色、浅灰色、乳白色和白色等（图6-2），近年来，市场青睐黑色子实体种类。以子实体生长阶段适宜温度范围划分，不同品种的温型差异较大。

图6-2　四川早期白色平菇生产

（四）产业现状

2022年，全国平菇鲜品总产量为615.8万吨，仅次于香菇，位列全国第二。四川省2022年平菇鲜品产量44.94万吨、产值35.95亿元，平菇成为四川第二大食用菌品种。

四川平菇生产主要以年生产量低于15万袋的小农户个体经营为主。因地处盆地，空气湿润，平菇生产主要采用熟料袋栽技术模式，以水稻秸秆、棉籽壳、玉米芯、木屑为主原料，辅助添加适量麸皮、玉米粉等，用规格22厘米×45厘米×0.003厘米聚乙烯塑料袋，两头套环、报纸封口，常压灭菌后接种栽培。这种模式可有效降低菌袋污染，保证平菇成活率。

四川平菇主要以新鲜子实体为产品直接上市销售；主要加工产品有平菇干、平菇酱、腌渍平菇、酥炸平菇、油浸平菇罐头、料理包以及平菇粉和平菇多糖提取物等。

二、生物学特性

（一）形态特征

1. 孢子形态　孢子印呈白色或乳白色。担子呈棒状，每个担子有2～4个担子梗，每个担子梗上有1个孢子。担孢子无色，平滑薄壁，近圆柱形、椭圆形或腊肠形（图6-3），大小为（7.0～11.0）微米×（2.5～4.0）微米。

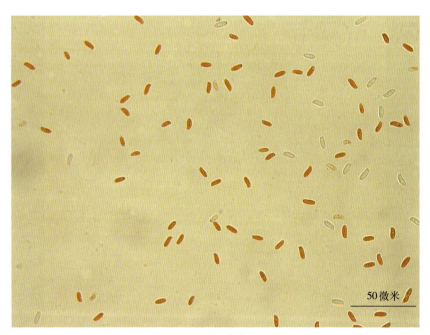

50微米

图6-3　平菇孢子

2. 菌丝形态　菌丝透明，直径2.5～5.5微米，有隔，具分枝，双核菌丝锁状联合明显。菌丝体白色、浓密（图6-4），气生菌丝长势旺盛，后期气生菌丝逐渐消退并变黄。

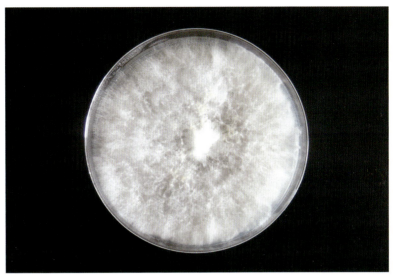

图6-4 平菇菌丝体

3.子实体形态 糙皮侧耳子实体多呈覆瓦状丛生（图6-5），少数单生；菌盖幼时多呈半球形、匙形或扇形，部分菌盖中心内凹，生长白色绒毛，边缘整齐内卷，表面平滑；颜色中心较深，外沿逐渐变浅，多呈蓝黑色，成熟后，菌盖颜色有灰白色、白色、灰褐色、褐色等；菌肉白色、绵软、肥厚，从中心到外沿由厚变薄；菌褶白色或乳白色、质脆、密集，呈辐射状排列于菌盖下方，延生，长短不等，末端交织于菌柄，子实体成熟后，喷发大量担孢子；菌柄白色，偏生或侧生，多为短柄或无柄，内实且纤维化，至菌褶以下生长白色绒毛。

图6-5 平菇子实体

（二）生长发育条件

1.营养条件

（1）碳源。平菇属于木腐菌类，通过菌丝体分泌的纤维素酶、木质素过氧化物酶、漆酶、淀粉酶和蛋白酶等多种胞外酶分解纤维素、半纤维素、木质素及淀粉等原料，获得单糖或双糖等营养物，有机酸和醇类也可作为平菇生长发育碳源。农林废弃物包括稻秸、玉米芯等各类农作物秸秆，茶渣、茶梗等茶副产品，甘蔗渣、苹果渣、甘薯渣和各类废弃桑树枝、果树枝、杂木枝，以及中药渣、木糖醇渣、酒糟、醋糟、造纸废弃物等，均可作配方栽培平菇。

（2）氮源。平菇可利用蛋白质、氨基酸、蛋白胨、尿素、硫酸铵等作为氮源营养，生产中一般将麦麸、玉米粉、米糠、菜籽饼、豆粕等作为栽培料氮源。不同氮源物质，含氮量不同，添加比例也不同。不同生长阶段所需碳氮比不同，一般认为平菇营养生长阶段最适碳氮比为20∶1，生殖生长阶段最适碳氮比为（30～40）∶1。

（3）矿质元素及维生素。平菇生长发育需要矿质元素及维生素，栽培原料中一般均含有所需物质，不需额外添加。但有的种植者会少量添加硫酸钙、碳酸钙、磷酸钙和磷酸二氢钾等。

2.温度条件

平菇品种多样，不同品种适宜温度不同，同一品种不同生长阶段对温度的要求也不同。平菇大多数品种菌丝在4～35℃下均能生长，22～26℃最适，高于40℃死亡；子实体发育最适温度10～26℃；孢子形成最适温度13～20℃，孢子萌发最适温度24～28℃。

3.湿度条件

栽培基质含水量和空气相对湿度对平菇生长发育至关重要。生产中培养料含水量保持55%～70%，最佳含水量60%～65%；平菇对空气相对湿度的需求因不同生长阶段而不同，菌丝培养阶段保持55%～65%最佳，子实体发育阶段以85%～95%为宜。

4.酸碱度

平菇对pH的适应范围较广，pH3.5～9.5菌丝均能生长，pH5.5～6.5菌丝生长最快。生产中一般通过添加生石灰的方式调节培养料酸碱度。平菇熟料栽培中，经过堆制和高温灭菌，培养料pH会不同程度地下降，因此培养料灭菌前以中性微偏碱为最佳。

5.通气条件

平菇属于好氧性食用菌，但不同阶段需求不同。平菇菌丝生长阶段可耐受高浓度CO_2，但出菇阶段需要充足氧气，当氧气含量处于较低水平时，子实体发育受限，会出现"棒槌菇"或子实体不发育现象。平菇菌丝对硫化物、一氧化碳等有害气体以及杀菌剂、杀虫剂等药物敏感，当空气中有害物质浓度较高时，子实体通常表现为生长停滞、畸形或枯萎。

6.光照条件

菌丝生长阶段不需要光照，但原基形成阶段和出菇阶段需要一定弱光或散射光照。同时，光照度对子实体菌盖表面颜色影响较大，光照越强、颜色越深，光照越弱、颜色越浅；但光照太弱，子实体也容易出现色浅肉薄、长柄不长盖的现象。

三、栽培技术

（一）栽培模式及栽培季节

四川主要采用熟料农法栽培模式（图6-6），利用设施控制可实现平菇周年栽培（图6-7）。农法栽培可通过对不同温型品种的搭配和适当设施控制，实现四季均可栽培，一般农法栽培以秋冬季栽培较多；有的区域利用不同海拔地理环境的气候差异，实现反季节出菇。可根据生产实际灵活确定制种、制袋时间。

图6-6　平菇农法栽培

图6-7　平菇设施栽培

气候干冷的北方地区部分采用发酵料栽培模式，一般在7—8月开始制种，8—10月堆料发酵，9—10月制袋接种，10月至翌年3月出菇。

（二）品种选择

平菇品种多样，不同栽培季节可选用适应当季的栽培品种。根据出菇季节，秋、冬、春季可选择低温品种、中低温品种或中高温品种，而夏季一般选用广温品种或高温品种。

（三）菌袋制备

1. 原料与配方　各种阔叶树的木屑，以及稻秸、玉米芯、棉花秸、豆秸、麦秸等农作物秸秆、甘蔗渣、中药渣、木糖醇渣、杏鲍菇菌渣等均可作为平菇栽培基质原料。

四川地区常用栽培配方：

① 52.5%玉米芯、26.3%木屑、8.7%棉籽壳、7.0%麦麸、2.6%玉米粉、2.2%生石灰、0.3%尿素、0.4%磷酸二氢钾。

② 53.0%玉米芯、18.0%棉籽壳、18.0%水稻秸秆、8.0%麦麸、2.0%生石灰、1.0%石膏。

③ 85%棉籽壳、麦麸13%、2%石灰。

④ 29.5%稻草、29.5%棉籽壳、29.5%玉米芯、8.5%麦麸、2.0%生石灰、1.0%石膏。

⑤ 41%油菜秸秆、41%棉籽壳、10%麦麸、5%玉米粉、3%石灰。

2. 制作方法　按比例称取基质主料后，按50%含水量计算加水拌料（图6-8）并堆制，高度1.0～1.2米，12小时后翻料一次并继续堆制发酵，一般24小时后发酵结束，冬季气温较低时可适当延长至48小时，或覆盖薄膜保温。发酵完成后摊开料堆并添加辅料，再次加水补充培养料水分至60%～65%并拌匀，用（22～25）厘米×45厘米×0.003厘米规格的聚乙烯菌袋装料，每袋2.0～2.5千克（图6-9）。采用常压柜式灭菌灶灭菌，保持压力0.01兆帕、温度105℃恒定，16小时后退火降温，转移至消毒后的发菌棚冷却。

图6-8　拌　料

图6-9　装　袋

（四）接种/播种

待菌袋中心温度低于25℃开始接种。接种前，先用5%次氯酸消毒液1：50兑水后对发菌棚进行喷洒消毒，工作人员更换工作服并用75%酒精消毒手臂、手掌以及接种工具等。选取满瓶2～3天且菌丝洁白浓密、无污染的平菇菌种，用稀释后的消毒液对菌种瓶表面进行消毒，再钩取适量菌种从菌袋两端进行接种，套环后用无菌报纸封口并用胶圈扎紧即完成接种（图6-10）。一般棉籽壳菌种每袋接种50克左右。

图6-10　接　种

（五）发菌管理

接种完成的菌袋按栽培季节采用不同堆码发菌方式。冬春季采用墙式堆码发菌以利保温，夏秋季采用"井"字形堆码发菌以利散热（图6-11），堆码高度不超过5层，同时保持避光环境。发菌过程中，要求发菌棚环境整洁、阴凉、通风，温度不超过25℃，及时剔除污染菌袋，并注意防鼠、防虫。

图6-11　堆码发菌

（六）出菇管理与采收

菌丝满袋后即可转至出菇棚进行出菇管理。平菇菌袋一般采用墙式堆码或层架式堆码方式，行间距保持35～60厘米（图6-12）。墙式堆码时，夏秋季气温较高，菌袋间隔2～3厘米码放，高度3～4层；冬春季气温较低，按5～6层高度直接码放。层架式堆码时，可以用竹竿或钢管搭成上下间隔40厘米左右的层架，高度一般1.6～2.0米，分4～5层；夏秋季每层留一个菌袋高度的间隙不堆码，以通风降温，冬春季可以不留间隙全部码放。

图6-12　出　菇

当原基开始形成时，及时去除封口纸，保持棚内空气相对湿度85%～90%，通风良好，并有散射光照。当80%子实体菌盖即将完全展开时及时采收，避免过熟弹射孢子。

四、贮运与加工

四川平菇主要用于鲜销，部分产品采用烘干或盐渍方式进行初加工。新鲜平菇主要使用低温贮藏方法保存，低温保存3天后平菇口感以及营养水平即开始降低。

参考文献

崔成伟，2019.平菇子实体化学成分及不同极性部位对四种细胞增殖作用的研究 [D]. 吉林：吉林农业大学.

黄晨阳，郑素月，张金霞，等，2010. 养生好食材——食用菌 [M]. 北京：中国农业出版社.

康友敏，2014. 糙皮侧耳凝集素增强乙肝亚单位疫苗免疫原性的研究 [C]. 中国免疫学会. 第九届全国免疫学学术大会论文集.

孔繁利，孙新，佟海滨，等，2012. 糙皮侧耳碱提水溶性多糖对肿瘤的抑制作用及其机制 [J]. 吉林大学学报（医学版），38(6): 1091-1095.

徐柯，2011. 矿质元素对平菇生理特性的影响 [D]. 郑州：河南农业大学.

杨菁，李洪荣，蔡丹凤，等，2010. 无孢平菇的生物学特性研究 [C]. 中国菌物学会，中国农学会食用菌分会. 第九届全国食用菌学术研讨会摘要集.

赵立伟，王积玉，李淑杰，2007. 平菇高产栽培技术 [J]. 北方园艺 (6): 237-238.

J Bindhu, Das Arunava, Sakthivel K M, 2020.Anthraquinone from Edible Fungi *Pleurotus ostreatus* Protects Human SH-SY5Y Neuroblastoma Cells Against 6-Hydroxydopamine-Induced Cell Death-Preclinical Validation of Gene Knockout Possibilities of PARK7, PINK1, and SNCA1 Using CRISPR SpCas9.[J]. Applied Biochemistry and Biotechnology, 191(2): 555-556.

编写人员：刘天海　闫世杰　余洋　罗建华　刘娟　吴传秀

姬　菇

　　姬菇（图7-1）不是分类学名称，一般是指采收直径2～5厘米的一类平菇，有学者认为其是黄白侧耳、紫孢侧耳或糙皮侧耳等类群，通过对四川省姬菇主栽品种的形态和分子鉴定，确定四川生产的姬菇为糙皮侧耳。

图7-1　姬　菇

　　四川姬菇人工栽培始于20世纪80年代，金堂县是四川最早进行姬菇栽培的地区，曾是全国最大的姬菇产地。四川姬菇生产栽培中长期以西德33和闽31为主栽品种。四川姬菇菌盖多为贝壳状或扇状，幼时为青灰色或暗灰色，后变成浅灰色或黄褐色，老熟时黄色，菌柄中实、洁白，肉质嫩滑，有类似牡蛎的香味。

　　四川姬菇生产主要集中在金堂、彭州等地，金堂姬菇采用大袋栽培，基本采用开放式接种，原位发菌，原位出菇，产品除了少量鲜销，多数以盐渍产品的形式出口或内销。2011年，"金堂姬菇"成为国家农产品地理标志产品。2014年，中国食用菌协会授予四川省金堂县"中国姬菇之乡"荣誉称号。

一、概述

（一）分类地位及分布

姬菇，又名小平菇，它不是分类学的名称，是子实体相对较小、采收直径2～5厘米的一类平菇，学名糙皮侧耳 *Pleurotus ostreatus* (Jacq.) P. Kumm.，隶属担子菌门Basidiomycota，伞菌纲Agaricomycetes，伞菌目Agaricales，侧耳科Pleurotaceae，侧耳属 *Pleurotus*。糙皮侧耳在全国各地均有分布，自然条件下糙皮侧耳生长于阔叶树的枯木、倒木和伐木上，也生于衰弱的活立木基部。

（二）营养保健价值

1.营养价值 姬菇滑嫩可口、味道鲜美、营养丰富，每100克姬菇子实体干品含有粗蛋白27.23克、总黄酮2.79克、多糖2.95克、总糖27.84克、灰分6.29克、粗纤维7.24克，富含18种氨基酸，包括8种人体必需氨基酸，还含有真菌多糖，磷、铁、锌、铜等矿物质及维生素C等，营养成分含量丰富。

2.保健价值 姬菇性味甘、温；具有追风散寒、舒筋活络的功效，可用于辅助治疗筋络不通、手足麻木、腰腿疼痛等。姬菇含有多种维生素及矿物质，可作为体弱病人的营养品，对十二指肠溃疡、肝炎、慢性胃炎、高血压、软骨病等都有疗效，对妇女更年期综合征起调理作用，对降低血胆固醇以及防治尿道结石也有一定效果。姬菇不仅富含维生素、多肽、蛋白质、黄酮、总酸、矿物质等多种营养成分，而且含有酶抑制剂、凝集素、多糖等生物活性物质。现代药理学和医学临床研究证明，姬菇水提物具有抗氧化作用及免疫促进等功能，含有抗肿瘤细胞的硒、多糖等物质，对肿瘤细胞有很强的抑制作用，且具有免疫特性；常食姬菇不仅能改善人体的新陈代谢，还对增强体质有一定的好处。

（三）栽培历史

1960年，姬菇的商业化栽培在日本出现，姬菇这一中文名称也源自日文名。20世纪80年代初，姬菇的栽培引入中国，在四川、河北和山西等地进行生产。

四川省是我国姬菇的主产区，20世纪80年代中后期就开始了姬菇的栽培。2011年，"金堂姬菇"被列为国家农产品地理标志产品，当时全县拥有1 000万袋以上种植能力的乡（镇）9个，100万袋以上种植能力的专业村65个，10万袋以上种植能力的专业大户50余家，年加工各类盐渍姬菇、干姬菇及清水软包装、罐装、纸盒包装产品10余万吨，年产值10亿元左右。产品主要出口日本、韩国、新加坡及中国香港等地区，金堂县赵镇、官仓镇、三星镇、栖贤乡、赵家镇、清江镇、福兴镇等乡镇以及毗邻的龙泉驿区、青白江区、德阳市、简阳市等地曾经均为四川姬菇主产区。2014年，中国食用菌协会授予四川省金堂县"中国姬菇之乡"的称号。目前四川姬菇生产主要集中在金堂、彭州等地。

二、生物学特性

（一）形态特征

姬菇孢子印白色，每个担子上着生4个担孢子，担孢子无色、卵圆形、平滑，大小为（4.5 ～ 7.5）微米 ×（3.5 ～ 5.0）微米。菌丝有分枝，直径4.0 ～ 6.0微米，有锁状联合。菌落白色，呈绒毛状。

姬菇子实体丛生，菌盖椭圆形或近圆形，深褐色或灰黑色（图7-2），成熟商品菇菌盖直径1 ～ 3厘米、厚1.0 ～ 2.0厘米；菌肉白色、致密；菌褶延生，不等长；菌柄白色，侧生或偏生柱状，直径0.5 ～ 1.0厘米。

图7-2　四川姬菇子实体形态

（二）生长发育条件

1.营养条件　人工栽培主要以稻草、麦秸、玉米芯、甘蔗渣、棉籽壳、木屑等作为碳源，以麸皮、玉米粉、豆饼粉、米糠等作为氮源。不同原料和配方对姬菇产量和品质有较大的影响。

2.环境条件

（1）温度。菌丝体生长温度范围15 ～ 32℃，最适生长温度25 ～ 28℃；子实体生长温度范围8 ～ 20℃，最适生长温度8 ～ 15℃。

（2）光照。菌丝体生长不需要光照。子实体形成和生长发育需要一定散射光照。菇棚上部和四周应覆盖遮阳网，避免阳光直射。

（3）水分。菌丝体生长的培养基含水量为50%～80%，最适含水量65%；子实体形成和发育阶段，适宜空气相对湿度80%～85%。菇房空气相对湿度保持在80%～90%。

（4）空气。子实体生长发育需要通气条件良好。

（5）酸碱度。姬菇菌丝在pH4～10范围内都能生长，pH6～8时菌丝生长较快。菌丝体和子实体生长适宜pH为5～6。

三、栽培技术

（一）栽培季节

四川金堂等地一般在8月上旬准备菌种，9月中下旬开始制袋接种，10月中旬到翌年3月出菇。

（二）品种选择

四川姬菇生产中长期使用西德33和闽31。西德33菌盖深棕色，适宜盐渍，闽31产量较西德33略低，菌柄略短，出菇温度比西德33广；西德33栽培面积大于闽31。

川姬菇系列品种在生产中也有应用（图7-3）。川姬菇2号子实体丛生，出菇整齐度高；姬菇258子实体丛生，菌盖椭圆形或近圆形，青灰色，商品菇得率高；姬菇6号子实体丛生，菌盖椭圆形或近圆形，白灰色，出菇较早，出菇集中；姬菇7号子实体丛生，菌盖椭圆形或近圆形，灰色、色浅，宜鲜销。

图7-3 姬菇不同菌株子实体形态

（三）栽培原料及常用配方

姬菇栽培原料来源较广，农作物秸秆、阔叶树木屑、棉籽壳等均可作配方栽培。金堂等姬菇主产区栽培袋基质常用配方：草粉63.5%、棉籽壳30%、玉米粉2%、麦麸1.5%、石灰3%，含水量60%，pH自然。

（四）制袋

用常规方法拌料，规模较大可安装传送带，使用大型拌料机拌料（图7-4）。先将原料混匀，再加水充分搅拌均匀。料水比（质量比）为1∶（1.2～1.4），其间翻堆1次。配制好的培养料要及时使用。

图7-4　拌　料

使用规格为20厘米×42厘米×0.002 5厘米的聚乙烯塑料薄膜料袋，每袋干料1.14千克（湿料2.5千克），常用半机械装袋，应松紧适宜。当天装袋，当天灭菌（图7-5，图7-6）。

当灶（锅）温度达100℃时，常压灭菌12小时，熄火后再闷10小时。

图7-5 装 袋

图7-6　灭　菌

（五）接种

待料袋温度降到30℃以下接种。四川姬菇基本采用开放式接种，使用塑料薄膜制作简单接种罩，空气熏蒸消毒后使用。料袋两头接种，用灭菌纸封口（图7-7）。

图7-7　接　种

（六）发菌

四川姬菇发菌一般不单独搭建发菌棚，常采用原位发菌，但菌袋间隔相对较小，并通过大棚塑料膜的使用保持发菌所需温度。发菌期一般温度15 ~ 20℃，空气相对湿度75%左右。10天后翻堆1次，及时清理污染菌袋（图7-8，图7-9）。

图7-8 发菌

图7-9 发菌完成的菌袋

（七）出菇管理

菌丝满袋后，及时疏散菌袋，去掉封口纸，进行出菇管理（图7-10）。在出菇期间温度一般控制在8～20℃，空气相对湿度85%～90%，需要一定散射光照，通风良好，保持空气新鲜。菇蕾形成后，适当减少通风换气次数，不宜大风直吹。喷水的次数和多少应根据天气情况和出菇数量及菇体大小而定，宜喷雾状水。子实体珊瑚期不宜直接向菇体喷水。

图7-10　疏袋、去封口纸

（八）采收

当每丛姬菇中有最大菌盖直径不超过4.0厘米的子实体，并且大部分子实体菌盖直径达1.0～1.5厘米时即可采收（图7-11）。采收时，手心向上托菇体，手指捏着菇柄下方，将整丛菇一并摘下，尽量避免弄坏菌盖，并将菌袋残余菇脚清理干净（图7-12）。一般每天上午采收。

图7-11　子实体待采收

图7-12　采　收

采收一潮菇后，清除残余菇脚，停水养菌3～4天，待菌丝发白，喷重水增湿、降温、增光、促蕾；再按前述方法进行出菇管理，一般可收5潮菇。

（九）常见病虫与防控方法

细菌性黄斑病是导致姬菇品质下降的主要因素，该病的病原菌是托拉斯假单胞杆菌（*Pseudomonas tolaasii*）。发病严重时子实体表面整体呈黄褐色，病菌不危害菌肉，只侵染子实体的表面。栽培出菇过程中需要注意水源卫生和用水方法，应使用雾状水，喷水后需及时通风，切忌喷洒给水和过量给水。低温季节更需注意黄斑病的发生。

危害姬菇的主要害虫类群为双翅目的菇蚊、菇蝇，幼虫藏在菌袋内取食菌丝和菌料，不易进行有效防杀。在防治食用菌菇蚊、菇蝇时，可以综合利用黄板、防虫网、频振灯等进行防治。

四、分级与加工

姬菇产品除了鲜销，还可盐渍加工。受出口量减少且分级人工成本增加的影响，近年来盐渍姬菇分级已逐渐简化为M级和S级两个等级，大于M级规格的姬菇通常用于鲜菇销售。分级标准见表7-1。

表7-1　姬菇分级标准

项　目	L级	M级	S级	SS级
菌盖横径（厘米）	3.1～3.5	2.1～3.0	1.1～2.0	0.5～1.0
菌柄长度（厘米）	2.5～5.0	2.5～5.0	2.5～4.5	2.0～4.0
破损菇率（%）	≤5	≤5	≤3	≤3

注：菌盖横径是指菌盖与菌柄垂直面的最大宽度。

参考文献

刘川，陈强，张金霞，等，2013.平菇细菌性黄斑病发病因素分析[J].食用菌学报，20(1): 101-105.

刘征辉，张强，魏静娜，等，2018.平菇病虫害综合防控技术[J].食用菌，40(1): 64-65, 67.

谭伟，郭勇，甘炳成，等，2008.姬菇无公害标准化栽培技术要点[J].食用菌(3): 39-40.

谭伟，郭勇，周洁，等，2010.姬菇杂交菌株的出菇产量及商品性研究[J].西南农业学报，23(5): 1599-1605.

张瑞颖，胡丹丹，左雪梅，等，2007.平菇和双孢蘑菇细菌性褐斑病研究进展[J].植物保护学报，34(5): 549-554.

周洁，谭伟，曹雪莲，等，2016.姬菇杂交新菌株出菇主要性状研究[J].西南农业学报，29(1): 159-163.

编写人员：周洁　曹雪莲　杜晓荣　谭伟

秀 珍 菇

秀珍菇（图8-1）不是分类学上的名称，是子实体小巧的"凤尾菇"，在分类上属于肺形侧耳。20世纪90年代，台湾菇农在凤尾菇的栽培中发现，适当提前采收可使子实体味道更鲜美，通过品种选育和栽培工艺的改进，逐渐形成了今天秀珍菇的栽培模式。

图8-1 秀珍菇

秀珍菇外观小巧秀丽、味道鲜美、口感嫩滑，可以在高温季节出菇，能弥补淡季蔬菜市场供给，是一种具有较好前景的食用菌。四川早在20世纪80年代初即开始了凤尾菇的栽培。1984年，四川省农业厅就牵头组织了包括凤尾菇在内的平菇栽培技术推广应用，以秀珍菇之名进行栽培的时间是2004年前后。

秀珍菇栽培在四川有一定规模，目前主要采用农法栽培，再辅以适当的设施和降温设备，使用品种以台秀系列为主，基本能实现周年栽培。在四川省育种攻关项目支持下，川秀系列新品种的育成，对于四川秀珍菇产业发展起到了积极的推动作用。

一、概述

（一）分类及分布

秀珍菇，学名肺形侧耳 *Pleurotus pulmonarius*（Fr.）Quél.，又名珊瑚菇、袖珍菇、小平菇等，隶属担子菌门Basidiomycota，伞菌纲Agaricomycetes，伞菌目Agaricales，侧耳科Pleurotaceae，侧耳属 *Pleurotus*。秀珍菇之名源于我国台湾，因其子实体小巧秀丽、口感爽滑、风味独特而得名。

秀珍菇野生资源在全国多地均有分布，常见于春季至秋季连续雨天后阔叶树枯木上。

（二）营养保健价值

1.营养价值　秀珍菇素有"菇中极品""味精菇"之美称，具有较高的营养价值。每100克秀珍菇干品中含有氨基酸2.36 ～ 2.69克、必需氨基酸0.88 ～ 0.96克、钙5.99毫克、铁2.77 ～ 54.3毫克、磷275.1毫克。秀珍菇干品子实体粗蛋白含量达 28.42% ～ 37.86%，含有人体必需的7种氨基酸，占氨基酸总量35%左右，是一种高蛋白质、低脂肪、低能量的食用菌。

2.保健价值　秀珍菇富含多糖、黄酮和多种维生素。其中黄酮能够抗肿瘤，直接杀伤人乳腺癌细胞MCF7，提升机体抗氧化能力。秀珍菇多糖除了能够抗肿瘤、提升体外抗氧化活性，还能够调节机体免疫活性。秀珍菇还含有 γ - 氨基丁酸和麦角甾醇等，具抗氧化、抗衰老和提高免疫力的功效。除此之外，秀珍菇还具有抗菌、降血脂、保肝等保健作用。

（三）栽培历史

20世纪90年代初期，台湾菇农成功进行秀珍菇商业化栽培，后经上海、福建等地引种栽培，逐渐在全国推广种植。秀珍菇在四川有较早的栽培历史，曾以凤尾菇的名称在四川广泛栽培。1983年刘秀芳、胡永松、闵怡行等选育出优质、高产平菇品种"凤尾菇"，1984年，四川省农业厅、四川省农业科学院土壤肥料研究所等单位联合进行了"四川平菇高产技术大面积推广"，开展了凤尾菇等不同温型菌种的筛选。以"秀珍菇"为名进行栽培约始于2004年，当时在四川的达州、崇州等地，菇农多利用防空洞和简易竹架大棚栽培秀珍菇。近年来，秀珍菇作为食用菌新秀在四川的生产规模逐年扩大，年生产量约1 000万袋。

秀珍菇在四川一般采用熟料袋栽方式，有农法栽培和工厂化栽培两类模式。农法栽培依靠自然气候季节性安排生产，川东北地区、成都平原及川南地区集中在每年5—10月出菇，攀西地区集中在11月至翌年2月出菇。工厂化栽培主要通过设施设备实现温度调节、温差刺激、光照和水分管理，实现周年出菇。目前，川内秀珍菇主产地集中在金堂、龙泉驿、蓬溪、宣汉、雅江等地。

二、生物学特性

（一）形态特征

秀珍菇子实体丛生或叠生（图8-2）。菌盖半圆形至椭圆形，浅褐色至灰色。菌肉白色，中等厚度，边缘较薄。菌褶白色或灰白色、片状、不等长。菌柄无或有，如果有菌柄则长2～10厘米、直径1.5～4厘米，白色，光滑，多数侧生，基部稍细。担子长柱形，顶端圆，基部较宽。菌落边缘规则，菌丝洁白，边缘菌丝较为稀疏。孢子无色、长椭圆形，表面光滑，大小为（9～12）微米×4.0微米，孢子印白色。

图8-2　秀珍菇子实体形态

（二）生长发育条件

1.营养条件　秀珍菇属木腐菌，对木质素、纤维素、半纤维素具有较强的分解能力。菌丝生长适宜碳氮比为30：1，最适碳源和氮源分别为麦芽糖及酵母膏。生产上可用阔叶树木屑、棉籽壳、玉米芯、甘蔗渣等作碳源，用麸皮、玉米粉、豆粕、米糠作氮源，选用过磷酸钙、磷酸二氢钾、轻质碳酸钙等为无机盐。

对秀珍菇的研究结果显示，不同栽培基质对子实体营养成分及呈味物质的影响显著，通过改变栽培基质，可以显著提高食用菌中呈味物质的含量。

2.环境条件

（1）温度。秀珍菇属中温出菇型食用菌。菌丝生长最适温度20～25℃，温度低于15℃，菌丝生长缓慢；温度高于30℃，菌丝生长稀疏。子实体生长温度12～30℃，最适温度18 ～ 22℃。秀珍菇为变温结实型菇类，从营养生长向生殖生长转化需进行8 ～ 10℃低温刺激，冷刺激持续时间12 ～ 24小时。

（2）水分和湿度。秀珍菇是喜湿性真菌，适宜的培养料含水量为60% ～ 65%。菌丝生长阶段的空气相对湿度保持在70%以下。原基分化和子实体形成阶段的空气相对湿度保持90%左右，过低易导致原基干枯、萎缩，过高易使子实体腐烂。

（3）光照度。菌丝生长阶段尽量避免光照，保持黑暗环境。原基形成和子实体发育阶段，需要一定的散射光。子实体生长阶段需要充足散射光，若光照不足，易形成柄细盖小的畸形菇。子实体伸长期和成熟期，应适当降低光照强度，有利于控制菇体生长速度，提高产品质量。

（4）空气。秀珍菇属好氧性真菌，发菌期和出菇期都需要充足的氧气，应保持栽培场地通风透气。在子实体伸长期，适量的CO_2可抑制菌盖扩展、促进菌柄伸长，提高优质菇产量。

（5）酸碱度。秀珍菇对酸碱度的适应范围较广，菌丝体在pH 3.0 ～ 8.0范围内均能生长，但以pH5.5 ～ 6.0为宜。

三、栽培技术

（一）农法栽培

1.栽培季节　川东北、成都平原、川南地区适宜春季栽培、夏季出菇。一般安排在2—3月制菌袋，经50 ～ 60天发菌及20 ～ 30天菌丝后熟，5月上旬开袋出菇，出菇时间90天左右。攀西地区适宜秋季栽培、冬季出菇。一般安排在9—10月制菌袋，经30 ～ 40天发菌及20天左右菌丝后熟，11月初开袋出菇，出菇时间90天左右，至翌年3月结束。

目前四川秀珍菇生产中春季栽培使用较多的菌株为台秀系列，秋季栽培使用较多的菌株为秀珍菇818。

2.栽培基质配方　栽培秀珍菇的原料较多，可根据当地资源条件及综合经济效益因地制宜进行选择，要求新鲜、无霉变。通过添加不同比例木薯渣、甘蔗渣、桑木屑能不同程度提高秀珍菇产量。常用配方有：

①棉籽壳50%、杂木屑36%、麦麸12%、石灰1%、石膏1%。

②玉米芯43%、棉籽壳45%、麦麸10%、石灰1%、石膏1%。

③杂木屑85%、麦麸13%、石灰1% 、石膏1%。

④杂木屑50%、玉米芯40%、麦麸8%、石灰1%、石膏1%。

⑤杂木屑25%、棉籽壳25%、玉米芯20%、麦麸18%、豆粕粉3%、玉米粉7%、石灰1%、石膏1%。

3.料袋制作

（1）拌料。按配方称取原料，加水拌匀至含水量60%～ 65%。以木屑为栽培原料时，需提前2 ～ 3个月堆制，减少影响食用菌菌丝生长的树脂、单宁等物质含量。以玉米芯为栽培原料时，需提前10 ～ 12小时预湿至原料无"白芯"。

（2）装袋。料袋规格为17厘米×（38～40）厘米×0.004厘米的低压高密度聚乙烯袋。采用手工或机械装袋，每袋装湿料约1.5千克，要求松紧适中，菌袋有弹性，注意清除袋口周围培养料。

（3）灭菌。装袋后及时灭菌。将料袋依次摆放在灭菌架上，袋间留适当空隙，以利湿热蒸汽流通。一般采用常压灭菌，100℃保持12小时以上，灭菌时应使锅内温度快速升至100℃。灭菌结束后，待锅内温度下降至50℃左右开锅取出，移至清洁的接种场所冷却。

4.**接种**　料袋温度降至30℃以下即可接种。接种场所需要提前清洁和消毒。两人配合操作，需先用75%酒精擦拭双手、接种工具及菌种袋（瓶），1人负责开袋封口，另1人负责转接菌种。15厘米×32厘米规格的料袋每袋装料1.3千克，1袋菌种一般可接种40～50袋。

5.**发菌管理**　接种后的菌袋应及时移入培养房或经消毒杀菌的出菇棚。春季生产时，为预防低温采用墙式堆叠发菌，堆叠层数视料温和室温而定（图8-3），可在表层加盖塑料薄膜保温；夏季生产时，多采用层架式发菌，保持袋温低于30℃，避免"烧菌"。采用培养和发菌一体式的管理，放置菌袋时上下层袋口反向排袋（图8-4和图8-5），避免出菇时子实体相互挤压。

发菌期培养室每天通风换气30～60分钟。接种3～5天后，菌种开始萌发、吃料；8～10天后，菌丝生长速度加快，30～35天菌丝可长满菌袋。满袋后需要再后熟培养7天左右。发菌期不需要光线，空气相对湿度保持60%～70%。发菌期每10天检查1次菌袋有无污染，及时清理和销毁污染菌袋。

图8-3　墙式堆叠发菌

图8-4　层架式反向排袋

图8-5　网架反向排袋

6. 出菇管理 大部分菌袋吐黄水时，菌丝达到生理成熟，割开袋口，清理料面使袋内菌丝获得充足的新鲜空气，进行出菇管理。

（1）催蕾。利用自然条件或设施设备，菌袋在8～10℃的环境下接受刺激12～24小时，促进原基发生。经过低温刺激，秀珍菇原基逐渐经历桑椹期、珊瑚期、成形期和成熟期，每一阶段管理要求不同。

（2）桑椹期。用薄膜覆盖菌袋密闭2～3天，保持空气相对湿度85%～95%、温度20℃左右，促进原基分化形成。一般温差刺激2～3天后料面出现大量米粒状原基，此期忌向菇蕾喷水。

（3）珊瑚期。原基形成3～5天后，菌柄开始伸长，此时注意加强通风，每天通风时间延长到5～6小时，但应避免风直吹菇面。通风时要注意保湿，喷水做到细、少、勤，确保菇蕾有雾珠而不下落，并增强光照。

（4）成形期。随着菌柄不断伸长变粗，菌柄顶端形成灰色圆帽，进入成形期管理。成形期保持空气相对湿度90%以上，减少通风促进菌柄伸长，形成优质商品。

（5）成熟期。成熟期菌盖与菌柄逐渐加厚或变粗、变长，应保持菇房空气相对湿度85%～90%，适当增加光照强度，避免出现畸形菇。

7. 采收 当子实体的菌盖边缘稍内卷、菌盖直径2～4厘米时即为最适采收期。一般用剪刀采收成熟的子实体，保留未成熟的子实体继续生长。适时分批采收。

8. 转潮管理 每批次采菇结束后，及时清理料面枯死幼菇和残留菇脚，清理周边环境，保温、降湿5～7天，待菌丝恢复活力，再进入下一潮出菇管理。一般可采收5～7潮，1个栽培周期为3～4个月。

（二）工厂化栽培

工厂化栽培秀珍菇，是利用制冷或加热设备对栽培环境进行人为控制，使秀珍菇能在最佳的环境条件下生长发育，实现秀珍菇周年生产出菇。

1. 品种选择要求 工厂化栽培秀珍菇对品种有相应的要求。一般要求出菇集中、潮次明显，对外界环境刺激响应快，可控性强。目前适宜工厂化栽培的秀珍菇品种不多，亟待进一步加强育种工作。

2. 菌种制备 菌种液体培养因具有成本低、发菌时间短等优点，成为秀珍菇规模化栽培和工厂化栽培的主要制种方式。应注意菌种质量控制，选用质量好、产量高、性状稳定的菌株，严格无菌操作。使用质量合格、菌丝生命力旺盛的菌种。

3. 料袋制备 培养料配方可参照农法栽培。

（1）装袋。选用耐高温高压、规格为35厘米×18厘米×0.005厘米的聚丙烯塑料袋，每袋湿料重约1.2千克。用冲压式装袋机装袋，人工盖海绵塞后竖直摆放在灭菌筐内，推入高压锅灭菌。

（2）灭菌。经105℃灭菌0.5小时→115℃灭菌0.5小时→125℃灭菌4小时→闷2小时，即可出锅。注意灭菌时应彻底排除锅内冷空气，且抽真空速度不能太快，否则栽培袋易充气胀破。

4. 接种 待料温降至50℃以下，即可运入接种室。接种操作在无菌室进行（图8-6），接种前需百级层流运行30分钟以上。料温降至30℃以下即可接种。液体菌种接种量约30毫升/袋。

图8-6 接 种

5.发菌和出菇管理   秀珍菇工厂化生产时，发菌袋可直接在出菇网架培养至菌袋成熟（图8-7，图8-8）；或经后熟培养后移至出菇车间，割去袋口，放置在栽培网架或层架上。用移动制冷机组进行打冷，将车间温度降至8～10℃，保持10小时。打冷完成后，保持温度25～27℃且菇房密闭，2～3天料面出现大量原基。待菌柄长至4厘米左右时，开库通气，5～6天后可采菇。

图8-7 发 菌

图8-8 培养成熟的菌袋

6.采收和分级包装 秀珍菇的子实体菌盖平展、边缘内卷、直径2～3厘米、未进入快速生长期时，即可开始采收（图8-9）。采收时要采大留小，及时进行分级、包装（图8-10）。菌袋采菇后要及时去除料面的老根和枯死的幼菇及菇蕾。

图8-9 商品菇采收

图8-10　分级包装

7.转潮管理　菌袋清理完毕后，菇房停止喷水，加大通风换气，让菌丝恢复生长。养菌15天左右后大量喷水，再进行打冷刺激出菇。一般可出5～7潮菇。

（三）病虫害防治

秀珍菇病虫害防治坚持"以防为主，综合防治"的方针，要加大栽培场所内外环境清洁；选择优良菌株，增强抗病能力；严格做好防护消毒措施；隔离虫源；菇房勤通风，控制室内温湿度；控制杂菌污染。

危害秀珍菇的主要有眼蕈蚊、果蝇、瘿蚊、螨类等。主要防治措施包括：

（1）棚内安装60目防虫网阻隔。

（2）每亩*菇棚安装3～4盏食用菌专用频振灯诱杀。

（3）使用黄板或粘蝇纸诱杀。

（4）使用糖醋液（糖∶醋∶酒∶水比例为4∶4∶2∶10），同时添加总液量2%的30%敌百虫乳油诱杀。

（5）利用苏云金杆菌（100亿芽孢/克）500倍液等生物农药防治。

秀珍菇杂菌污染多为链孢霉、绿霉。主要防治措施包括：配料场、培养室和菇房内外保持环境整洁卫生；老菇棚用硫黄熏蒸消毒；废弃料远离菇房处理；使用接种室、培养室及出菇房前用次氯酸钙500～600倍液或5%～10%的石灰水严格消毒；接种后适时进行菌袋翻堆与检查，将被杂菌污染的菌袋剔除并销毁；接种后根据秀珍菇菌丝及子实体生长发育阶段调节棚内温湿度，加强通风，防止病害发生。

---

*　亩为非法定计量单位，1亩=1/15公顷。——编者注

四、贮运与加工

秀珍菇主要以鲜销为主，可采取适时采收、快速预冷、低温真空处理包装、冷藏运输等方法延长子实体保鲜期。目前采用的保存方式主要为聚乙烯薄膜4℃密封贮藏，可保鲜8天以上。

秀珍菇子实体含水量较高，常温条件下极易腐烂，国内对秀珍菇资源利用形式较为简单。粗加工产品有秀珍菇干、秀珍菇罐头等；秀珍菇多糖、黄酮等活性物质的提取与深加工尚处于研究阶段。

参考文献

包秀婧，刘新宇，辛广，等，2019.变温压差膨化干燥对秀珍菇鲜香味的影响[J].食品科学，40(22):6.

李守勉，李明，田景花，等，2014.不同碳、氮源营养对秀珍菇菌丝体生长及其胞外酶活性的影响[J].北方园艺(2):143-145.

林辉，2012.福建罗源县秀珍菇产业现状与发展对策探讨[D].福州：福建农林大学.

汪乔，王祥锋，杨晓君，等，2021.不同栽培基质对肺形侧耳营养成分及呈味物质的影响[J].菌物学报，40(12):3182-3195.

王新风，潘磊，孙惠玲，等，2005.不同温度贮藏对秀珍菇SOD和POD活性的影响[J].淮阴师范学院学报：自然科学版(4):323-326.

薛璟，汪洁，刘广建，等，2013.木薯渣、醋糟渣栽培高温秀珍菇最佳配方筛选[J].食用菌(3):36-37.

张晓玉，张博，辛广，等，2016.秀珍菇营养成分、生物活性及贮藏保鲜的研究进展[J].食品安全质量检测学报，7(6):2314-2319.

编写人员：李彪　赵辉　马洁

金顶侧耳

　　金顶侧耳（图9-1）曾以菜花菇、玉皇菇、榆黄蘑等名称在四川中江、金堂等地广泛栽培，近年来在四川的栽培面积不大。但因其子实体色泽金黄艳丽，常温出菇，仍常被用于采摘体验类农庄栽培或家庭种植小产品开发。

图9-1　金顶侧耳

　　近期研究表明，金顶侧耳是一种高蛋白、低脂肪、低纤维的食用菌，具有抗疲劳及提高机体免疫力作用，菌丝体多糖具有开发成降糖药物的潜力。同时也有研究指出，在金顶侧耳中存在洛伐他汀，这是目前临床上应用较多的降血脂类药物。民间还有金顶侧耳（榆黄蘑）药用治疗肺气肿的观点。此外，金顶侧耳中含有多种高活性的酶，在食品工业和环境保护中也显示出较好的应用前景。

一、概述

(一) 分类地位及分布

金顶侧耳*Pleurotus citrinopileatus* Singer，四川俗称菜花菇，又名榆黄蘑、玉皇菇、金顶蘑、黄冻菌、核桃菌、黄树窝、柳树菌、杨树菌、黄金菇等。隶属担子菌门Basidiomycota，伞菌纲Agaricomycetes，伞菌目Agaricales，侧耳科Pleurotaceae，侧耳属*Pleurotus*。

金顶侧耳为白腐菌，常生于榆、栎、槭、桦、柳等阔叶树的倒木、枯木及伐桩上，偶尔生于衰弱的活立木上。自然条件下，子实体多发生在夏秋季节。金顶侧耳在我国主要分布在吉林、辽宁、黑龙江，少量分布于河北、内蒙古、山西、四川等省份；国外主要分布于北半球温带以北的日本、韩国，以及欧洲、北美洲和非洲的一些地区。

(二) 营养保健价值

1.营养价值 金顶侧耳子实体色泽鲜艳、香味独特、质地脆嫩、味道鲜美，营养物质含量丰富。100克金顶侧耳子实体干品中含粗蛋白32.21克、粗多糖10.11克、还原糖1.58克、粗纤维4.15克、粗脂肪2.08克、灰分5.21克，还含有包括7种人体必需氨基酸在内的17种氨基酸，这7种必需氨基酸占总氨基酸含量的32.71%。金顶侧耳中含有的多糖、麦角硫因、萜类和糖蛋白等均对人体健康有较大功效。

2.保健价值 金顶侧耳子实体性味甘、温，中医认为其具补益肝肾、润肺生津、濡养肌肉、充盈精血、疏通经络的功能，可辅助治疗痢疾、肺气肿、肌肉萎缩、小儿麻痹、肾虚、阳痿、风湿等。现代医学研究表明，金顶侧耳子实体含有多糖类、三萜类化合物、类固醇、酯类等，具有降胆固醇、降血脂血糖、预防心血管疾病、平喘、保肝、抗疲劳、抗氧化衰老、抗病毒、提高机体免疫力、抑制肿瘤活性等药用活性。

(三) 栽培历史

我国从20世纪70年代开始对野生金顶侧耳进行组织分离和驯化研究，黑龙江沈剑虹于1976年开始对榆黄蘑进行人工栽培。20世纪80年代后人工栽培技术逐渐成熟，随后金顶侧耳被国内许多地区陆续引种并栽培成功。20世纪80年代中期金顶侧耳在黑龙江、吉林、山西、江苏等省大面积栽培和推广。四川在20世纪80年代中期引入并成功栽培金顶侧耳，金顶侧耳也成为夏季栽培食用菌新品种，在四川金堂、中江等地栽培较广。

(四) 产业现状

我国是全球最大的金顶侧耳生产和消费大国。中国食用菌协会统计，2022年，我国金顶侧耳产量约为12.26万吨，前3名依次是贵州省（5.87万吨）、吉林省（3.21万吨）、四川省（1.12万吨）。四川金顶侧耳主产区有成都市金堂县、德阳市中江县和达州市宣汉县。

二、生物学特性

（一）形态特征

1.孢子和菌丝体　孢子光滑、无色、非淀粉质、长椭圆形或圆柱形，一端有尖突，内有一个细胞核，大小为（5.7～9.5）微米×（2～4）微米，孢子印灰白色至淡粉色或淡紫色。菌丝有锁状联合。菌落形态因品种不同而异。菌落不圆整，气生菌丝中等、色白，菌丝体粗壮、浓密，多数无色素分泌。

2.子实体　子实体丛生或覆瓦状叠生。菌盖初期为扁平球形或半球形，展开后呈正偏半球形或偏心扁半球形，中期中部下凹呈漏斗形、偏漏斗形、扇形、偏扇形等，后期翻卷呈喇叭状，下凹处有棉絮状绒毛堆积；菌盖表面鲜黄色或金黄色，老熟后近白色或淡黄色，光滑，边缘平展或波浪状，宽2～13厘米（图9-2）。菌肉白色，肉质薄且脆。菌褶白色或黄白色，延生、较密、不等长、不分叉、表面平整、呈长条状，质脆易断裂，宽0.3～0.5厘米。菌柄偏生至近中生，白色、中实、肉质至纤维质、近柱状、常弯曲，上细下粗，长有绒毛，基部相连成簇，长2～10厘米、粗0.3～1.5厘米。

图9-2　金顶侧耳子实体形态

（二）生长发育条件

1.营养条件　金顶侧耳属木腐菌，具有分解木质素、纤维素及半纤维素的能力，能从适生树种的腐木、木屑以及如棉籽壳、玉米芯、稻草粉等工农业副产品中分解并吸取所需的碳源、氮源、矿质元素和维生素等营养物质。

（1）碳源。可直接吸收单糖、有机酸等小分子化合物，也可通过分泌胞外酶分解纤维素、半纤维素、木质素和淀粉等大分子化合物。

（2）氮源。可直接吸收氨基酸、尿素、氨和硝酸钾等小分子化合物，也可通过分泌胞外蛋白酶分解蛋白质并吸收利用。在营养生长阶段碳氮比以20∶1为宜，生殖生长阶段碳氮比以（30～40）∶1为宜。

（3）其他。对矿质营养如磷、镁、钙、钾等无机盐，以及生长素，包括维生素和核酸等营养物质所需数量有限，但不可缺少，主要来源于木屑、米糠、麦麸、秸秆等培养料，不足时需添加。

2.环境条件

（1）水分。培养料中的含水量以60%～65%为宜，低于50%或高于80%菌丝生长受阻；出菇阶段的空气相对湿度以85%～95%为宜。

（2）温度。金顶侧耳属中温偏高温出菇型。菌丝体生长温度为5～36℃，以20～28℃为宜。子实体发育温度为10～30℃，以17～26℃为宜，不需温差刺激。

（3）光照。菌丝在黑暗条件下生长良好，但子实体生长发育需要光照。光照度对子实体产量无显著影响，但会影响色素合成，出菇期光照度宜在150～1 500勒克斯。

（4）空气。金顶侧耳是好氧型真菌。菌丝生长阶段对O_2的需求量较低且对CO_2不敏感；但子实体发育阶段需要充足的O_2且对CO_2十分敏感，CO_2过高将导致菇盖发育受阻、变小，菌柄二次分化、畸形，菇体萎蔫，甚至死亡或不能形成。

（5）酸碱度。金顶侧耳菌丝生长的pH范围在4～9，适宜pH为6～7。

三、栽培技术

金顶侧耳可段木栽培，也可代料栽培；可生料栽培，亦可发酵料和熟料栽培。四川以荫棚熟料袋栽为主。

（一）栽培季节

我国主要利用自然条件进行金顶侧耳顺季栽培。因地理位置和海拔气候不同，各地栽培季节有差异。以成都平原地区为例，常分春、秋两季栽培，春栽3—6月出菇，秋栽9月下旬至12月出菇。

（二）菌袋制备

1.原料
常用栽培原料有杂木屑、棉籽壳、玉米芯、稻草、麦麸、玉米粉、石灰、石膏等，要求原料新鲜、干燥、无霉变、无虫蛀，无机化学原料应来源明确、成分清楚。

2.常用配方
配方①：棉籽壳93%、麦麸5%、蔗糖1%、轻质碳酸钙1%，含水量65%。

配方②：杂木屑77%、麦麸或米糠20%、石灰2%、石膏1%，含水量65%。

配方③：玉米芯77%、麦麸10%、玉米粉10%、石灰2%、石膏1%，含水量65%。

3.原料预处理
按配方计算并称量各原料，玉米芯、棉籽壳等不易吸水的原料需提前预湿。

4.**制袋** 干料混匀后再加水拌匀，要求干湿均匀，含水量约65%，一般以手捏料时无水滴滴出、手指缝间可见水印即为适度（图9-3）；选用（22～24）厘米×（43～45）厘米×0.003厘米规格的聚乙烯或聚丙烯料袋，装料要求松紧适度，每袋装干料约1千克、湿料约2.5千克（图9-4）；采用常压或高压及时灭菌（图9-5），待菌袋冷却后无菌操作接种。

图9-3 拌 料

图9-4 装 袋

图9-5　上灶灭菌

5.发菌　接种后及时将菌袋移入发菌室（棚）进行发菌管理。菌袋墙式、"井"字形或层架堆码（图9-6），要求避光培养，并控制室内温度20～25℃、空气相对湿度60%～70%，勤通风、勤检查，及时清除污染菌袋，一般25～30天菌丝可满袋。

图9-6　墙式堆码（左）和"井"字形堆码（右）发菌

（三）出菇管理

　　菌丝满袋后，后熟3～7天即可移入菇棚进行出菇管理，常采用5～7层墙式堆码、两端开口出菇（图9-7）。控制棚内光照度150～1 500勒克斯、温度15～20℃、空气相对湿度85%～95%，常通风，保持空气清新。适宜条件下，约7天即可出现大量菇蕾。

图9-7　出　菇

菇蕾期应向地面和空间喷雾保湿，切忌向菇蕾直接喷水；待菇蕾长大变为黄色时才可喷水，但仍需避免冲击幼菇，喷水要求水细、少量多次、早晚低温时进行；从菇蕾出现到采收一般需8～10天。

在出菇管理期间，应注意出菇场所温光水气的条件，常见因CO_2浓度过高，原基分化受阻形成花球状畸形菇；因供氧和光线不足，菌柄生长疏松且生长不齐形成珊瑚状菇；因高温和光线不足，菌柄过长且形成盖小肉薄的高脚状菇；因通风不良、喷水过多、湿度过高或过低，子实体可能产生锈褐色斑点，菇脚发黄腐烂，进而停止生长，甚至萎缩死亡等。

（四）采收

子实体生长到八九分成熟时及时采收。此时菌盖鲜黄、盖缘平整无开裂、孢子未弹射，味道鲜滑爽口、商品性好。采收前应停止喷水1天，采收时可直接扭转摘下子实体或用小刀割收。

（五）转潮管理

采收后应及时清理袋口料面，检查并清除污染菌袋，停水2～3天，调节菇棚温度、湿度、空气等，经10～15天即可进入下一潮。一般可采4～5潮菇。

四、贮运与加工

产品可鲜销、干制或盐渍加工，均需清除泥屑杂质，剔除畸形、霉烂、病虫菇后，再进行储藏与加工。烘干是最常用的加工方法，烘干后的产品具有菇香味浓、品质

好、不受气候影响等优点；也可将清理干净的鲜菇用塑料袋抽真空后充氮气封口，放在0～5℃的低温环境下储存，在1～2℃条件下可储存15天。

参考文献

黄来年, 林志彬, 陈国良, 2010. 中国食药用菌学 [M]. 上海: 上海科学技术文献出版社.

李玉, 康源春, 2020. 中国食用菌生产 [M]. 郑州: 中原农民出版社.

刘晓峰, 李玉, 孙晓波, 等, 1998. 榆黄蘑(*Pleurotus citrinopileatus*)成分和药用活性的研究 [J]. 吉林农业大学学报 (S1): 181.

罗信昌, 陈士瑜, 2010. 中国菇业大典 [M]. 北京: 清华大学出版社.

毛美林, 邓子言, 李万晴, 等, 2023. 一种榆黄蘑菌丝体多糖的结构表征及其降血糖作用 [J]. 食品科学, 40(11): 1-20.

沈剑虹, 1981. 榆黄蘑的栽培 [J]. 食用菌 (1): 21-22.

魏晶晶, 张浩然, 王志鸽, 等, 2020. 真菌金顶侧耳的研究进展 [J]. 青海草业, 29(2): 28-31.

编写人员：苗人云

滑　菇

　　滑菇（图10-1）因其表面附有一层黏液，食用时滑润可口而得名。

　　滑菇不仅外观靓丽、味道鲜美、口感爽滑，还含有丰富的多糖、蛋白质、微量元素等生物活性成分，具有抗氧化、抗肿瘤、调节免疫、降血糖、降血脂、消炎抗菌等功效，滑菇多糖可作为天然稳定剂和功能性添加剂，并具有较好的保湿性。随着滑菇研究的逐渐加深，滑菇开发具有较好的前景。

　　四川省最早开展滑菇研究在1989年，四川省农业科学院土壤肥料研究所率先开展了滑菇引种栽培、液体菌种制备和袋栽实验研究，1994年，郫都区开始进行滑菇袋栽，并逐渐向汶川卧龙、耿达等地扩展，目前主要分布于遂宁、绵阳、阿坝藏族羌族自治州、甘孜藏族自治州等地区。

图10-1　滑　菇

一、概述

（一）分类地位及分布

滑菇，学名光帽鳞伞 *Pholiota nameko* (T. Ito) S. Ito & S. Imai，别名滑子菇、滑子蘑、真珠菇等。在分类上隶属担子菌门 Basidiomycota，伞菌纲 Agaricomycetes，伞菌目 Agaricales，球盖菇科 Strophariaceae，鳞伞属 *Pholiota*。

自然条件下，滑菇主要生长在桦树等阔叶树木的枯死部位和砍伐面上（图10-2）。野生滑菇常见于北方的大部分地区。

图10-2　滑菇自然生长环境

（二）营养保健价值

1.营养价值　滑菇外观亮丽、味道鲜美，鲜菇口感佳，具有滑、鲜、嫩、脆的特点，是一种低热量、低脂肪的食用菌。滑菇子实体含粗蛋白、碳水化合物、脂肪、纤维素、灰分、钙、磷、铁、B族维生素、维生素C、烟酸以及人体所需的17种氨基酸成分。每100克干菇中含有粗脂肪4克、可溶性无氮浸出物39克、水溶性物质60克、粗纤维10.3克、粗灰分13.7克等。据分析，滑菇菌丝体蛋白质含量为24.35%，子实体蛋白质含量为21.80%，通过蛋白质营养评价方法，有研究者认为滑菇菌丝体蛋白质营养价值高于其子实体。

2. 保健价值　目前对滑菇生物活性的研究主要集中在多糖层面。研究表明，滑菇子实体多糖具有较强的抗肿瘤和提高机体免疫力的作用，对正常和荷瘤小鼠的免疫功能均有增强作用，表现为明显延长荷瘤小鼠的生存期，有效地促进荷瘤以及正常小鼠脾脏的生长和分化，具有增加脾脏重量、有效降低肿瘤组织活性和激活抑癌基因等活性。此外，滑菇多糖还有抗氧化、降血糖、降血脂、消炎抗菌等功效，对 D-半乳糖诱导的衰老小鼠机体抗氧化效果有增强作用，显著抑制了自由基和脂质过氧化物的产生。滑菇表面所分泌的黏多糖对保持人体的精力和脑力大有益处，能够抑制肿瘤、提高免疫力、抗生物氧化等，具有较高的保健价值。此外，滑菇还有降低血液黏度、抗血栓形成、提高红细胞变形能力、降低胆固醇和降血压等功效。长期食用滑菇，对肝炎、胃溃疡、慢性胃炎、尿道炎、胆结石、糖尿病、肥胖等有一定保健疗效。

（三）栽培历史

滑菇原产于日本，最初为野生采集，鲜品直接用于家庭消费。随着日本现代工业的发展，出现了滑菇罐头加工厂，但因当时滑菇尚未实现人工栽培，野生滑菇数量严重不足，难以维持滑菇罐头加工厂正常运转。日本在1921年开始用山毛榉段木栽培滑菇，1932年开始用锯末栽培种进行栽培，1950年以后开始大规模栽培，到20世纪60年代初，日本人改变了滑菇的栽培方式，开始利用木屑进行箱式栽培，生物学效率大大提高，滑菇年产量迅速发展。1973年，日本滑菇产量突破1万吨，1986年突破2万吨，成为当时世界唯一大面积栽培滑菇的国家。

我国人工栽培滑菇最早始于台湾。1976年以来，辽宁先后从日本引进一些滑菇菌种进行试验栽培，并取得了成功。后续滑菇栽培扩展到黑龙江和吉林，在河北、河南、江苏、四川等地也有少量栽培。

1989年，四川省农业科学院土壤肥料研究所张丹等率先开展了滑菇引种栽培、液体菌种制备和袋栽实验研究。1994年，四川省成都市郫都区引进滑菇品种，以木屑为主要原料，采用平菇菌袋的制作方式进行代料栽培，制袋时间为8月中旬，出菇时间在12月至翌年3月。随后，滑菇栽培向汶川卧龙、耿达等地扩展。目前，四川滑菇主要栽培区域位于甘孜藏族自治州、阿坝藏族羌族自治州、遂宁、绵阳等地。

（四）产业现状

我国是滑菇的主要生产大国和消费大国，产量居世界首位。辽宁省是我国滑菇的主产区，居全国之首，主要以滑菇罐头和盐渍品对日本、东南亚及欧洲市场出口。随着人们生活水平的提高和保健意识的增强，滑菇内销量逐渐加大，现已呈现出内销量大于出口份额的态势，形成了以内销为主、出口为辅的市场格局。

滑菇以代料栽培为主，人工栽培模式主要有压块栽培、箱式栽培和袋栽等。北方多采用袋栽、压块栽培与托盘栽培，目前，压块栽培也已向袋式栽培演变，生物学效率达到100%以上。四川滑菇栽培以代料栽培为主，年生产总量约1 200万袋。

辽宁省鞍山市岫岩县被授予"中国滑菇第一县"的称号；河北省承德市平泉市是中国滑菇价格形成中心地区，素有"中国食用菌之乡"的美誉；黑龙江省牡丹江市林口县江西村是"全国滑子蘑第一村";"岫岩滑子蘑""庄河滑子菇""平泉滑子菇""林口滑子蘑""宁城滑子菇"等获得国家农产品地理标志登记保护。目前滑菇产业深加工企业较少,深加工产品种类少,只有少数企业生产滑菇罐头和软包装产品。

二、生物学特性

(一)形态特征

1.菌丝形态　滑菇菌丝较细,气生菌丝短而少,初期为白色,后变为奶黄色、浅黄色,棉绒状(图10-3)。菌丝平铺于培养基上,整齐舒展、致密,形成菌落较薄、微黄色,不形成菌皮,分泌黄褐色色素。双核菌丝管状,分枝,具锁状联合,分生孢子为单核。孢子浅黄色,光滑,宽椭圆形,大小为(5.8～6.4)微米×(2.8～4)微米。

图10-3　菌落形态

2.子实体形态　子实体丛生,菌盖直径3～10厘米,初期扁半球形,后期平展,初期为红褐色,后黄褐色至浅黄褐色,表面平滑,有一层黏液。菌肉白黄色,近表皮下带红褐色,丝状菌肉组织致密,中部厚不易破碎。菌褶黄色至锈褐色,直生于菌盖下方,不等长,初期为乳黄色,成熟后浅褐色。菌柄圆柱形,中生,附黄褐色鳞片,长2.5～8厘米,粗0.4～1.5厘米,向下渐粗,纤维质,内部充实或稍中实。菌柄上有薄膜质的菌环,易脱落,菌环上部的菌柄呈污白色至浅黄色,菌环下部的菌柄颜色较深,有黏液和黄褐色鳞片(图10-4)。孢子印深锈褐色。

图10-4　子实体形态

（二）生长发育条件

1.营养条件

（1）碳源。滑菇主要利用的碳源是纤维素、半纤维素、木质素、淀粉、果胶、戊聚糖类、有机酸和醇等有机碳化合物。人工栽培时，生长所需碳源主要来自木屑、棉籽壳、玉米芯等。

（2）氮源。滑菇主要利用的氮源是蛋白质、蛋白胨、尿素、氨基酸等，能少量利用氨、铵盐和硝酸盐等无机氮。人工栽培时，生长所需氮源来自蛋白质含量高的有机物如麸皮、米糠和玉米粉等。

人工栽培滑菇应该严格控制基质碳氮比，一般认为营养生长阶段C/N以20∶1为好，生殖生长阶段以（30～40）∶1为好。

（3）矿质元素。滑菇生长发育必需的矿质元素有磷、硫、钾、钙、铁、钴、锰、锌等。在生产过程中，可以通过加入石膏和石灰来增加培养料的部分矿质元素。

（4）维生素。维生素B_1、维生素B_2、维生素B_{12}等对滑菇的正常生长发育是不可缺少的，生产中使用的栽培原料维生素含量丰富，配制培养料时不必再额外添加。

2.环境条件

（1）温度。滑菇菌丝生长温度为5～32℃，最适生长温度为20～25℃，连续6小时高于32℃，菌丝自溶死亡。子实体生长温度为5～22℃，最适生长温度因品种而异，一般低于5℃，高于20℃子实体发生量较少，菌柄细、菌盖小、开伞早、品质差。

（2）水分与湿度。滑菇性喜湿，生长发育过程中需要大量的水分。菌丝生长培养料的适宜含水量为60%～65%，出菇期含水量要增加到70%～75%，空气相对湿度要求在

85%～95%。出菇时应保持菇房空气湿度，创造高湿条件，水分不足会导致菌肉薄、黏液少、易开伞、品质低。

（3）空气。滑菇属好气性真菌，整个生长发育过程需要吸收大量的氧气。二氧化碳浓度过高会抑制菌丝生长，菇蕾发育缓慢，子实体形成畸形菇甚至不出菇。因此，菇房必须通风换气，保持空气清新。

（4）光照。滑菇菌丝生长阶段对光照要求不严格，子实体形成和生长发育阶段需要散射光刺激，一般以300～500勒克斯的散射光为宜，忌阳光直射。光照不足或黑暗条件会抑制原基形成，造成菇体小、菌柄长、菌盖小、色泽浅，甚至形成畸形菇。

（5）酸碱度。滑菇喜在弱酸性的环境中生长发育，生长适宜的pH为5.0～6.5。栽培时，正常配制培养料的酸碱度，不需特别调整。

三、栽培技术

（一）栽培季节

自然条件下，四川盆地内适宜在6—8月制袋，10月至翌年3月出菇，菌袋养菌阶段气温较高，要有一定的控温措施。甘孜藏族自治州、阿坝藏族羌族自治州等夏季气温较低的地区可采取春季接种、越夏后秋季出菇的方式；其他地区应根据当地的气候条件，合理安排生产季节。甘孜藏族自治州、阿坝藏族羌族自治州一般制袋时间为12月至翌年5月，出菇时间为翌年5—9月；遂宁、绵阳等地可在8月中旬制袋，12月至翌年4月出菇。接种前50～60天制备菌种。

（二）品种选择

滑菇从温型上分为4种类型：①极早生种，出菇温度7～20℃；②早生种，出菇温度7～18℃；③中生种，出菇温度5～15℃；④晚生种，出菇温度5～13℃。四川省内栽培应采用耐高温的极早生型品种，选择抗病虫、优质高产、抗逆性强、商品性好的品种。

（三）培养料配方与配制

1.原料选择与配方 培养料以阔叶树木屑、棉籽壳、玉米芯等为主料，以麸皮、玉米粉等为辅料。杂木屑要经堆积发酵1～3个月，或选用陈旧木屑；麸皮必须新鲜、无霉变、无结块、无虫蛀。

配方①：杂木屑81%、麸皮13%、玉米粉5%、石膏1%、含水量60%～65%。

配方②：杂木屑49%、棉籽壳40%、麸皮10%、石膏1%、含水量60%～65%。

配方③：杂木屑33%、玉米芯50%、麸皮10%、玉米粉3%、豆饼粉3%、石膏1%、含水量60%～65%。

2.培养料预处理 木屑、玉米芯等质地较硬或颗粒较大的原材料用清水预湿处理12～24小时。

3.配制方法 根据选择的配方，将预湿的原料与其他原材料充分混合搅拌均匀，调节含水量为60%～65%。

（四）制袋与接种

1.菌袋材料与规格　袋栽滑菇可用聚丙烯袋或低压聚乙烯袋，短袋栽培料袋规格为（18～22）厘米×（36～43）厘米，膜厚0.004厘米；长袋栽培料袋规格为17厘米×55厘米，膜厚0.004厘米；塑料袋的透明度要好，以便于观察菌种发菌和杂菌污染情况（图10-5）。

图10-5　装　袋

2.装袋　装料松紧适度、均匀一致，袋口用绳子扎紧，或套塑料颈环用薄膜封口，当天装袋、当天灭菌。短袋每袋装料1.5～2.0千克，长袋每袋装料约2.3千克。

3.灭菌　根据设施及料袋类型，可选择高压蒸汽灭菌或常压蒸汽灭菌。常压蒸汽灭菌待温度达到100℃时，维持16～20小时后停火再闷5～6小时；高压蒸汽灭菌当温度达到126℃时维持3～3.5小时。

4.接种　可在接种箱或无菌室中接种，对接种箱和无菌室要严格消毒，严格无菌操作接种。用经火焰灭菌后的接种工具去掉瓶（袋）口表层老化菌种，短袋接种将栽培种接入袋口料面，适当压实，迅速封好袋口；长袋接种先用75%酒精擦拭料袋接种面，然后用直径1.3～1.5厘米的锥形木棒，在料袋上打3～5个孔，再用接种器或徒手将菌种迅速塞入穴内，菌种块要与培养料紧密接触，同时微凸出穴面，最后用胶布封口。一瓶750毫升的栽培种可接种8～12袋料袋。

（五）发菌培养

1.培养室消毒　做好培养室内清洁卫生工作，喷洒杀菌杀虫剂，关闭门窗，用气雾消毒剂熏蒸，在使用前两天打开门窗通风换气。

2.培养条件　接种后的菌袋在培养室的码放方式和高度应根据当时气温和培养室温度决定（图10-6，图10-7），培养室气温低于15℃时，菌袋要堆紧些，也可叠高些；气温高于25℃时，菌袋要堆疏些，并加强通风换气。培养温度控制在20～25℃，空气相对湿度控制在60%～70%，遮光培养，注意通风换气，及时清除污染菌袋。当菌丝基本长满菌袋时，适当加强通风和散射光照，促进菌丝成熟转化。当袋口表面菌丝变成淡黄色至枯黄色菌膜时，表明菌袋达到生理成熟，可进行出菇管理。

图10-6　层架式码袋培养

图10-7　"井"字形码袋培养

（六）出菇管理

1.出菇场地　室内、蔬菜大棚、栽培香菇的荫棚均可作为出菇场地，蔬菜大棚外层要加盖草帘或其他遮阳物，使棚内达到"二阳八阴"的遮挡效果；也可搭建塑料大棚、草棚等进行栽培（图10-8，图10-9）。大棚内可直接地面排袋出菇，将菇床整理成宽100

厘米、高15厘米长畦，畦面平整压实（最好用细沙铺平），竖直排放的每小畦可用竹条和无纺布或农膜搭建小拱棚；也可搭建层架提高场地利用率，层架长、宽、层数，以及层间距、架间距以操作方便、空间利用率高、有利出菇为准。

菇房（棚）要选择通风向阳处，保证清洁，远离养猪厂、养鸡厂等场地。

图10-8　拱形遮阳网出菇棚

图10-9　平顶温室大棚

2.排袋　当室外最高温度降至20℃以下，菌丝中出现黄色或褐黄色时，将菌袋移到出菇场地。短袋竖直排放于畦面，或采用地面墙式排放、层架横卧排放，拔松菌袋的套环，用线扎口的要松开扎口线；长袋则采用层架式摆放，挖除菌袋口上的老菌块，菌袋口朝侧面（图10-10，图10-11）。

图10-10　墙式排放

图10-11　层架排放

3.搔菌催蕾　当室温降到13～15℃时，短袋应拔去套环打开袋口，卷下高出的塑料袋或割去料面上方的塑料袋；长袋在菇蕾长到米粒大时用利刀沿菇蕾外围割破2/3薄膜。向空中和地面喷雾状水，提高空气相对湿度至90%左右，加大昼夜温差，并给予充足的散射光，诱导原基形成。滑菇子实体原基刚形成时，呈乳白色颗粒状，经2～3天变成黄褐色至红褐色（图10-12）；形成具有菌伞、菌柄的幼菇时，转入出菇管理。

图10-12　现　蕾

4.环境调控　出菇管理的重点是调节适宜的出菇温度、湿度和光照。主要向地面及空间喷雾状水，空气相对湿度保持在85%～95%，不可在子实体上直接喷水。当幼菇菌盖长至直径0.3～0.5厘米时，适当向菇体和空间喷雾状水，但喷水不宜过多。控制室内或棚内温度7～15℃，保持空气流通和散射光刺激。

（七）采收

待滑菇菌盖直径达1.5～4厘米但未开伞时采收（图10-13）。采收时要采大留小，用手轻轻扭转摘下，簇生的可大小一起用剪子在距基部3～5毫米的地方剪下，分开放置。每采完1潮菇后，及时清除表面残根和老菌皮，停止浇水4～5天，待伤口菌丝恢复生长后进入下一潮菇的管理，一般可采收3～4潮菇，生物转化率为60%～70%。

图10-13　适宜采收的子实体

采收下的滑菇要用刀去掉硬根，保留嫩柄1~3厘米，除去杂质，挑出虫菇、异色菇、腐烂菇，同时按分级标准进行分级。鲜菇可立即投放市场销售，或在冷库暂时存放。鲜菇在阴凉处一般可保存4天，如温度在5℃左右可保存1周以上。

干品滑菇便于贮藏运输，更满足出口产品要求。干燥方式主要包括晾晒（图10-14）、电热鼓风干燥、冻干干燥、热风-冻干联合干燥、太阳能-热泵联合干燥、微波真空联合干燥等，可提高干品质量及自动化控制水平，节省大量人力。

图10-14 晾 晒

滑菇绝大部分加工为盐渍罐头，主要用于外贸出口和加工原料储备。将初加工后的滑菇流水清洗，放入10％的盐水中煮2~3分钟，捞出后放入凉水冷却。第一次盐渍：先在缸底铺上2厘米厚的盐，菇盐比例2∶1拌匀后装入缸内，用内装盐的纱布袋压在菇面上，加水淹过滑菇。袋内要不断加盐，必要时菇面上盖木板或石头，放置15~20天。第二次盐渍：另准备缸，底层铺2厘米厚的盐，取出第一次盐渍的滑菇，挑出开伞和变黑的菇体，如盐已全部溶解，再添加15％的盐，其他操作同第一次盐渍，继续放置15天。

盐渍好的滑菇捞出，去掉盐和多余的水分，出口用的装入有内衬塑料袋的铁桶（图10-15），灌入加了调酸剂的饱和盐水，扎袋封桶，贴上标签；或者直接装入罐头瓶、塑料瓶或复合薄膜袋中，密封包装。包装好的产品放在遮阳棚或仓库内保存。

图10-15 盐渍装桶

（八）主要病虫害及其防治方法

1.主要病害 滑菇主要病害有细菌性腐烂病、黄黏菌等。

细菌性腐烂病是培养料含水量高、菇床喷水过多时，水滴在子实体上造成的菇体病害。主要症状是菌盖出现红褐色小斑点并逐步扩大，形成腐烂菇体并扩展到菇丛，最后导致子实体发臭。防治方法是控制培养料含水量和菇房湿度，一般空气相对湿度控制在80%～90%为宜，发现病菇立即摘除烧毁或深埋，病患处用二氯异氰尿酸钠喷涂。

黄黏菌是菌种抗逆性差、菇棚高温高湿、通风不良造成的菌盘发病病原。主要症状是在子实体分化或生长期，菌盘料面产生黄色黏稠病斑，蔓延速度极快。防治方法是选择抗病性强的菌种，停止喷水2～3天，加强菇棚通风换气，及时在发病处施用磷酸二氢钾或50%二氯异氰尿酸钠可湿性粉剂，棚内人行道铺细沙或石灰阻止蔓延。

2.主要虫害 滑菇主要虫害为菌蚊和菌蝇。菇棚内外环境卫生恶劣，特别是水沟淤泥未清理，滋生大量的虫卵，继而孵化大量的成虫，这些成虫会逐渐吃掉菌丝，导致减产减收。防治虫害的有效方法，一方面是每个栽培季节来临前彻底清理菇棚内外环境，不留死角，保持清洁；另一方面，每200～300米^{2}悬挂1枚食用菌专用杀虫灯，入口处应悬挂黄板进行菌蚊菌蝇的物理捕杀。

📝参考文献

安朝丽门，钱磊，蒋崇怡，等，2021.滑子蘑活性成分及其生物功能的研究进展[J].食品研究与开发，42(24): 200-205.

安振营，2016.滑子菇盐渍加工方法[J].农村新技术(2): 53-54.

曹玉谦，黄淑艳，1998.滑菇高产栽培技术[M].沈阳：辽宁科学技术出版社.

车晓晟，王作东，李震泉，等，2002. 滑菇高产栽培技术 [M]. 郑州：河南科学技术出版社.

江洁，范丽娟，李佳桐，2014. 滑菇多糖体内抗氧化作用的研究 [C]// 中国食品科学技术学会，中国食品科学技术学会第十一届年会论文摘要集：120-121.

江洁，李文静，2013. 滑菇菌丝体和子实体蛋白质营养价值的评价 [J]. 食品科学，34(21): 321-324.

阮时珍，李月桂，阮晓东，等，2011. 滑菇袋料高产栽培的技术 [J]. 食药用菌，19(5): 36-38.

王波，甘炳成，2008. 图说滑菇高效栽培关键技术 [M]. 北京：金盾出版社.

王金贺，姜国胜，郑锡敬，等，2010. 滑菇常见病虫害及防治 [J]. 中国林副特产，3(106): 65-66.

王立泽，时家栋，游庄信，等，1995. 食用菌栽培 [M]. 2版. 合肥：安徽科学技术出版社.

王世东，2005. 食用菌 [M]. 北京：中国农业大学出版社.

徐文成，闫凤云，2018. 滑子蘑高产栽培技术 [J]. 天津农林科技，263(3): 27-30.

张丹，彭耀川，1991. 滑菇液体菌种的制作 [J]. 食用菌 (4): 44.

张丹，彭跃川，1989. 滑菇引种栽培试验 [J]. 四川农业科技 (4): 32-33.

张丹，彭跃川，1991. 滑菇袋栽技术 [J]. 四川农业科技 (5): 33.

朱红霞，2019. 滑菇的生物特性及高产栽培技术 [J]. 河南农业 (5): 17.

编写人员：李昕竺　曾先富　熊维全

灰 树 花

灰树花（图11-1）称千佛菌、莲花菇，又名舞茸，这是因为它的子实体不断分出扇形小枝重叠在一起，犹如女子拂袖起舞。灰树花在四川有较长的采食历史，据原四川省农业科学院土壤肥料研究所刘芳秀等在20世纪80年代初调查，当时在四川山区采食灰树花已有近50年历史，早期每株野生灰树花重达几斤至十几斤，其价格高于肉价。

图11-1　灰树花

日本是世界上最早开展灰树花人工栽培的国家，并于20世纪80年代实现了工厂化栽培。四川省农业科学院在1980年开始了野生灰树花种质资源的收集与品种选育研究，是我国最早研究灰树花的机构之一。1986年，"灰树花菌种选育及人工驯化栽培的研究"获得四川省科学技术进步三等奖。2014年，成都市农林科学院选育了四川省第一个灰树花新品种川灰1号，并在成都、雅安名山等地栽培。

灰树花口感脆嫩，味道十分鲜美。研究表明，灰树花含有的丰富活性成分可通过清除自由基、激活免疫系统、诱导肿瘤细胞凋亡等方式来抑制肿瘤细胞生长。

近年来，我国灰树花工厂化栽培也有了较快发展。四川一些工厂化企业也开始尝试进行灰树花工厂化生产，并取得较好的进展。

一、概述

（一）分类地位及分布

灰树花 *Grifola frondosa* (Dicks.) Gray，又名贝叶多孔菌、栗子菇、云蘑等，在四川被称为莲花菇、千佛菌。分类上隶属担子菌门 Basidiomycota，伞菌纲 Agaricomycetes，多孔菌目 Polyporales，树花菌科 Grifolaceae，树花菌属 *Grifola*。

灰树花是一种典型的木生白腐菌，野生资源分布很广，常见于亚热带至温带森林中，夏秋季节常见于潮湿和温差较小的高山阔叶林或常绿针阔混交林中，多发生在栎、板栗、青冈栎等壳斗科树种及阔叶树桩周围，或者倒伏的近地树干上，以分解树木的心材为营养，造成树木心材白色腐朽。在我国黑龙江、吉林、河北、广东、广西、福建、四川、云南等省份均有分布，国外主要分布在日本、北美和欧洲部分国家。

（二）营养保健价值

1.营养价值　灰树花食药兼用。鲜品具有独特清香味、滋味鲜美，干品具有浓郁的芳香味，肉质嫩脆，味如鸡丝，脆似玉兰，具有很高的食用价值和保健作用。灰树花营养丰富，每100克干品含有蛋白质25.2克、人体所需氨基酸18种18.68克（必需氨基酸占45.5%）、脂肪3.2克、膳食纤维33.7克、碳水化合物21.4克、灰分5.1克，富含钾、磷、铁、锌、钙、铜、硒、铬等多种有益矿物质，维生素含量丰富，每100克干品含维生素E 109.7毫克、维生素B_1 1.47毫克、维生素B_2 0.72毫克、维生素C 17.0毫克、胡萝卜素4.5毫克。维生素B_1和维生素E含量比其他食用菌高10～20倍，维生素C含量是其他食用菌的3～5倍，蛋白质和氨基酸含量是香菇的2倍。

2.保健价值　灰树花对人体有很好的保健作用。灰树花富含的赖氨酸（1.16%）和精氨酸（1.25%）促使胎儿智力发育，使婴儿更聪明健壮。日本森宽一等人研究，口服灰树花药剂对乳腺癌抑制率达74%以上。在灰树花菌丝体中，β-葡聚糖占8%以上，是灰树花抑癌作用主要活性成分。利用灰树花提取物研制的新药临床用于不同类型肿瘤病人都表现出一定疗效，与放、化疗配合使用，可减轻或消除不良反应；有助于抑制高血压、肥胖症，预防动脉硬化。在灰树花大量的活性物质中，灰树花多糖是主要功能成分，能增强肝功能，改善脂肪代谢。灰树花多糖的提取和利用是一项新兴产业，国内外均有广泛研发，其不仅可用于医药，为药用和精多糖（粉剂）制取提供原料，也可用于食品，作为食品添加剂。

（三）栽培历史

四川灰树花栽培起源于1980年，由四川省农业科学院土壤肥料研究所刘芳秀、张丹、唐瑞生等从蒙顶山野生灰树花分离获得菌种栽培成功，也是我国人工栽培灰树花的最早记录。研究成果"灰树花菌种选育及人工驯化栽培的研究"获得1986年四川省科学技术进步三等奖。

1982年，浙江庆元、河北迁西灰树花栽培成功，栽培规模不断扩大，成为我国灰树花的主产区。四川灰树花种植面积不大，2010年，成都市农林科学院园艺研究所从青城山采集到野生灰树花菌株进行人工驯化，并研究集成配套栽培技术。2014年，灰树花新品种川灰1号通过四川省品种审定委员会审定，近年来，在四川成都、雅安名山等地均有栽培。

川灰1号子实体较大、肉质、有柄，菌柄呈珊瑚状分枝，末端由匙状、扇形或舌状的菌盖重叠而成，形似莲花。菌盖起初黑色，逐渐变为灰褐色，表面有细绒毛，老熟后表面光滑，有放射状条纹，菌盖的边缘较薄，很脆易折断，菌肉为白色（图11-2）。

图11-2 川灰1号子实体

（四）产业现状

近年来，我国浙江、河北、北京、四川、云南、福建、上海、黑龙江等地一些科研单位和生产者相继进行了灰树花的引种驯化和试验栽培，河北迁西、浙江庆元等地已经实现了规模化生产。1997年，全国灰树花产量就达到10 000吨以上，产品除出口日本外，还出口美国、韩国等地。目前已形成年产鲜品灰树花2 000吨以上生产规模的地区，如河北迁西和浙江庆元等。河北迁西1996年开始研究提高灰树花质量的技术，技术进一步熟化，实现灰树花周年化、标准化和无公害化出菇，并稳定了市场的供应。迁西县每年从栗树上修剪下的大量枝条，成为人工栽培灰树花的主要原料。近年来，灰树花生产逐步向工厂化方向发展，产品的产量、质量和经济效益等都有了显著提高。目前灰树花在许多地区仍属于新品种，全国产量不足20 000吨，仍具有较大的市场潜力。

二、生物学特性

（一）形态特征

灰树花子实体大或者特大，肉质，短柄，呈珊瑚状分枝，末端扇形至匙形菌盖，重叠成丛，丛宽可达40～60厘米，重3～4千克；菌盖直径2～7厘米，灰色至浅褐色，表面有细毛，成熟后光滑，有反射性条纹，边缘薄，内卷。菌柄乳白色或淡黄色，呈分叉状，成熟时菌柄表面粗糙（图11-3）。菌肉白色，厚1～3毫米；背面管孔延生，菌管长1～4毫米，白色至淡黄色，管口多角形，每平方毫米1～3个。孢子无色，光滑，卵圆形至椭圆形，大小为（5.0～7.5）微米×（3.0～4.0）微米。菌丝白色、绒毛状，有横隔膜和分枝，菌丝生长形成菌丝束，具锁状联合。

图11-3 灰树花子实体（上：正面；下：背面）

（二）生长发育条件

1.营养条件 灰树花属木腐蕈菌，所需碳源主要有纤维素、半纤维素、木质素、淀粉、小分子单糖、双糖和有机酸等。可广泛利用阔叶树木屑和农作物秸秆，如棉籽壳、豆秆、玉米芯、玉米秆等作为碳源进行人工栽培。

所需氮源主要有蛋白质、氨基酸、铵盐等，有机氮适宜菌丝生长，硝态氮几乎不能被利用，常用玉米粉、麦麸、大豆粉作为氮源。

所需的矿质营养主要有磷、硫、钙、镁、钾等，对微量元素铁、铜、锌、锰、钼、钴需求量很小，过量的硼能抑制菌丝生长，锰离子吸收太多可能会导致子实体畸形。维生素B_1在灰树花子实体生长发育中不可缺少。

2.环境条件

（1）温度。灰树花属中温型蕈菌类，具有恒温结实的特性。菌丝生长发育的温度范围为5～32℃，最适宜生长温度为20～26℃，在32℃时可缓慢生长，致死温度为42℃。

原基形成的温度为18～22℃，当菌丝长满菌袋后，如遇28℃高温，菌丝会吐黄水，不能形成原基；当温度低于10℃，原基不分化、不开片。子实体生长发育温度范围为10～27℃，最适宜的温度为15～20℃，低于15℃子实体生长缓慢，长期处于8℃以下，子实体会死亡，20℃以上子实体生长快、产量低，超过25℃生长受到抑制，易受病虫害侵染。

在适宜温度范围内，温度低，子实体生长缓慢、菌肉厚、颜色深；温度高，子实体生长快，但菌盖薄、肉质松、颜色淡。

（2）湿度。灰树花栽培料含水量控制在58%～62%为宜。空气相对湿度在菌丝生长阶段，应保持在60%～65%；子实体生长阶段以85%～95%为宜，低于80%，原基不分化或者已形成的幼嫩子实体易失水枯死，空气相对湿度超过95%，会使原基或幼菇腐烂。

（3）空气。灰树花属好氧型菇类，对氧气需求量较高。菌丝生长阶段维持培养室空气新鲜，子实体生长发育阶段需要经常通风换气，CO_2浓度控制在1 000毫克/升以下，如果CO_2浓度过高，菌盖叶片不分化，会长成珊瑚状分枝，也容易产生病虫害。

（4）光线。菌丝生长阶段不需要光照，在完全黑暗条件下菌丝生长浓白旺盛；当菌丝满袋后，需要一定的散射光刺激原基形成，没有光照，培养料表面形成一层过厚的菌膜，很难形成原基。当菌丝扭结成的原基逐渐转变为灰黑色蜂窝状时，需要200～500勒克斯的光线刺激菌盖的分化，光线太弱会出现子实体开片小、白化等现象，光线太强子实体会发生畸形，适宜的散色光有利于子实体菌盖颜色加深，减少畸形菇的产生。

（5）酸碱度。灰树花适宜在酸性环境中生长，菌丝在pH4～7.5环境内均可生长，但在微酸性环境中生长较快。配制培养料时，pH调到5.5～6.5，随着培养时间延长，pH有所下降，有利于子实体的发生和生长。

三、栽培技术

（一）栽培季节

在自然条件下，每年灰树花可以栽培春秋两季，但春季气温起伏不定，出菇效果不佳，一般不建议安排春季出菇。秋季出菇时，7—8月培养菌袋，9—10月出菇。根据出菇时间，固体栽培种制作往前推30～45天，原种制作在栽培种的基础上再往前推45天左右。

自然气候条件下灰树花直接排袋，秋季一般出1潮菇，生物转化率为40%左右。脱袋覆土出菇，生物转化率为50%～60%。灰树花菌丝有耐低温的特点，将秋季直接排袋出菇的菌袋集中存放于温度为10℃左右的低温库中，待翌年8月再脱袋覆土，进行相应的出菇管理，能够再出1～2潮菇，总生物转化率可达到80%以上。

（二）品种选择

生产上大面积栽培的品种多来自浙江庆灰系列（图11-4）和河北迁西系列（图11-5）。干品色泽为灰褐色，朵形紧凑，子实体长宽比小，形状接近圆形，开片效果好，商品性状好。

图11-4 庆灰系列品种

图11-5 迁西系列品种

（三）栽培场所选择与菇棚搭建

发菌场所要求清洁、避光、通风、便于调温调湿，可利用空闲房屋发菌，也可以在遮阴度高的菇棚内发菌，就地发菌，就地出菇。

出菇场地要求具有良好的保湿条件，排灌方便、清洁、有散射光、通风良好。浙江庆元灰树花出菇棚多为2层结构，外层用竹木或钢架搭建遮阴平棚，高2.5～3.0米，长和宽可根据实际情况而定，内层为塑料大棚，内层顶高2.0～2.5米、宽5～6米、长15～20米（图11-6）；也可用钢架大棚覆盖遮阳网（图11-7）或林下小拱棚出菇。

图11-6　平棚+中棚栽培

图11-7　钢架大棚+遮阳网栽培

（四）培养料配制

培养料以杂木屑为主，配以适量棉籽壳、玉米芯，添加少量氮素营养，如麸皮、玉米粉，同时加入10%壤土。采用板栗、青冈栎等壳斗科树木木屑或阔叶树杂木屑，颗粒大小以0.5～2厘米最佳。常用的配方：

①杂木屑68%、麸皮15%、玉米粉5%、壤土10%、石膏1%、糖1%，含水量58%，pH自然。

②杂木屑48%、棉籽壳20%、麸皮15%、玉米粉5%、壤土10%、石膏1%、糖1%，含水量58%，pH自然。

③杂木屑48%、玉米芯20%、麸皮17%、玉米粉3%、壤土10%、石膏1%、糖1%，含水量58%，pH自然。

将木屑、棉籽壳、玉米芯等主料提前预湿，加入麸皮、玉米粉等辅料，搅拌均匀后及时装袋。栽培袋规格可采用15厘米×55厘米的聚乙烯袋，每袋装干料0.9千克，或17厘米×35厘米的聚丙烯袋，每袋装干料0.5千克。栽培实践中，在培养料中加入30%的灰树花或香菇菌糠替代部分木屑，产量比单用新料还高一些；木屑要粗细搭配，粗的占70%左右为宜。

（五）灭菌与接种

装袋完成后及时进行灭菌，常压灭菌12～16小时，高压灭菌2～3小时。灭菌结束后将料袋送至冷却室冷却，当料温冷却至25℃以下时，按照无菌操作规程进行接种。聚乙烯料袋采用打孔方式接种，每袋3～4个接种点，接种后套外袋或贴膜；聚丙烯料袋采用袋口接种，无棉盖封口。

（六）菌丝培养

接种后，将料袋移入培养室黑暗培养，保持室内温度21～25℃，培养室定期进行通风换气，保证空气清新，保持室内空气相对湿度50%～60%。经过40～45天培养，菌丝长满袋，这时给予一定的散射光刺激，继续培养10～15天，菌丝转为浓白，培养基表面开始出现菌皮，表明菌丝生理成熟。

（七）排袋

成熟的菌袋及时排袋。排袋方式有两种：第一种是直接排袋出菇，菌袋直接摆放在菇棚地面或床架上，袋与袋间隔2厘米（图11-8）。排袋时在菌袋上用美工刀片划边长为2～3厘米的三角形小口，并挑破表面培养料，深度0.5～1厘米，使其菌丝重新恢复扭结形成原基，相邻菌袋的割口位置要错开，避免子实体生长后期相互影响。

第二种是脱袋覆土出菇（仿野生栽培），提前做好栽培畦并对土壤进行杀虫消毒处理，畦宽60厘米、深12厘米，边脱袋、边排袋、边覆土，短袋横排也可竖排，长袋横着排，排袋时菌棒间隔2厘米，覆土厚度3厘米左右，保持覆土层始终处于湿润状态（图11-9）。覆土栽培可以选择出菇棚，也可以选择排灌良好的露地或林地，露地或林地栽培需要搭建拱棚避雨遮阴。

图11-8　直接排袋出菇

图11-9　覆土出菇

（八）出菇管理

排袋出菇受外界气候影响较大，需要控制好出菇条件。本节主要介绍直接排袋出菇的管理要点。

1.原基形成期 菌袋割口搔菌后，保持菇棚温度18 ～ 22℃，空气相对湿度95%左右，同时每天10—15时通风换气，其他时段关闭菇棚，保持棚内空气新鲜，同时降低昼夜温差。向菇棚地面灌水或喷水保持空气相对湿度，忌直接向菌袋喷水，忌风直接吹到菌袋。经7 ～ 10天，菌袋割口处形成白色凸起状原基。

2.子实体分化发育期 原基颜色转为灰黑色，表面呈蜂窝状并分泌出少许水珠，即进入子实体分化发育阶段，此时要特别注意做好温度、湿度、光照及通风的管理。温度保持在16 ～ 20℃，相对恒定；光照度保持在300勒克斯左右；加强通风，保证棚内空气清新，一般是在上午9时至下午4时通风，通风时间视天气而定；空气相对湿度保持在90% ～ 95%，向地面灌水或喷水保持空气相对湿度，喷水时要注意避免泥沙溅到子实体。

（九）采收

当子实体颜色由黑色转为灰褐色，继续进行温光水气协调管理，经过10 ～ 15天，子实体转为浅灰色，菌盖充分展开，背面形成菌孔时应及时采收（图11-10）。灰树花质地较脆易折断，采收时，用手托住菇体，轻轻扭下即可。

图11-10 成熟子实体

（十）生产中常见问题与处理方法

1.原基不分化，干燥、腐烂 室内袋栽出菇，有部分原基不能分化成正常的子实体，或者形成的子实体朵形小、质量差、产量低。原基表面没有分泌水珠，表面干燥变黄或腐烂。以上现象的发生一般是由于空气相对湿度不够，光照度不适宜，原基受到炙烤，直至干燥死亡。

2.畸形菇

（1）小老菇。菌袋内原基直接分化，菇体过小、多为白色，生长缓慢，叶片小而少、内卷、边钝圆，内外均有白色的孔层、菌孔。形成原因是营养来源供应不足，通风不良，菇体缺氧。应加强通风，降低温度，适当增加覆土，及时采收。

（2）"鹿角菇"和"拳形菇"。菇体白色，形似鹿角有枝无叶或紧握如拳，易老化，气味差，商品价值低。一般是光照不足，通风不良，氧气供应不足所致。应根据出菇场地和菇体形状适当延长光照时间，增大光照度，早晚延长通风时间。

（3）"白色菇"和"黄尖菇"。菇体完全白色，质脆，味淡，黄尖菇的菇体正面黄色边缘上卷。一般是光照度不当、温度过高所致。对白色菇应提高光照度，对黄尖菇应降低光照度，叶少多通风，尖黄喷水。

（4）烂菇。原基或菇体部分变黄、变软，进而腐烂发臭。一般是干湿不济、通风不良、遭遇病虫害或机械损伤所致。应选择通风向阳，远离杂菌源的新出菇场地；实时补水通风；及时处理发病组织，清除出菇场地杂物，保持出菇场地清洁卫生。

3.跳虫

危害灰树花子实体的主要害虫是菇疣跳虫和黑角跳虫。跳虫常群集于子实体背面根部和菇体的菌孔内，特别是幼菇期，原基会被虫体覆盖，使菇体萎黄，最后腐烂。栽培场地应选择卫生、通风、水源条件比较好的地方；场地选择及处理时需要进行杀虫处理。

4.菌蝇菌蚊

危害成熟期菇类的主要害虫，多钻入菇体内侧，使菇体品质严重下降，失去商品价值。应打扫环境，保持栽培场所的干净整洁；地表及周边喷洒杀虫剂；出菇棚门窗安装防虫网；安装频振式杀虫灯或灯光诱虫器；放置黄色粘蝇板等。

四、贮运加工

新鲜灰树花采收后用刀片削掉菌柄基部发黄部分，定量分装在吸塑托盘内，采用保鲜膜包装封口；或者用密闭的箱或筐，单层摆放，避免挤压；需要密集摆放时，将菇盖面朝下、菇根面朝上，摆放双层，贮藏温度4～10℃。灰树花鲜品采用冷链运输，运输过程要平稳，避免挤压、碰撞和颠簸。灰树花产品的加工方法主要有烘干和盐渍，深加工产品主要是提取相关成分后制作的药品或者保健品。

▌参考文献

边银丙,2017.食用菌栽培学[M].北京:高等教育出版社.

黄年来,林志彬,陈国良,等,2010.中国食药用菌学[M].上海:上海科学技术文献出版社.

潘崇环,马立验,韩建明,等,2010.食用菌栽培新技术图表解[M].北京:中国农业出版社.

申进文,2014.食用菌生产技术大全[M].郑州:河南科学技术出版社.

王贺祥,2004.食用菌学[M].北京:中国农业大学出版社.

王相刚,2010.蕈菌学[M].北京:中国林业出版社.

编写人员：熊维全　曾先富　李昕竺

猴 头 菇

猴头菇（图12-1）因其子实体表面密布菌刺，形状酷似猴子的头部而得名。四川有丰富的猴头菇资源，野生猴头菇曾作为贡品呈给清代皇家贵族享用。但猴头菇研究开展不多，最早的文献记载为1985年张丹、刘芳秀等引种栽培研究。四川早期以常山猴头为主栽品种，在成都等地进行栽培。近年来，四川省农业科学院育成了川猴菇1号和川猴菇2号，在会东、古蔺、叙永、内江、青川等地有一定面积的应用。

图12-1　猴头菇

猴头菇具有保护胃黏膜、增强免疫力、抗肿瘤、降血糖、抗疲劳、抗氧化等功效，子实体或菌丝体发酵产物已广泛应用于食品、药品、化妆品及保健品的开发。近年的研究表明，猴头菇对机体脑细胞的生长以及提高记忆力有显著影响，这一发现能够为治疗和预防阿尔茨海默病等神经退行性认知障碍开辟新途径。此外，猴头菇还具有改善学习记忆能力、改善衰老过程中运动能力等功效。随着猴头菇功效不断被发掘，猴头菇产品的市场前景日益广阔。

一、概述

（一）分类地位及分布

猴头菇 *Hericium erinaceus* (Bull.Fr.) Pers.，因其子实体形状酷似猴子的头部而得名，又称猴头菌、猴头蘑、刺猬菌、猬菌、猴菇等。隶属担子菌门Basidiomycota，伞菌纲Agaricomycetes，红菇目Russulales，猴头菇科Hericiaceae，猴头菇属*Hericium*，是著名的食药兼用真菌。

猴头菇为木腐菌，夏、秋季常生长于阔叶林与混交林中活树的死亡部位。常见于栎树等壳斗科植物及胡桃、山毛榉等树种，少数生于松树及桦树上。

猴头菇野生种主要分布在北温带阔叶林和混交林中，以中国最多，其次为日本、俄罗斯和北美洲等地。猴头菇在我国分布较广，四川攀西地区、甘孜藏族自治州和阿坝藏族羌族自治州均可见到野生猴头菇。

（二）营养保健价值

1.营养价值　猴头菇肉质细嫩、味道鲜美，食之柔软而清淡，是与熊掌、海参、鱼翅齐名的"四大名菜"，素有"山珍猴头，海味燕窝"之称，有很好的滋补强身作用，民间还有"多食猴头，返老还童"之说。

猴头菇营养价值高，是高蛋白、低脂肪的食药兼用菌。据报道，每100克猴头菇干品含碳水化合物44.9克、脂肪4.2克、蛋白质26.3克、水分10.2克、灰分8.2克、粗纤维6.4克、铁18.0毫克、胡萝卜素0.01毫克、磷850毫克、维生素B_1 0.69毫克、钙2.0毫克、维生素B_2 1.86毫克、核黄素1.89毫克、烟酸16.2毫克。猴头菇中的 β - 葡聚糖是一种优良的膳食纤维，它可能通过直接或间接模式促进人肠道菌群产生丁酸，促进人的肠道健康。

2.保健价值　据《本草纲目》记载，猴头菇性平、味甘，"助消化、利五脏"。中医认为猴头菇具有扶正固本的作用，具有保肝、健脾、养胃和助消化等多种功效，能提高食欲、改善睡眠、减轻病痛。民间视猴头菇为医治神经衰弱的大补品，能健脑清神，至今还流传许多疗效显著的猴头菇食疗方。

现代医学研究证明，猴头菇含有多糖、寡糖、多肽、甾醇、萜类、酚类、腺苷等多种活性物质，有治疗十二指肠溃疡、胃窦炎、慢性胃炎、胃痛、胃胀等多种疾病的功能，对上腹饱胀、肠炎、胃泛酸、大便隐血、食欲不振等有较好疗效，还有恢复肝功能的作用，对慢性乙型肝炎也有一定的疗效。研究发现，猴头菇多糖具有保护胃黏膜、增强免疫力、抗肿瘤、降血糖、抗疲劳、抗氧化等功效。猴头菌素能有效促进细胞神经生长因子（NGF）的合成，是治疗阿尔茨海默病等神经功能障碍疾病的潜在药物。猴头菌酮等活性物质对阿尔茨海默病也有良好的治疗效果。

（三）栽培历史

猴头菇在我国已有2 000多年的采摘历史。明代徐光启《农政全书》已有猴头菇相关记载。猴头菇在明清时被列为贡品，是筵席中的名贵佳肴，在各大菜系中几乎都有用猴头菇烹饪的名菜。《乾隆膳席》中记载"猴头味可口，胜燕窝熊掌万万矣，长食轻身延年"；古时四川野生猴头菇较多，作为贡品每年向皇宫进贡，在清代德龄《慈禧后私生活实录》中也有关于来自四川的猴头菇记载。

我国猴头菇的人工驯化栽培始于 1959—1960 年，我国著名食用菌专家陈梅朋用组织分离法得到纯菌丝，并进行栽培获得成功。1979 年，浙江省常山县微生物厂将野生猴头菇经紫外线诱变，选育出常山 99 号猴头菌株，品种和栽培技术的改进促进我国猴头菇人工栽培快速发展。20 世纪 80 年代，河南卢氏有了猴头菇的人工大规模生产。

（四）产业现状

猴头菇栽培主要以袋栽为主，现规模化栽培主要集中在福建、黑龙江、内蒙古、浙江、江苏、四川等地区。其中以"中国猴头菇之乡"黑龙江省海林市最具代表性，2019 年，海林市猴头菇种植达到 2 亿袋，总产量分别占全省猴头菇产量的 92%、全国猴头菇产量的 60%。海林猴头菇也是"国家地理标志产品"。近年来，四川省农业科学院选育的川猴菇 1 号和川猴菇 2 号在省内会东、古蔺、叙永、内江、青川等地推广栽培，并取得了较好的效果。

猴头菇功效逐渐被发掘，市场前景广阔，以猴头菇子实体或菌丝体为原料开发的加工产品较多，市场销售的猴头菇饼干、饮料、米稀、口服液、蜜饯、酒、露、冲剂以及猴头菇片等多种食品和保健品，都深受消费者的喜爱。

二、生物学特性

（一）形态特征

猴头菇菌丝体洁白、乳白色或微黄色，菌丝生长初期稀疏，后浓密粗壮，担孢子着生于菌刺表面子实层的担子上，在显微镜下无色透明、光滑，呈球形或近球形，大小为 $(5.5 \sim 7.5)$ 微米 × $(5 \sim 6)$ 微米，内含滴油，孢子印为白色。孢子在适宜条件下萌发为菌丝。子实体呈头状或团块状，无柄，直径为 5 ~ 15 厘米，有的可达 30 厘米。子实体菌刺幼嫩时为白色，之后变为淡黄色至黄褐色。菌刺长短因品种、环境条件而异。

（二）生长发育条件

1.营养条件

（1）碳源。猴头菇菌丝能直接吸收培养基中的葡萄糖、蔗糖和有机酸等小分子含碳化合物。适宜猴头菇生产栽培的常见碳源包括木屑、棉籽壳、玉米芯、高粱壳、花生壳等。

（2）氮源。生长所需的氮素营养主要来自树木中的含氮有机物。配料需添加适量的麸皮、豆饼粉等含氮较丰富的物质。

（3）矿物质。需要适量的磷、钾、钙、镁等矿物质元素，在培养基中添加适量的过磷酸钙、磷酸二氢钾、硫酸钙、硫酸锌、碳酸钙可以提高猴头菇产量。

（4）维生素。猴头菇生长发育中维生素 B_1、维生素 B_2、维生素 B_6 等缺乏会导致菌丝生长慢，子实体生长受抑制。麸皮和米糠中已含有丰富的 B 族维生素，不必另外添加。

2.环境条件

（1）温度。猴头菇菌丝在适温25℃左右生长粗壮、洁白、浓密。温度超过28℃，菌丝生长快，但长势弱；超过30℃，菌丝生长速度减慢并逐渐死亡；低于20℃，菌丝生长速度慢但粗壮而浓密；低于6℃，菌丝停止生长。

猴头菇属于中低温出菇、变温结实型真菌，子实体生长温度范围15～20℃。温度低于15℃时，形成的子实体质地坚硬、菌刺短、个体小；低于12℃时，子实体颜色变深，呈现橘红色，商品性差；低于6℃时，子实体停止分化，低温时间过长，子实体死亡；当温度超过22℃时，形成的子实体松软、个体小、菌刺短、颜色暗、商品性差。

（2）水分。以木屑为主料的培养基含水量以55%～65%为宜；以甘蔗渣、棉籽壳为主料的培养基含水量宜为65%～75%。菌丝体生长阶段，空气相对湿度保持60%左右；子实体形成阶段，空气相对湿度要求达到85%～90%。

（3）空气。猴头菇是好气性菌类，特别是子实体生长阶段空气中CO_2的浓度不应超过0.1%，CO_2浓度过高，子实体不易分化或导致子实体畸形。

（4）光照。菌丝生长阶段不需光照，在子实体分化和生长阶段需要一定的散射光，但不宜过强。蓝光对菌丝有抑制作用，但能促进原基的分化。

猴头菇子实体膨大期需要散射光，光照度一般为200～400勒克斯，在这种散射光下，子实体膨大顺利、菌刺长、个体硕大洁白。猴头菇膨大期，菌刺具有明显的趋光性。在菌刺形成过程中，光源方向不断改变，会导致菌刺弯曲、子实体不圆整，形成畸形菇。

（5）酸碱度。菌丝在pH3.0～8.5范围内均能生长，最适pH为4.5～5.5。

三、栽培技术

（一）栽培季节

猴头菇属于中低温出菇型真菌，可春秋两季栽培。在气温比较恒定的场所如山洞、防空洞可进行周年栽培。四川地区可分秋季栽培和早春季节栽培。春季栽培时要适时早播种，前期发菌可采取辅助增温措施，促进菌丝快速发满培养基。在温室、塑料大棚等设施内栽培时，可比室外栽培提前1～2个月。可根据栽培区域气候特点，因地制宜安排生产季节。

（二）栽培模式

猴头菇可瓶栽、袋栽、覆土栽培等。瓶栽所产子实体较结实、品质好、污染率低，但生产投入大。近些年，全国各地猴头菇栽培几乎都采用熟料袋栽模式。

（三）原料及常用配方

栽培原材料来源广泛，木屑、棉籽壳、玉米芯、甘蔗渣、稻草、花生壳、豆秸、棉籽壳，以及工业生产的一些下脚料如酒糟、糖渣等都可配方栽培。原料要求干燥、新鲜、无霉变、无虫蛀。原料均需过筛，剔除小木片、短枝条、瓦砾、石头、霉变硬物等，避免装袋时刺破菌袋。

木屑以阔叶树木屑为主，含有较多芳香族物质的松、杉、柏等树种的木屑，需在室外堆置数月后混合使用。玉米芯栽培猴头菇时，应粉碎成1厘米大小的粒状物。原料配制前均应在阳光下暴晒3～5天。常用配方为：

①杂木屑73%、米糠20%、玉米粉5%、蔗糖1%、石膏1%。

②杂木屑40%、棉籽壳40%、麸皮18%、蔗糖1%、石膏1%。

③杂木屑78%、麸皮20%、石膏1%、蔗糖1%。

④棉籽壳93%、玉米粉5%、蔗糖1%、石膏1%。

⑤棉籽壳60%、杂木屑25%、麸皮13%、石膏1%、蔗糖1%。

（四）原料配制

在使用玉米芯、棉籽壳、木屑等原材料时，在装袋前一天将主料湿透，再加入辅料搅拌均匀后装袋，拌好料后使培养料含水量达到60%。粒度过细的木屑，应加入棉籽壳、玉米芯等原料改善培养基质的透气性。配制使用的水以清洁的自来水、井水为好。

（五）装袋灭菌

料袋选用规格为17厘米×33厘米×0.004厘米或12厘米×50厘米×0.005厘米的聚丙烯或聚乙烯塑料袋。一般采用机械装料。要求装料料面平整，上下均匀一致，不留空隙，料口干净。为方便接种，可在袋料中间插入打孔棒，并及时套颈环封口。每袋装干料350～500克。装好的料袋最好用周转筐装好，再置于灭菌锅或灭菌灶内灭菌。

装料应3～5小时完成，并及时灭菌。常压灭菌在98～100℃保持12～14小时，高压灭菌压力0.15兆帕，保持2～3小时。灭菌结束后在洁净环境待其自然降温至室温。

（六）接种

将灭菌后的料袋整齐放在接种室内，空气熏蒸消毒。短袋一头接种，长袋双面打穴接种，一面2穴，两面错开（图12-2）。

图12-2 接 种

（七）发菌

发菌场所使用前需清洁消毒。发菌室可安装培养架，层架一般高30～40厘米。发菌温度保持在20～25℃，室内空气相对湿度70%左右（图12-3）。要随时检查料温和菌袋间温度，防止高温烧菌。培养室内光线要暗，门窗要用黑色布遮挡。经常检查菌丝生长情况，一旦发现污染菌袋要及时拣出。

图12-3　发菌培养

（八）出菇管理

适宜条件下，经过30～35天菌丝长满菌袋，菌袋表面或接种穴出现零星原基时（图12-4），可运往出菇场所进行出菇管理。

图12-4　生理成熟的菌袋

出菇房应建立在地势较高、有利于排水、靠近水源，且周围没有仓库、养殖场、化工厂的地方。菇房应保温、通风换气良好。100米^{2}的菇房按5层摆放，可容纳8 000 ~ 10 000袋菌袋。

多采用层架式出菇（图12-5）。菌袋经过催蕾之后，将温度稳定在16 ~ 18℃。室内气温高时，要增加洒水量和加强通风进行降温；温度低时要采取中午通风、早晚覆盖的保温措施。

图12-5 层架式出菇

猴头菇子实体生长期，要根据天气情况决定浇水次数，使空气相对湿度达到90%。浇水时不能直接浇在子实体上。在菌刺停止生长后，要少浇水，适当通风。

子实体生长期需要有100 ~ 300勒克斯的散射光。出菇期加强通风换气，在子实体膨大期，每天早中晚共通风3次，每次1小时左右，通风时不要让风直接吹到菇体上，以免菇体萎缩发黄。

（九）采收

从菌蕾出现到子实体成熟一般需要10 ~ 12天。子实体成熟的标志是菇体饱满、菌刺长度适中、孢子未大量弹射，且菌袋表面有一层白色粉状物（图12-6）。

图12-6 成熟子实体

用于鲜销的产品，在子实体七八分成熟时采收；用于加工制罐头或者盐渍的，要在子实体七成熟或成熟中期采收；用于干制的产品，在子实体九成熟时采收。

（十）转潮管理

第一潮菇采收后，把菌袋表面的残柄、碎片清理干净，停止喷水3～4天。当表面菌丝发白时，增加浇水量，提高湿度。若菌袋基质水分不足，可向菌袋补水。保持温度16～22℃，空气相对湿度80%左右，经过7～10天，第二潮菇开始形成。室内出菇结束，剥去菌袋塑料膜进行覆土栽培，还可收获一批产品。

四、贮运加工

猴头菇采收后应及时烘干或盐渍。按照菇体大小、菌柄长短、朵形、刺毛长势、色泽外观进行分级。晴天可把猴头菇菌刺朝上，排列于通风透气的晒帘上，置于阳光下晾晒3～4天；然后用脱水烘干机干燥。一般每6千克的鲜菇，可烘成干品1千克（图12-7）。

图12-7 猴头菇干品

参考文献

毕韬韬, 吴广辉, 2015. 猴头菇营养价值及深加工研究进展 [J]. 食品研究与开发, 36(9): 146-148.

李鹏, 王彦鹏, 张志成, 2019. 猴头菇的历史文化溯源与食疗文化 [J]. 中国食用菌, 38(12): 112-114.

刘国强, 郭梁, 徐伟良, 等, 2018. 猴头菇活性成分的研究进展 [J]. 陕西农业科学, 64(9): 89-92.

刘建华, 等, 2007. 食用菌保鲜加工实用新技术 [M]. 北京: 中国农业出版社.

尚晓冬, 王国艳, 潘伟, 等, 2012. 猴头菌小分子活性成分研究进展 [J]. 食用菌学报, 19(1): 79-91.

杨兴美, 等, 1986. 中国食用菌栽培学 [M]. 北京: 农业出版社.

张宗蕊, 马昱, 李爽, 等, 2019. 猴头菇的营养成分及保健制品开发研究进展 [J]. 吉林医药学院学报, 40(4): 297-300.

庄海宁, 向情儒, 冯涛, 2023. 猴头菇 β - 葡聚糖促进人肠道菌群产丁酸的研究进展 [J]. 食品与生物技术学报, 42(2): 18-24.

编写人员：张春坪　何斌

杏 鲍 菇

　　杏鲍菇（图13-1）肉质肥厚脆嫩、耐贮运，因其子实体具有杏仁的香味而得名。杏鲍菇人工栽培起源于20世纪50年代的法国，早期栽培的杏鲍菇子实呈保龄球状，个头小巧，随着产业的发展，栽培品种和技术不断调整，目前市场所售的杏鲍菇子实体逐渐以呈长棒状为主。

图13-1　杏鲍菇

　　工厂化袋栽技术成熟后杏鲍菇产业发展迅速，成为我国发展最快的食用菌种类之一，目前基本没有农法栽培模式。

　　四川杏鲍菇栽培始于2000年前后，2008年在成都市郫县唐昌镇战旗村建成四川首家杏鲍菇工厂化栽培企业，杏鲍菇是四川较早实现工厂化栽培的食用菌种类之一。目前四川南充、遂宁等地杏鲍菇工厂化生产企业逐渐发展，2003年、2005年杏鲍菇新品种川选1号和川杏鲍菇2号分别通过四川省作物品种委员会审定，并在2007年通过国家认定。2022年，四川杏鲍菇产量10.22万吨，位列四川食用菌第5，是四川食用菌工厂化生产产量最高的种类。

一、概述

（一）分类地位及分布

杏鲍菇（图13-2），学名刺芹侧耳 *Pleurotus eryngii* (DC.) Quél.，又名阿魏蘑、平菇王、杏仁鲍鱼菇等，日本人称为"雪茸"，隶属担子菌门 Basidiomycota，伞菌纲 Agaricomycetes，伞菌目 Agaricales，侧耳科 Pleurotaceae，侧耳属 *Pleurotus*。野生杏鲍菇在我国主要分布于新疆。

图13-2　杏鲍菇子实体

（二）营养保健价值

1.营养价值　杏鲍菇肉质脆嫩、味道鲜美，有特殊的杏仁香味，是一种高蛋白、低脂肪和低热量的健康食品。据测定，每100克新鲜杏鲍菇含蛋白质1.3克、脂肪0.1克、碳水化合物8.3克、膳食纤维2.1克、维生素E 0.6毫克、硫胺素0.03毫克、核黄素0.14克、钾242毫克、钠3.5毫克、钙13毫克、镁9毫克、铁0.5毫克、锰0.04毫克、锌0.39毫克、铜0.06毫克、磷66毫克、硒1.8微克、烟酸3.68毫克、叶酸42.8微克。

2.保健价值　杏鲍菇含有的多糖、蛋白质、纤维素等物质，对人体有降血脂、降胆固醇、预防心血管疾病、提高免疫力、抗肿瘤、降血糖、护肝等作用。杏鲍菇多糖可使小鼠的低密度脂蛋白、极低密度脂蛋白、总胆固醇和甘油三酯水平下降，并使高密度脂蛋白水平升高。杏鲍菇多肽具有激活巨噬细胞介导的免疫应答的作用，可以促进巨噬细胞的增殖以及 TNF-α 和 IL-6 的分泌，同时可以促进 NO 和 H_2O_2 的释放。

（三）栽培历史

杏鲍菇最早在欧洲进行人工驯化栽培，20世纪90年代我国、日本、韩国也相继开展栽培研究，20世纪90年代末福建漳州从我国台湾引进相关技术开始进行工厂化栽培。

杏鲍菇在四川的栽培始于2000年前后，在郫县安德镇有菇农采用香菇栽培方式进行杏鲍菇代料栽培，在成都华阳等地也有小面积栽培。2008年，位于成都郫县唐昌镇战旗村的成都榕珍菌业有限公司建成，引进福建技术进行工厂化杏鲍菇生产并获得成功。之后在彭州、绵阳、南充、遂宁、达州、自贡等地相继涌现了一批杏鲍菇工厂化生产企业。当前杏鲍菇工厂化栽培技术成熟，截至2020年，四川省内进行杏鲍菇生产的企业较多，总计日产量达到170吨以上。

（四）产业现状

从20世纪90年代开始，我国的杏鲍菇产业发展迅速，全国各地都有杏鲍菇工厂分布，产量逐年倍增。目前杏鲍菇工厂化栽培包括瓶栽和袋栽两种模式。2020年，我国杏鲍菇产量达206.76万吨，在我国工厂化生产食用菌品类中排名第二。

国内杏鲍菇品种最早来自韩国，目前各个工厂基本都有自己系统选育的菌株。近10年，我国杏鲍菇产业发展迅猛。随着各大企业实行技术创新和改造，降低生产成本，杏鲍菇消费市场的总体趋势仍然是稳中有升，加上川渝经济圈旺盛的菇类消费需求，四川的杏鲍菇产业仍然有长足的发展空间。

二、生物学特性

（一）形态特征

杏鲍菇子实体单生或丛生（图13-3）。工厂化杏鲍菇子实体菌柄粗壮，呈棒状或保龄球状，直径可超过5厘米，长度可超过20厘米，菌盖灰褐色，近圆形，菌褶黄褐色。

图13-3　杏鲍菇子实体

（二）生长发育条件

1.营养条件

（1）碳源。杏鲍菇属于典型的木腐菌类，分解木质素和纤维素的能力很强，栽培时培养基中木屑比例较高。杏鲍菇能够利用的碳源较广，可以大量使用木屑、玉米芯、甘蔗渣等作为培养主料，新鲜木屑须经长时间日晒雨淋、堆积发酵后使用为宜。

（2）氮源。主要利用有机氮，氮源充足菌丝生长健壮有力，出菇产量才高。实际生产中杏鲍菇的培养基是典型的富营养培养基，麸皮、玉米粉和豆粕等精料的添加比例超过干料总量的40%。一般企业会购买玉米粒和原豆粕粉碎后再使用。

常用配方：木屑30%、玉米芯18%、甘蔗渣10%、麸皮20%、玉米粉10%、豆粕9.5%、石灰粉1%、轻质碳酸钙1.5%。栽培原料中已经含有丰富的矿物质和维生素，不必另外添加。

2.环境条件

（1）温度。杏鲍菇属变温结实型的中低温出菇品种。菌丝体在5～33℃都能生长，因菌株不同而有较小差异，菌丝最适生长温度在25℃左右。原基分化和子实体形成需要低温刺激，子实体生长温度以10～18℃为宜。出菇管理过程中，温度偏低子实体生长略慢，但肉质紧实、有光泽，菌盖颜色灰褐色；温度偏高子实体偏软，菌盖颜色偏黄。

（2）水分。栽培基质含水量一般控制在64%～66%，但菌袋底部不能有明显积水，基质颗粒之间要有空隙。菌袋培养室空气相对湿度控制在60%～70%，四川冬季干燥，可以在培养室地面泼洒清水增加湿度。子实体生长阶段要求前期相对干燥，中后期地面大量补水或采用迷雾系统加湿，保持出菇房90%左右的空气相对湿度，需注意观察子实体的生长是否健康，有无烂菇现象。

（3）空气。杏鲍菇属于好氧菌类。培养过程中要注意通风换气，菌袋培育阶段要求室内二氧化碳浓度在6 000毫克/米^{3}以下。出菇阶段二氧化碳浓度须分阶段调控，一般前期回菌和原基分化阶段要求氧气充足、二氧化碳浓度低，菇房二氧化碳浓度保持在3 000毫克/米^{3}以下；菌盖成形菌柄拉长阶段要求二氧化碳浓度提高，浓度保持在5 000～10 000毫克/米^3；子实体生长后期则需要根据子实体生长状态调控，依据二氧化碳浓度设置菇房通风系统（抽排风机）的启动频次和通风时长。

（4）光照。光照对于原基形成和菌盖的分化及颜色至关重要，菌盖分化的好坏直接决定子实体产量和质量的高低。一般原基分化和子实体形成需要70～100勒克斯的光照，后期生长基本上就不再需要光照，继续提供光照会导致菌盖变色、影响菌柄伸长。

（5）pH。基质pH在灭菌前应为8～9，灭菌后应稳定在6.5～7。在配料时，一般加入1%的石灰粉和1.5%的轻质碳酸钙来调节和维持酸碱度，如果原料本身差异较大，石灰和轻质碳酸钙的添加量要有所变化。

三、栽培技术

（一）栽培季节

目前我国杏鲍菇栽培不受季节限制，一年四季都可以安排生产。常见瓶栽或袋栽模式（图13-4）。

图13-4 袋栽（上）和瓶栽（下）出菇模式

（二）品种选择

我国的杏鲍菇菌株最早从日韩引进。国内消费市场主要以棒状杏鲍菇为主（图13-5），部分企业做出口，要求保龄球形子实体（图13-6），不能长得太大。国内从事杏鲍菇品种选育人员较少。

图13-5　棒状杏鲍菇

图13-6　保龄球形杏鲍菇

（三）制袋

1.原材料预处理　木屑经日晒雨淋，翻堆淋水3个月以上；甘蔗渣表面淋水至变黑、结壳不再生长链孢霉为止；玉米芯用1%～2%石灰水浸泡，吸水湿透自然沥干。

将预处理后的木屑、甘蔗渣、玉米芯3种主料按体积比6∶5∶4进行充分混合。当原材料颗粒度发生变化时，比例也要相应调整。

2.常用配方　按含水量13%的干料算，木屑+玉米芯+甘蔗渣混合料58%、麸皮20%、玉米粉10%、豆粕9.5%、石灰粉1%、轻质碳酸钙1.5%，含水量要求65%±1%，pH 8～9。

配方也可以适当调整，但麸皮、玉米粉和豆粕的比例调整不宜过大，满足持水、通透的物理特性，颗粒过粗和过细都不宜。

3.拌料　通过测算，建立体积与干料（按水量13%计）重量对应关系。根据配方，按体积将麸皮、玉米粉、豆粕、石灰粉和轻质碳酸钙倒入搅拌机内与混合料搅拌均匀，再加水送入二级搅拌罐进行水分和pH测定与微调，搅拌时间不低于25分钟。

4.装袋　一般采用冲压式装袋机，18厘米×36厘米聚丙烯折角袋，装料重量1.3～1.4千克/袋，装料高度18～19.5厘米，中心插入2.5厘米×18厘米塑料棒（图13-7）。塑料袋应紧贴培养料，颈部拉直平贴于套环内壁，不堵塞套环内孔，套环孔正对打孔棒末端，不阻碍打孔棒拔出，盖子扣紧、盖平、不歪斜、不易抖落，料袋能自然直立不倒、高矮基本一致（图13-8）。一筐12袋，不得叠压。采用自动收口的装袋机不需插打孔棒，但要注意检查中间的孔不能塌陷堵塞。

5.灭菌　采用高压灭菌，冷空气排尽后，123℃保持150～180分钟。制袋过程中，从混合料加入精料至开始灭菌的时间越短越好，一般控制在2小时内。若培养料出现异味，会影响后续的菌丝培养和出菇。

6.冷却　灭菌结束后，料袋需及时出锅冷却。工厂化生产都采用洁净度高于10万级的净化空间，防止冷却过程杂菌污染和因冷却而出现倒吸污染。冷却室要彻底打扫干净

图13-7 料袋打孔棒位置

图13-8 装袋完成的料袋

并做好消毒处理，清理卫生死角，保持清洁干燥，地面最好采用环氧树脂地坪，无人状态下通入臭氧进行空间消毒。安装强冷空调，在15小时内将料袋中心温度降到25℃以下。

（四）接种

接种前料袋中心温度不得超过25℃，避免出现局部高温。接种操作在100级层流罩下进行。戴好手套，用镊子夹取固体菌种，每更换一袋菌种，手和菌种袋表面都要用酒精喷雾消毒一次，镊子配两把，用消毒药水浸泡交替使用。使用液体菌种要注意管路和喷头的灭菌，接种量以20～25毫升/袋为宜，在制袋调节水分时要考虑扣除液体菌种的水分量。

（五）发菌

杏鲍菇能否优质高产，除了与菌种的优劣有关，关键还在于菌袋培养质量的高低。养菌过程已经基本决定了是否优质高产，也决定了出菇管理的难易程度。

发菌室控制室温23～25℃。养菌室需要设置专门的新风系统，并安装可以起预热或预冷作用的热交换器，通过制冷或加热新风可以避免夏冬两季因通新风而导致菌袋受到温差刺激。养菌室空调制冷量要按照功率750～850瓦特不超过2 000袋菌袋比例配置，蒸发器出风口要高于最上层菌袋，不得吹到菌袋上，在整个养菌室内形成循环气流。

养菌室内的菌袋叠放架不超过6米，架子之间留10厘米间隙、列与列之间留20厘米左右间距，室内单位容量不超过600袋/米^2（图13-9，图13-10）。养菌过程中室内二氧化碳

图13-9 培养架堆叠养菌

图13-10 网格架养菌

浓度控制在7 184毫克/米³以下，避免频繁通风，导致菌包受到温差刺激和积温不够。养菌室要保持黑暗，室内操作使用电筒，出风口采用拐弯设计并使用百叶或布帘。养菌过程前期菌丝下肩之前要保持养菌室干净干燥，菌丝过半即处于养菌中后期，空气干燥时可进行地面补水或雾化加湿，但一定不能产生积水。

　　18厘米×36厘米规格的杏鲍菇菌包的养菌周期为：一般固体菌种28天左右、液体菌种23天左右，菌丝满袋，菌丝满袋后需要7～10天的后熟培养，待菌包色泽略微转黄、开始发软时再移入出菇房进行出菇管理（图13-11，图13-12）。同一养菌室内的菌包接种日期最好不要超过3天。

图13-11　菌丝生长正常的菌袋

图13-12　培养成熟的菌袋剖面

（六）出菇管理

杏鲍菇属于中低温变温结实型菌类，原基扭结需要温差和机械刺激。菌袋全部入库后即将空调温度设置在15～18℃。第二天取盖子；第三天将袋口轻柔拉起形成出菇锥形空间套环锁口；第四至八天进行光照刺激，光照度70～90勒克斯（4.5米宽的菇房，3条70厘米宽走道，上方正中布置一条LED灯带）；第九天取掉套环；第十一天菇房开始通风，通风操作与具体菇房结构、布局、风机配置、菌包密度、季节及天气等有关（4.5米宽、14米长、4米高菇房，载荷12 000袋，每日通风8～12组，每组通风15～20分钟）；第十四天疏蕾；第十六天开始采菇；第十八天出菇结束；完整周期共20天（图13-13，图13-14）。

图13-13　出菇管理
a.揉袋（开袋）；b.拉环；c.拉环锥形区

图13-14　子实体生产发育
a.第六天原基分化；b.入库9天；c.入库12天；d.入库16天；e.入库17天；f.入库18天

疏蕾时，每个菌包留长势健壮的幼菇2～3个，用锋利小刀将其余幼菇从其根部与培养基接合点切除，尽量少留残桩，同时避免划伤保留的幼菇和培养基料面（图13-15）。

图13-15 疏蕾（上：疏蕾前；中：疏蕾后；下：最佳的自然分化状态）

杏鲍菇出菇管理的温度设置全国基本一致，但湿度、通风和光照等调控各个工厂都不会完全一致。参数产生的效果取决于厂房设计和设备设施的不同，具体需要根据菌袋的变化和菇的长势来调控。

我国地域辽阔，各地气候差异很大，春夏秋冬出菇管理各有不同，出菇管理主要靠技术人员的经验来管控，是整个工厂化生产过程中最需要灵活变通的环节。

四川本地春秋两季外界气候温和时培育的菌袋出菇单产最高。优质高产不仅取决于科学的出菇管理环节，还要将从原辅材料开始的各个流程环节做到最好，才会得到优质高产的结果。

（七）采摘包装

一般在第十六天左右，菇柄伸长，菌盖从球形开始平展乃至微微上翘，菌盖颜色由灰黑色变淡至灰黄色，菌褶开始变黄，手握菇体由紧实转向泡软时，即可采收。

根据市场需求进行采收。采菇前夜停止加湿或补水，保持菇体表面干燥，采收后于低温室内暂存。菇脚削好分级后，进行真空预冷，将菇心温度降到5℃以内，包装成2.5千克一袋，装入塑料筐堆叠，储存在2～4℃的冷库内。发货前再装入泡沫箱密封运输，这样鲜菇可以保存7～15天。

参考文献

黄年来，林志彬，陈国良，等，2010.中国食药用菌学[M].上海：上海科学技术文献出版社.

黄毅，2014.食用菌工厂化栽培实践[M].福州：福建科学技术出版社.

金铭，贾丽娜，刘凤仪，等，2020.杏鲍菇功能特性及其在食品中研究进展[J].粮食与油脂，33(2): 20-22.

李正鹏，2010.杏鲍菇工厂化栽培培养料理化性质研究[D].上海：上海海洋大学.

王明洋，2017.富硒杏鲍菇品质特性及其硒的化学形态研究[D].南京：南京农业大学.

编写人员：肖奎

真　姬　菇

　　真姬菇（图14-1）为离褶伞科玉蕈属真菌，有浅灰色和纯白色两个品系，产品在市场销售中被称为海鲜菇、蟹味菇、白玉菇等。真姬菇味道鲜美、口感脆嫩，有独特的蟹味香。

图14-1　真姬菇

　　目前真姬菇已栽培广泛，但菌丝培养需要较长的后熟期，栽培周期较长，为100～120天，是目前工厂化生产周期较长的食用菌种类之一。

　　我国首例食用菌菌种专利侵权案涉及的种类就是白色真姬菇，这标志着我国食用菌品种知识产权保护进入了新的阶段。2022年，四川真姬菇产量3.19万吨，位列四川食用菌第8。

一、概述

（一）分类地位

真姬菇，学名斑玉蕈 *Hypsizygus marmoreus* (Peck) H.E. Bigelow，又称玉蕈、蟹味菇、海鲜菇等，隶属担子菌门 Basidiomycota，伞菌纲 Agaricomycetes，伞菌目 Agaricales，离褶伞科 Lyophyllaceae，玉蕈属 *Hypsizygus*。

野生真姬菇在我国主要分布在四川、重庆、云南等地，多生于阔叶树腐木或枯立木上。

（二）营养保健价值

1.营养价值 真姬菇含有丰富的维生素、氨基酸、矿物质等，营养价值高，质地脆嫩，口感较好，香气独特，深受广大消费者的喜爱。每100克真姬菇子实体干品中含有粗蛋白22.3克、粗脂肪3.4克、粗纤维3.2克、多糖5.5克、灰分7.8克、氨基酸13.98克，8种人体必需氨基酸含量占整个氨基酸的37.86%。真姬菇子实体含有丰富的矿物质元素，包括对人体有益的K、Ca、Na、P、Mg等，以及人体正常生理生化代谢必不可少的微量元素如Se、Fe、Zn、Mn、Cu等。另外，真姬菇含有丰富的维生素，维生素B_2、维生素B_6、叶酸、生物素、烟酸总含量为19.36克/千克，其烟酸含量较其他食用菌要高很多。

2.保健价值 真姬菇含有丰富的多糖、黄酮类、多酚类、胆碱以及皂苷等。黄酮类化合物在抗癌抗肿瘤、抗心脑血管疾病以及免疫调节方面有重要作用；多酚类化合物具有抗肿瘤、调节免疫功能、抗衰老等多种生物活性；胆碱可以改善脂肪的吸收和利用，促进脂肪代谢，具有预防心血管疾病的作用。研究表明，真姬菇多糖对小鼠巨噬细胞有强烈的激活作用，并具有调节免疫活性和抗氧化的作用。

（三）生产现状

1972年，日本宝酒造株式会社首先成功人工栽培真姬菇，并取得了专利权。从1973年开始在日本长野县进行正式生产。20世纪80年代，真姬菇引进我国，1991年前后开始大面积推广，真姬菇产业发展十分迅速，现已成为我国食用菌工厂化生产的重要种类之一。栽培有浅灰色和纯白色两个品系，浅灰色品系称为"蟹味菇"，纯白色品系称为"白玉菇""玉龙菇"。真姬菇已经成为川渝火锅主要菜品，四川真姬菇生产企业的鲜品主要供应给四川、重庆、西安等地的各大商超和卖场。当前，真姬菇生产已较为普及。

二、生物学特性

（一）形态特征

1.菌丝体 菌丝幼时为洁白色，浓密粗壮，绒毛状，菌落边缘呈整齐绒毛状，排列紧密，气生菌丝少。菌丝老熟后色泽变浅土灰色；条件不适宜时，易产生大量分生孢子。

2.子实体 真姬菇子实体丛生，每丛15～50株，有时散生，散生时子实体数量少而菌盖大。菌盖幼时半球形，边缘内卷后逐渐平展，直径4～15厘米，近白色至灰褐色（图14-2），中央带有深色大理石状斑纹。菌褶近白色，与菌柄呈圆头状直生，密集至稍稀。菌柄长3～10厘米、粗0.3～0.6厘米，偏生或中生。

图14-2 子实体形态（左：灰褐色；右：白色）

（二）生长发育条件

1.营养条件 真姬菇是一种木生白腐真菌，对木质素、纤维素和半纤维素具有很强的分解能力。人工栽培时常选用适生树种的木屑，以及棉籽壳、豆秸粉、玉米芯等为主要原料，添加一定量的黄豆粉、玉米面、过磷酸钙、氧化钙、石灰和石膏作辅料即可满足真姬菇对营养条件的需要。

2.环境条件

（1）温度。真姬菇属于中低温生长和变温结实型菌类，菌丝生长温度范围为5～30℃，最适温度为25～30℃；原基形成温度为8～17℃，最适温度为14℃左右；子实体生长温度范围为8～22℃，最适温度为12～18℃。

（2）水分。真姬菇喜湿。培养料含水量以60%～70%为宜，菌丝生长要求空气相对湿度70%以下，子实体分化要求空气相对湿度85%～95%。

（3）光照。真姬菇菌丝生长期不需要光照，直射光照会抑制其生长。原基形成和子实体生长需要一定的光照刺激。菇蕾分化需要50～100勒克斯的光照；子实体形成后，必须有500～600勒克斯的光照，每天开日光灯10～15小时，子实体后期长大时有明显的向光性，应提供300～1 000勒克斯的光照，光照不足，会抑制菌盖发育。

（4）空气。真姬菇是好气性真菌，菌丝生长、菇蕾分化、子实体生长都需要新鲜的空气。菌丝生长阶段，培养料的木屑要粗细搭配，防止过湿，保证培养料的通透性。

一定浓度的二氧化碳对原基分化有促进作用，但浓度不能大于0.05%，适当通风，有利于原基大量形成，通风不良会导致菇蕾生长过密、发育瘦弱、柄长盖小。在原基形成后，菌株对氧气的需要急剧增加，菇蕾分化时菇房的二氧化碳浓度为0.05%～0.1%，子实体长大时菇房二氧化碳浓度为0.2%～0.4%，同时，充足的氧气有利于子实体生长。在栽培过程中，原基分化阶段需要增加二氧化碳浓度和保湿，子实体生长发育阶段则要保证有充足的氧气和适当光照。

（5）酸碱度。真姬菇菌丝在pH 4～8.5范围内都可以生长，最适pH 6.5～7.5。pH小于6或超过8，菌丝生长明显变缓，pH在9以上接种块不能萌发。

由于培养料经蒸汽灭菌pH会略有下降，但菌丝体在生长过程中会分泌一些酸性代谢产物，也会使培养料酸化。因此，在拌料时可将pH调节至7.8～8，不同的菌株对pH要求也有所差异。

三、栽培技术

（一）设施设备

真姬菇采用工厂化周年生产，生长环境一般由控制系统自动调节，机械和设施需要与产能配套，对设施、设备、栽培工艺和管理水平的要求均较高。以日产真姬菇1吨为例计算，通常接种后90天左右开始出菇，如需保证每天连续不断出菇，则需建设容纳4 000袋的发菌室20间、出菇房6间，同时须安装制冷设施、换气扇、增湿机等设备。

（二）栽培原料

1. 木屑 阔叶树和针叶树的木屑均可用于真姬菇栽培，针叶树木屑需要在室外堆积6个月以上，阔叶树木屑不宜长期在室外堆积。应注意木屑堆积发酵的程度和木屑粗细的分布。木屑要求新鲜干燥、粗细适中、无霉变，也无砂石、玻璃、金属、塑料等杂质及大块木材，过筛备用（图14-3）。

图14-3 备 料

2.**棉籽壳**　棉籽壳是栽培真姬菇很好的材料，要求材料新鲜、干燥、颗粒松散、色泽正常、无霉变、无虫蛀、无结团、无异味、无混杂物、无农药残留。

3.**麸皮、米糠和玉米芯**　玉米芯含有相当多的糖质，不仅可与木屑搭配使用，也可以单独使用，玉米芯粉含水量稳定、保水性好，是较好的木屑替代原料。不论用何种材料，原料均应新鲜、无霉变、无虫蛀、无异味。

在配制培养基时，要从营养、培养基的持水性和孔隙度等方面综合考虑，确定配方的种类和用量。栽培原料要求粗细均匀，颗粒大小以2～3毫米为宜。颗粒太大，装袋（瓶）后料内空隙大，保水能力差；颗粒过细，则装料过于紧实，通气性太差；以上两种情况都会影响发菌速度和质量。

（三）栽培常用配方

①阔叶树木屑36%、棉籽壳36%、麸皮20%、玉米粉6%、白糖1%、石膏粉1%。
②棉籽壳98%、石膏粉1%、石灰1%。
③棉籽壳40%、玉米芯50%、麸皮8%、石膏粉1%、石灰1%。

（四）制袋

一般选用规格为（15～17）厘米×（30～35）厘米×0.004厘米的低压高密度聚乙烯塑料袋。将原料混合后，加水混拌均匀，含水量控制在62%～65%。装袋要均匀，上紧下松，在中央打直径1.5厘米的孔，高温高压121℃下灭菌200分钟左右。

灭菌后需将菌袋冷却至常温，严格按照无菌操作规程接种。真姬菇菌种菌龄非常重要，应使用菌丝发满后5～10天的菌种，一般每瓶固体栽培菌种接30袋栽培种。

（五）发菌管理

接种后将菌袋搬入预先消毒的培养室，温度20～25℃，空气相对湿度70%～75%。每天通风2～4次，每次5～30分钟。培养3周后，随着菌丝量的增加，呼吸加强，要适当加强通风。发菌期不需要光照，培养35～40天，菌丝即可满袋（图14-4）。

图14-4　发菌管理

（六）后熟培养

真姬菇菌丝体发满料袋后，要进行后熟培养。真姬菇菌丝体充分生理成熟的标志是外观色泽由纯白色转为土黄色。生理成熟所需时间与后熟培养温度、通气状况、含水量和光照有关。温度高、通风好、料内pH高、含水量少、有一定的光照刺激，菌丝成熟的速度就快；反之，菌丝成熟需要的时间就长。后熟培养时间30～40天。

（七）搔菌催蕾

搔菌催蕾的关键在于掌握菌丝生理成熟度。菌袋培养成熟的标志有三方面：一是菌龄，一般工厂化生产培养至生理成熟为90～100天；二是外表，菌袋壁面起皱，有少许皱纹出现；三是基质，手捏菌袋略有松软感。达到上述标准即可进行搔菌催蕾。方法如下：

（1）搔菌方法。将菌袋口打开，用经75%酒精消毒的小钩，扒掉料面中央部位直径为3～4厘米的菌种，深1～1.5厘米。

（2）低温刺激。将菇房内温度调整到10℃左右，进行低温刺激。

（3）保湿控光。菌袋表面覆盖无纺布以保持菌袋的湿度，袋内不能有积水，但地面必须有一定积水，以保持菇房内空气相对湿度达到要求。同时保证菇房内光照度，开灯10小时，促进原基发生，并分化菇蕾（图14-5）。

图14-5 催蕾及幼菇形成

（八）出菇管理

菇蕾出现后，菇房温度为12～17℃，空气相对湿度为85%～95%，每日通风5～7次，控制二氧化碳浓度在0.2%以下，光照度为300～600勒克斯，每天白光光照10小时左右，促使菇蕾发育长大（图14-6）。当菇盖直径长至5厘米时加大水量，单次喷水以100千克/万袋为宜。根据菇体吸收程度适当增加喷水次数，保持空气相对湿度90%～95%。随着子实体的生长发育，菌柄逐渐伸长、增粗，菌盖逐渐增大呈半球形。从现蕾到采收一般需13～15天，具体时间视温度而定，温度高则加快，温度低则延期。

图14-6　幼　菇

（九）采收

当真姬菇菌盖上大理石斑纹清晰、色泽正常、形态周正、具旺盛的生长态势、菌盖未平展、孢子未喷射、最大一朵菌盖直径在2～3厘米、整丛柄长10～18厘米且粗细均匀时，应及时采收（图14-7）。采收时要双手横抓菌袋并晃动菇筒，待菇丛松动脱离料面后，再用手握住菇体基部将其整丛拔出，注意不要碰坏菌盖。真姬菇生物学效率可达80%～90%。分级包装后的真姬菇可在冷库存放、当地市场鲜销或空运出口，还可以烘干或加工成其他产品销售。

图14-7　成熟子实体

参考文献

包鸿慧，候风蒙，周睿，等，2013.真姬菇多糖HMP的分子特性及抗癌、免疫活性[J].食品科技，38(6): 205-209.

黄年来，2000.栽培真姬菇的日本技术[J].中国食用菌，19(5): 22-24.

聂莹，李淑英，丁洋，等，2016.真姬菇子实体多糖结构特性及抗氧化活性研究[J].中国食品学报，16(11): 55-61.

王耀松，邢增涛，冯志勇，等，2006.真姬菇营养成分的测定与分析[J].菌物研究，4(4): 33-37.

编写人员：梁勤　蒋芳

第二篇

覆土栽培食用菌

双 孢 蘑 菇

　　双孢蘑菇（图15-1）人工栽培源于法国，国内学术界曾经一度认为中国缺少野生双孢蘑菇资源，1999年3月，四川省农业科学院王波首次报道了在海拔3 500米的高原草甸上发现野生双孢蘑菇，并采集到白色和浅棕色双孢蘑菇野生资源，之后四川省农业科学院与福建省农业科学院王泽生研究团队对中国野生双孢蘑菇种质资源分布进行了系统的采集、鉴定与评价，证明了中国也是双孢蘑菇遗传多样性中心之一，纠正了中国双孢蘑菇野生种质资源缺乏的传统认知。2011年，四川省第一个双孢蘑菇新品种川蘑菇1号通过四川省作物品种委员会的审定，之后四川省农业科学院、四川农业大学等机构先后育成新品种，为我国双孢蘑菇种质资源的发掘利用作出积极的贡献。

图15-1　双孢蘑菇

　　20世纪60年代，四川就有双孢蘑菇的栽培，主要用于制作蘑菇罐头并出口，1990年前后，四川双孢蘑菇栽培曾风靡一时。早期四川双孢蘑菇的栽培主要采用大田栽培模式，2000年前后，四川大邑等地曾短暂引进当时福建模式，建设永久式菇房进行栽培，大邑县韩场镇是当时西南地区重要的双孢蘑菇生产地和集散地。2008年，四川西充建设了四川第一家双孢蘑菇工厂。

一、概述

（一）分类地位

双孢蘑菇*Agaricus bisporus*（J.E. Lange）Imbach，又称白蘑菇、蘑菇、洋蘑菇，隶属担子菌门Basidiomycota，伞菌纲Agaricomycetes，伞菌目Agaricales，伞菌科Agaricaceae，蘑菇属*Agaricus*。

野生双孢蘑菇广泛分布于欧洲、北美洲、亚洲的温带地区（图15-2）。在中国，野生双孢蘑菇从北方辽宁、内蒙古，到西南的云南、四川和西藏都有分布。在四川，野生双孢蘑菇主要生存在川西高原草甸上。

双孢蘑菇是世界上栽培最广泛的一种草腐食用菌。依据菌盖颜色可分为白色种（又称夏威夷种）、奶白色种（又称哥伦比亚种）和棕色种（又称波希米亚种），三者在栽培习性、生产性能、产品品质上均有不同，其中以白色种栽培最为广泛。

图15-2　野生双孢蘑菇

（二）营养保健价值

1.营养价值　双孢蘑菇具有较高的营养价值，肉质细嫩，享有"植物肉""素中之荤"等美誉，在国际上深受消费者喜爱。每100克双孢蘑菇干品中约含粗蛋白37.86克、粗脂肪1.5克、多糖3.38克、纤维素7.86克、磷700毫克、钙150毫克、铁42毫克。双孢蘑菇还含有多种氨基酸、核苷酸、维生素B_1、维生素B_2、维生素C、烟酸以及维生素D原等，其中，所含的8种人体必需氨基酸含量占氨基酸总量的42.30%，必需氨基酸与非必需氨基酸比值为0.73。此外，双孢蘑菇还含有丰富的超氧化物歧化酶（SOD）和核苷酸类物质。

2.保健价值　《全国中草药汇编》中记载双孢蘑菇味甘平，有提神、消食、平肝阳等作用，对于镇痛、关节炎等疾病也有一定的疗效，其所含的酪氨酶可降低血压，双孢蘑

菇多糖可与巯基结合，抑制脱氧核糖核酸合成，从而抑制肿瘤细胞活性。有研究显示，长期食用双孢蘑菇还具有降低血糖、血压和胆固醇的作用，市售用于治疗肝炎的辅助药物中，有的就含有双孢蘑菇浸出液。

（三）栽培历史

双孢蘑菇的栽培始于法国。1605年法国农学家坎坦西（La Quintinic）在草堆上栽培出了白蘑菇。1902年达格尔（B.M. Duggar）用组织培养法制作纯菌种获得成功，双孢蘑菇的生产进入了人工栽培的新阶段。第二次世界大战以后，双孢蘑菇的生产发展十分迅速，1960年世界年产量为13.6万吨，1986年已逾120万吨，主要生产国有美国、中国、法国、英国、荷兰等。

中国双孢蘑菇栽培始于1935年的上海，以后陆续推广到江苏、浙江、福建等地，其中福建因具有较好的气候条件，冬季可连续栽培，双孢蘑菇产量高，发展迅速。1992年，福建省轻工业研究所王泽生选育出As2796，该菌株高产、优质、广适性，很快在全国推广。麦粒种的使用、棉籽壳种代替粪草种、二次发酵的应用、合成培养料、增温发酵剂、用河泥砻糠土代替粗细土粒覆土等技术使双孢蘑菇产量逐步提高。

20世纪60年代，四川开始双孢蘑菇的栽培，主要用于制罐出口。栽培方式是以稻草为主料，牛粪、石灰和石膏为辅料的田间一次简单发酵的大田栽培（图15-3）。2003年，四川省国有资产投资管理公司和福建裕隆集团在四川大邑建立兰田公司，开始推广福建漳州模式菇房的层架栽培模式（图15-4）。2008年，西充县建设了四川第一家双孢蘑菇工厂——四川宏森有机农业食品有限责任公司，采用培养料二次发酵法室内生产双孢蘑菇。2012年，大邑县蔡场镇引进福建技术，建立了双孢蘑菇厂成都市富瑞达生物技术有限公司。

图15-3　四川早期大田双孢蘑菇栽培

2001—2004年，四川、福建等食用菌研究机构合作，首次发现我国西藏、四川、青海等地存在丰富的双孢蘑菇野生种质资源。王波等人先后从西藏（1999年）和四川稻城（2007年）采集到白色和浅棕色双孢蘑菇野生资源。四川省农业科学院土壤肥料研究所以As2796和F56为亲本通过配对杂交获得杂交种F_1代，从自交的F_2代菌株中筛选出川蘑菇1号和川蘑菇2号。四川农业大学张小平等采用优质低产的Ag56菌株和高产低质的浙农1号菌株为亲本，选育出优良菌株川农蘑菇1号，该菌株子实体白色，菌盖圆形、光滑，菌柄短而粗壮，不易破膜开伞。田鸿等人用Co-γ射线辐射双孢蘑菇As2796子实体的担孢子，选育出适宜四川平坝丘陵水稻产区栽培的川农蘑菇3号，丰富了我国具有自主知识产权的双孢蘑菇种质资源库。

图15-4　四川早期层架双孢蘑菇栽培（福建漳州模式）

（四）产业现状

双孢蘑菇是世界性栽培的食用菌品种。荷兰是双孢蘑菇栽培技术最发达的国家之一，机械代替人工，产品优质，生产高效，周年均衡供应，其双孢蘑菇发展已经从劳动密集型产业跨入了规模化、机械化、智能化的发展道路。波兰是欧洲最大的双孢蘑菇生产国，其出口量占欧盟国家总出口量的一半以上。2020年，美国双孢蘑菇销量创历史新高，6月和8月首次超过了8 000万磅（约3 628万千克）。

目前我国双孢蘑菇的生产以工厂化为主，仅在部分地区保留了农法栽培模式。2022年，我国双孢蘑菇产量达157万吨。随着工厂化栽培技术的发展，传统栽培模式在四川也逐渐被淘汰。

二、生物学特性

（一）形态特征

显微镜下孢子椭圆形或长椭圆形，光滑，透明。孢子印暗紫色，大小（6～8.5）微米×（5～6）微米。一个成熟的子实体可产生几千亿个担孢子。

双孢蘑菇菌丝体白色绵绒状，菌丝为长管状，每个细胞有隔膜分开，无锁状联合，菌丝分枝。不同菌株的菌丝形态存在差异，生产上根据气生菌丝体的生长情况将其分为贴生型、半匍匐型和气生型。

子实体初期菌盖为半球形，后平展，直径5~12厘米，白色光滑，略干，渐变黄色，边缘内卷（图15-5a）。菌肉白色肥厚，伤后略变淡红褐色（图15-5b）；菌褶初为白色，后变粉红色、成熟后变褐色至黑褐色，密集，不等长（图15-5c）；菌柄近圆柱形，基部稍膨大，长4.5~9厘米、粗1.5~3.5厘米，白色光滑，具丝光，内部松软或中实（图15-5d）；菌膜着生在菌盖和菌柄之间，起保护菌褶的作用，单层，白色，膜质，菌盖展开后脱落。担子上着生2个担孢子，也有1个、3个和4个。

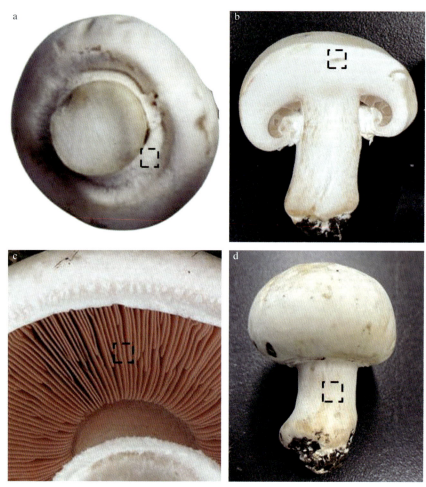

图15-5　双孢蘑菇子实体
a：菌盖（虚线框为菌膜）；b：菌肉；c：菌褶；d：菌柄

（二）生长发育条件

1.营养条件

（1）碳源。双孢蘑菇是草腐菌，能很好地利用多种草本植物秸秆，如稻草、麦秸、玉米秸、玉米芯等，但是这些材料需要经发酵腐熟才能用于生产。

（2）氮源。菌丝不能利用硝态氮，能利用铵态氮和有机氮，如尿素、硫酸铵、蛋白质和氨基酸。

（3）矿质元素。双孢蘑菇生长需要较大量的钙、磷、钾、硫等矿质元素，因此培养料中常加有一定量的石膏、石灰、过磷酸钙、草木灰、硫酸铵等。

（4）生长因子。生长素、维生素等对双孢蘑菇生长发育有重要的作用。一般在培养料及微生物的代谢活动中得到。

2.环境条件

（1）温度。菌丝可在5～33℃生长，最适生长温度22～24℃，高温致死温度为34～35℃；子实体生长温度为4～23℃，最适生长温度为13～16℃，高于19℃子实体生长快，菇柄细长，肉质疏松，伞小而薄，且易开伞，低于12℃时，子实体生长减慢，敦实，菇体大，菌盖大而厚，组织紧密，品质好，不易开伞。子实体发育期对温度非常敏感，菇蕾形成至幼菇期高温会造成大量死亡。

（2）水分和湿度。菌丝生长阶段培养料含水量以60%～63%为宜；子实体生长阶段培养料含水量则以65%左右为好。覆土含水量为50%左右。不同发菌方式要求空气相对湿度不同。传统菇房栽培开放式发菌要求相对高的湿度，达80%～85%，否则培养料表面干燥，菌丝不能向上生长；薄膜覆盖发菌则要求相对低一些的湿度如75%以下，否则易生杂菌污染。子实体生长发育期要求有较高的空气相对湿度，一般为85%～90%，但如长时间高于95%，极易发生病害和喜湿杂菌的危害。

（3）酸碱度（pH）。双孢蘑菇较喜碱性，在pH7.0左右生长最好。在栽培实践中，考虑到杂菌的控制和生长代谢会产生大量有机酸，故培养料和覆土的酸碱度可调至7.5～8.0。

（4）空气。双孢蘑菇是好氧真菌，播种前必须排除发酵料中的二氧化碳和其他废气。在菌丝体生长期间CO_2还会自然积累，其间CO_2浓度以0.1%～0.5%为宜。子实体生长发育要求有充足的氧气，通风良好，CO_2浓度应控制在0.1%以下。

（5）光照。双孢蘑菇菌丝体和子实体的生长都不需要光，在光照过多的环境下菌盖易发黄，影响商品的质量，栽培的各个阶段都要注意控制光照。

（6）土壤。双孢蘑菇与其他多数食用菌不同，其子实体的形成不但需要适宜的温度、湿度、通风等环境条件，还需要土壤中某些化学因子和生物因子的刺激，故出菇需要覆土。

三、栽培技术

双孢蘑菇的栽培历史较长，栽培技术也在不断地创新。大体包括农法栽培模式和工厂化栽培模式。

（一）农法栽培模式

本节此处主要介绍四川传统双孢蘑菇栽培方式。

1.栽培季节
双孢蘑菇的子实体发育适温为13～16℃，适宜春秋两季栽培。秋季出菇时间较长，可持续到第二年春季结束。

以秋季生产为例，其栽培过程包括原料准备、原料配制、建堆发酵、播种发菌、覆土出菇等，整个栽培周期120 ～ 150天。一般5月制作母种，6—7月生产原种，8—9月制栽培种，9月至10月中旬准备培养料和田间堆置发酵，10月中旬播种，12月开始采收。秋季栽培模式播种后气温逐渐下降，自然条件基本能满足双孢蘑菇自身的生长。

春季栽培则在2月上旬开始播种，4—5月可收获。

2. 栽培品种　我国现有的双孢蘑菇的栽培品种，依据子实体颜色可分为白色、棕色和奶白色3个品系（图15-6）。白色品系在世界各国广泛栽培，近年来由于棕色品种菇味浓厚，栽培面积有所增加。

图15-6　白色（左）和奶白色（右）品种

3. 栽培料准备　双孢蘑菇的栽培原料需要经过堆积发酵腐熟后才能用于生产。发酵质量的好坏直接与产量和栽培效益的高低相关。栽培料的准备包括以下几个步骤：

（1）备料。栽培料分为主料和辅料。主料通常指稻草、麦秸、玉米秸秆等，以稻草最优；主料需要碾破或者切碎后使用，生产上也可用菌渣做主料。辅料主要是指畜禽粪、菜籽饼粉、米糠、尿素、石膏、碳酸钙、过磷酸钙等。

（2）培养料配方。生产常用的配方有以下5种。以栽培面积计算，每平方米需培养料15 ～ 20千克：

配方①：稻草500千克、菜籽饼粉50千克、米糠50千克、过磷酸钙15千克、尿素10千克、石灰25千克、石膏或碳酸钙15千克。

配方②：稻草1 500千克、菜籽饼粉100千克、尿素20千克、过磷酸钙50千克、石灰40千克、石膏灰或碳酸钙50千克、米糠50千克、家畜粪水1 500千克。

配方③：稻草400千克、家畜粪水500千克、菜籽饼粉20千克、尿素6千克、复合肥6千克、过磷酸钙10千克、石灰15千克、石膏灰或碳酸钙15千克。

配方④：稻草2 000千克、干牛粪1 300千克、菜籽饼粉80千克、尿素30千克、过磷酸钙30千克、碳酸钙40千克、石灰50千克、碳酸氢铵30千克、石灰粉50千克。

配方⑤：麦秸470千克、干牛粪470千克、过磷酸钙20千克、石膏20千克、尿素10千克，石灰10千克。

4. 培养料发酵　在发酵过程中，微生物可将培养料中的营养物质降解为菌丝易于吸收的物质；同时堆温升高，可杀死培养料中的部分害虫和杂菌。

培养料的堆积发酵分为一次发酵技术和二次发酵技术,四川早期大田栽培主要采用一次发酵技术,方法简单但产量较低,主要包括培养料的预堆(预湿)、建堆和翻堆三个步骤(图15-7)。具体过程为:

(1)预堆。将稻草等主料切碎后,放入水池浸湿或直接喷水,保持2~3天,保证草料吸水湿透。

(2)建堆。将草料在地上平铺一层后,撒上辅料,按照一层草料一层辅料进行建堆,建堆后用塑料薄膜覆盖,保温保湿发酵7天。

(3)翻堆。将料堆表面的栽培料翻进料堆内部。建堆后6~7天,堆内温度达70~80℃后进行第一次翻堆;堆积发酵5天左右,当温度达到70℃以上,可进行第二次翻堆;发酵5~6天后进行第三次翻堆。

发酵结束后,秸秆应呈咖啡色,一拉即断,并有弹性;含水量65%~70%,用手握可见水,但无水滴,pH7.5~8.0;培养料疏松,不黏结成团,无臭味。

原料预湿

拌料

翻堆

图15-7 培养料堆置发酵

5.铺料播种 准备好菌种和栽培料以后，可采用不同的栽培模式如田间栽培、菇房层架栽培等进行栽培（图15-8）。

图15-8 田间栽培（左）和室内菇房栽培（右）

将发酵好的栽培料抖松散后平铺在层架或畦面上，散热降温，使气温维持在25℃左右，同时排除料内的氨气。上料铺料厚13～20厘米，铺料厚度与子实体产量密切相关。播种方法包括穴播法、条播法、撒播法和混播法。

6.菌丝培养 播种后注意保温保湿，温度控制在22～26℃，空气相对湿度为70%～80%。播种1～2天菌丝开始萌发，当菌丝长入培养料一半时，可松动培养料，增加通气性，及时清理病虫杂菌。

7.覆土 14～20天菌丝长满料面，即开始覆土3～4厘米。土壤中的微生物对菌丝从营养生长向生殖生长的转变具有促进作用。覆土材料以轻壤土较好，应具有较好的吸水性和保水性，一般可用稻田土、塘泥、河泥、菜园土、冲积土壤等。覆土后的管理主要是温度和湿度的管理。

8.出菇管理与采收 覆土后7～10天，扒开泥土可见菌丝已经长至土层，颜色洁白，生长旺盛。此时可喷一次较重的结菇水（3～4千克/米^2）刺激子实体形成，以勤喷、少量、多次的方法完成，使土变软。以后每次喷0.7～0.8千克/米^2，使土壤含水量在20%左右，培养料含水量60%～65%，空气相对湿度为80%～85%，加强通风，温度降至18℃，促进菇蕾形成。子实体七八分成熟即可采收（图15-9）。

9.常见病虫害与防控方法 双孢蘑菇菌丝和子实体生长阶段均可能遭受病虫害的侵染（图15-10）。菌丝生长阶段主要有木霉、白色石膏霉、褐色石膏霉等病害，子实体易感病害有褐腐病、湿腐病、细菌性褐斑病和蘑菇病毒病。害虫主要有蘑菇瘿蚊、菇蚊、多种螨类，以及线虫。

防控方法主要包括：选用优质、抗逆性强的菌种；发菌出菇环境要进行合理消毒，堆积发酵要彻底，发现污染菌应及时清除并处理，适当的时候可用一些物理措施和化学方法杀灭病虫害。

图 15-9　采　收

图 15-10　双孢蘑菇菌丝体生长阶段常见病害

（二）工厂化栽培模式

工业化生产能够全年不间断供货，采用封闭、相对洁净和可控的生长环境，将病菌、虫害隔离，从源头上避免了病虫侵害，确保了食品安全。目前双孢蘑菇工厂化栽培技术已有了较大的发展，从2014年起，国内一些企业开始采用三次发酵技术栽培双孢蘑菇。本节此处重点介绍四川二次发酵技术。

工厂化栽培时栽培原料需经过前处理，具体流程如图15-11。

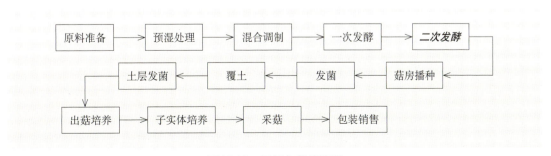

图 15-11　工厂化栽培流程

1.**二次发酵** 二次发酵是双孢蘑菇种植的重要环节，发酵的质量会直接影响最终的产量和效益。二次发酵分为床架式发酵和隧道发酵，这两种发酵方式存在较大的差异。以床架式发酵为例，二次发酵一般进行6～8天，一次发酵的培养料上架后封闭门窗，第二天开始用蒸汽加热，使空间及料温上升到60～65℃，维持12～24小时，该阶段称为巴氏消毒阶段。停止加热后即开始控温发酵阶段，通过开关菇房门窗控制通风量，让培养料的温度在6～12小时降到52～54℃，第二天50～52℃，第三天48～50℃，并保持4～6天。如果培养料中有氨气，则可将第三天的温度降至45～48℃，加大菇房通风量，直至无氨气后继续降温至23～25℃，即可准备开始播种。巴氏消毒阶段需保证空间温度达60℃以上，而控温发酵阶段则重点关注料温。二次发酵培养料一般为棕褐色，秸秆富有弹性，无臭味、氨味等其他异味，营养成分含量得到很大提高，可增产20%～40%。

2.**上料及发菌管理** 根据培养料的实际情况调节上料的厚度，采用机器上料。上料床面要平整无断节，厚度一致，上料密度均匀。同时把菌种均匀播在培养料中，料温控制在24～27℃；空气相对湿度控制在90%左右，14天左右可发好菌（图15-12）。

图15-12 覆土前菌丝

3.**覆土配制及管理** 草炭土透气性好，持水率高，是目前最好的覆土材料，草炭土要和石灰（1.5%～2.0%）、沙子（15%～18%）混合均匀后用石灰水调节pH在7.5～8.0，含水量60%～65%，用塑料布覆盖消毒2～5天。把土均匀覆到床面上，厚度3.5～4厘米。覆土后环境温度23～26℃，料温25～28℃，2～3天后看到菌丝"吃土"时，便可喷水。前期喷水要足，防止覆土下层菌丝生长过旺致使土层板结。一般6天菌丝基本长好，把水加至其最大含水量，准备出菇。

4.**出菇管理** 出菇期料温降到17～19℃，环境温度16℃，空气相对湿度保持在90%～92%；二氧化碳含量低于1 437毫克/米³。降温的同时根据覆土的干湿程度，每平方米加2～3升水，根据外界温度调整新鲜空气进入量和循环量。随着子实体的生长，降低菇房空气相对湿度至80%～85%，子实体长到黄豆粒大小开始加水，根据覆土干湿度决定加水量，随着蘑菇的生长增多加水量。一般每潮菇从出菇到采收结束需要10天（图15-13）。3潮菇结束后，提高料温至70℃杀菌10小时，温度降下后就用撤料设备把废料撤出。

5.采菇 采菇时须严格按照"一压、二拧、三提起"的原则操作，禁止手抓多个菇柄而带出大块覆土。采菇工及其衣服在上下班时须认真消毒。菇柄留5～10毫米；菇柄切面须垂直；床面清理时不留小菇、烂菇、老菇、开伞菇及菇根等杂物，床面深洞应填平。

工厂化栽培过程中，播种到菌丝布满培养料需13～15天，覆土到出菇需20天左右，一个栽培周期55～65天。

图15-13 工厂化栽培出菇

四、贮藏与加工

双孢蘑菇子实体水分占其重量的90%以上，易受潮、霉变、虫蛀及变色，应将其贮藏于干净、阴凉、温湿度较低的场所，并及时销售。初级加工方式主要包括盐渍、酸渍、速冻加工、冻藏等。

参考文献

上海市农业科学院食用菌研究所，1991.中国食用菌志[M].北京：中国林业出版社.

王波，2002.野生双孢蘑菇形态特征及出菇验证[J].中国食用菌(1): 37.

王波，郭勇，鲜灵，2013.一种野生蘑菇的鉴定[J].西南农业学报，26(2): 672-675.

王波，朱华高，2003.彩色图解双孢蘑菇田间栽培新技术[M].成都：四川科学技术出版社.

王尚堃，刘鸿，李可凡，2006.双孢蘑菇菇房床架式高产栽培技术[J].食用菌(5): 37-38.

吴素玲，孙晓明，王波，等，2006.双孢蘑菇子实体营养成分分析[J].中国野生植物资源，25(2): 47-48.

Jeong SC, Jeong YT, Yang BK, et al., 2010.White button mushroom (*Agaricus bisporus*) lowers blood glucose and cholesterol levels in diabetic and hypercholesterolemic rats[J]. Nutrition Research, 30(1): 49-56.

编写人员：向泉桔 陈强 辜运富 肖奎

竹 荪

四川是我国最早进行竹荪（图16-1）生产栽培和研究的地区，四川长宁县黄文培先生在1984年就成立了竹荪研究所，组建竹荪协会，1986年首次在室内用楠竹筐做容器，生料栽培长裙竹荪获得成功，1997年四川省第一个通过审定的食用菌品种就是竹荪"林海1号"。1990年四川省农业科学院童云霞、谭伟等"野外林间代料栽培竹荪研究"成果获得四川省科学技术进步三等奖。

四川竹荪人工栽培久负盛名，长宁县是"中国长裙竹荪之乡"，"青川竹荪"和"长宁竹荪"是国家地理标志保护产品，已发展为当地极具特色的食用菌产业。2022年，四川竹荪产量2.76万吨，位居四川食用菌产量第9。

图16-1 竹 荪

一、概述

（一）分类地位

竹荪 *Phallus* spp.，又被称为竹参、面纱菌、竹笙等，隶属担子菌门 Basidiomycota，伞菌纲 Agaricomycetes，鬼笔目 Phallales，鬼笔科 Phallaceae。四川栽培的竹荪主要有长裙竹荪 *Phallus indusiatus* Vent.、红托竹荪 *Phallus echinovolvatus*（M. Zang，D.R. Zheng & Z.X. Hu）Kreisel 等。

长裙竹荪在我国竹产区广泛分布，四川长宁是其最主要的分布区域之一，长宁长裙竹荪是国家地理标志产品。

（二）营养保健价值

1.营养价值　竹荪营养丰富、味道鲜美、香味浓郁，有"真菌皇后""雪裙仙子""山珍之王"的美誉，古为帝王贡品。《本草纲目》中记载竹荪"可治一切白痢，杀三虫毒邪气，破老血"，具有极高的营养和药用价值。每100克竹荪子实体干品中含蛋白质35.9克、脂肪2.1克、总糖40.5克、多糖0.6克、不溶性膳食纤维9.0克。竹荪中所含人体必需氨基酸占总氨基酸含量的1/3以上，超过谷物与一些肉类，其中谷氨酸含量尤其丰富，占氨基酸总量的17.0%以上。竹荪还富含多种维生素，如维生素 B_1、维生素 B_2、维生素 B_6 以及维生素A、D、E、K等，其中，维生素 B_2（核黄素）含量较高，在长裙竹荪干品中每100克可含5.36微克，在红托竹荪干品中每100克可含 2.14微克。竹荪还含铁、锌、硒、铜、锰等人体所必需的多种微量元素。

2.保健价值　竹荪具有高蛋白、低脂肪的特点，含有8种人体必需氨基酸在内的21种氨基酸和丰富的微量元素。具有补肾、明目、润肺、降压降脂、抗肿瘤、抗衰老、增强免疫、抑菌等辅助功能。有研究表明，竹荪提取物具有抑制小鼠肉瘤S-180生长和清除超氧阴离子自由基作用，对于增强人体免疫水平、预防和抑制肿瘤细胞生长、强身健体都具有积极意义。

（三）野生竹荪分布及其栽培历史

野生竹荪主要分布于北半球的温带到亚热带地区，在自然界多见于竹林。我国多数省份都有野生竹荪生长，其在四川、贵州、广东、福建、江西等南方各省分布较广，品质较优。

我国食用竹荪的历史已有1 000余年。唐代段成式的《酉阳杂俎》较详细地记载"梁简文延香园。大同十年（544年）竹林吐芝，长八寸，头盖似鸡头实，黑色，其柄似藕柄，内通干空，皮质皆洁白，根下微红……"；南宋陈仁玉撰写的《菌谱》记载"竹菌，生竹根，味极甘"；以及《本草纲目》中谓"竹菰"均指竹荪。

清《素食说略》记载"竹松，或作竹荪，出四川"，是最早定名为"竹荪"的描述。四川长宁县是四川最早种植竹荪的区域之一，1984年就成立了竹荪研究所，组建竹荪协会。1986年宜宾市长宁县国有林场黄文培等首次在室内用楠竹筐做容器，生料栽培长裙竹荪获得成功。1990年四川省农业科学院童云霞、谭伟等"野外林间代料栽培竹荪研究"成果获得四川省科学技术进步三等奖。1996年，广元市青川县开始试种植竹荪。2009年四川省珙县被中国高科食品产业委员会授予"中国竹荪之乡"称号；2014年四川省长宁县被中国食用菌协会授予"中国长裙竹荪之乡"称号。2012、2016年"青川竹荪"和"长宁竹荪"（长宁长裙竹荪）分别获得国家地理标志保护产品称号。

（四）产业现状

西南地区是我国竹荪主产区，主要栽培种类为长裙竹荪、短裙竹荪、棘托竹荪和红托竹荪。四川主要栽培种类为长裙竹荪、短裙竹荪、棘托竹荪，以生料栽培为主，主要分布在川南地区的长宁及川东北地区的青川等地。

　　川南地区海拔较低，年均温度较高，一般选择抗逆性较好的长裙竹荪和棘托竹荪，两个品种搭配可以实现周年栽培；广元青川等地区海拔较高，年均温度较低，一般选择短裙竹荪、红托竹荪等品种。川南地区长宁等地采用竹屑栽培长裙竹荪和棘托竹荪；青川主要采用斑竹、慈竹、楠竹片栽培短裙竹荪，也栽培少量棘托竹荪。

　　当前竹荪加工还较粗放，长裙竹荪初加工产品有竹荪、竹毛肚，棘托竹荪初加工产品有竹荪、梦荪、竹荪蛋罐头、竹荪蛋片、竹胎儿、竹胎盘等。青川等地已开发出竹荪精、竹荪酒、竹荪茶、竹荪面条等精深加工产品。

二、生物学特性

（一）形态特征

　　竹荪菌丝初期绒毛状，白色，多分枝，后期密集、膨大交错形成菌丝束，一定条件下形成绳状的菌索，在菌索前端膨大形成原基，红托竹荪和短裙竹荪菌丝在强光或机械损伤后变为红色。

　　菌蕾由原基分化而成，又称菌球、菌蛋，初期圆形，后长卵形。子实体由菌盖、菌柄、菌托和菌裙4个部分组成。菌盖呈圆锥形或弹头形，白色或墨绿色，表面多角形网架；菌柄为海绵柱状，中空质脆，白色；菌托为竹荪破皮后留下的蛋皮，包裹着菌柄基部；菌裙呈网状，白色，网眼呈圆形、椭圆形、多角形等，子实体成熟时，菌裙从菌盖下面撒落，垂如裙状（图16-2至图16-5）。孢子在显微镜下呈椭圆形或短柱形、长卵形，无色透明，表面光滑。孢子印呈深黑色、灰色或墨绿色。

图16-2　长裙竹荪

图16-3　棘托竹荪

图16-4　短裙竹荪

图16-5　红托竹荪

（二）生长发育条件

1.营养 竹荪为木腐菌。栽培时以含纤维素、木质素丰富的竹屑、木屑等为碳源，以尿素、麸皮、玉米粉等为氮源。生长发育需要一定量的磷、硫、钾、钙、镁等矿质元素，可从培养基中获得，不需另外添加。

2.温度 长裙竹荪、短裙竹荪和红托竹荪属中温出菇类型，菌丝最适生长温度为20～23℃，低于16℃或高于36℃生长缓慢。子实体最适生长温度在22℃左右，高于28℃生长势弱，甚至死亡，低于15℃发育减慢，出现萎缩或畸形。棘托竹荪为中高温出菇类型，菌丝培养温度以22～28℃为宜，子实体生长阶段温度以28～33℃为宜。

3.湿度 培养基含水量以60%～70%为宜，低于50%菌丝生长受阻，低于30%则菌丝死亡。覆土材料以富含腐殖质、持水性和透气性俱佳的沙壤土为宜。覆土层土壤含水量25%左右，以手捏能扁，手搓能圆，不沾手为宜。子实体形成和发育要求高湿环境，菌蕾分化发育空气相对湿度需要80%以上，子实体破壳伸出菌盖和菌柄空气相对湿度需要85%以上，菌裙撒开则要求空气相对湿度达到94%以上。

4.光照 菌丝体生长和原基形成不需要光照，原基分化、菌蕾和子实体生长需要100～300勒克斯的散射光，菌柄伸长和菌裙展开需要一定的散射光。

5.空气 竹荪是好气性真菌，菌丝体、菌蕾及子实体发育都须有清新空气，CO_2浓度宜为0.10%～0.15%，当浓度超过0.2%时，菌丝生长明显受阻，甚至死亡。

6.酸碱度 竹荪喜微酸环境，菌丝体生长的最适pH为5～6，pH＞8时生长减缓；子实体生长发育pH以4.5～5.5为宜。

三、主要栽培模式

竹荪栽培按照设施化程度可以分为平棚栽培模式与层架式栽培模式；按照培养料处理方式可分为熟料栽培、发酵料栽培和生料栽培；可在水稻田、旱地进行竹荪净作，也可在玉米地间作或在林地套种竹荪；不同的生产方式各有优劣（图16-6至图16-9）。

图16-6　层架式栽培模式

图 16-7　平棚生料栽培模式

图 16-8　玉米套种棘托竹荪

图 16-9　林下栽培竹荪

平棚生料栽培模式为当前主要栽培模式，具有投资成本较低、技术简单、产量高、病虫害发生少等优势。

以生料栽培为例，主要分为4个阶段：准备阶段、播种覆土阶段、大田管理阶段和采收加工阶段，具体如图16-10所示。

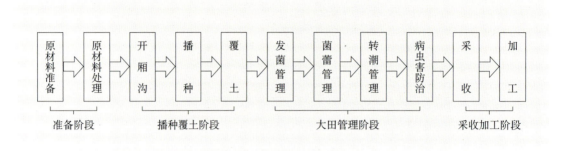

图16-10　竹荪栽培技术流程

四、栽培技术

（一）长裙竹荪

1.栽培场地选择　应选择交通便利、水源清洁、能排能灌，向阳开阔、土壤腐殖质含量高、没有被工农业和城市生活垃圾污染过的地块。选择土壤肥沃，腐殖层厚的旱地、水稻田或林地，以透气性和保水性俱佳的沙壤土最佳。

竹荪连作障碍现象显著，尽可能不选择种植过竹荪的地块。若用稻田种植竹荪，水稻收割后应及时去除稻桩翻土，土粒大小以1～3厘米为宜。

2.栽培季节　长裙竹荪为中温型品种，出菇温度以20～28℃为宜。川南地区长裙竹荪一般是3—5月开始制作栽培种，9月中旬至10月中旬播种，翌年3月中下旬至5月出菇。

3.原料准备与处理　因地制宜选择新鲜、无霉变、无腐朽的竹屑、木屑、农作物秸秆等农作物副产物为主要原材料，其中以纯竹屑栽培最佳（图16-11）。常用配方为竹屑98%、石灰2%，每亩纯干竹屑用量为3吨左右。

长裙竹荪以生料栽培为主，竹屑不能长期堆沤发酵，新鲜竹屑需用石灰水软化纤维。播种前半个月左右，用石灰水将竹屑充分预湿，每吨竹屑用石灰10～20千克，兑清水2吨左右。竹屑预湿时间为7天左右，需用清水淘洗3～4次，直至流出清水、pH接近中性、竹屑含水量达到70%左右。预湿时间不宜过长，否则容易"烧料"，造成营养流失（图16-12）。

4.开厢沟　除去杂草，四周深挖排水沟。自然暴晒10～15天以减少地下害虫。平地开挖种植沟，每隔90厘米开一条宽30厘米、深5～10厘米的种植沟，长度不限（图16-13，图16-14）。

5.播种　栽培种要求菌丝体白色、长势旺盛，培养基质不萎缩，无杂菌、无虫、未老化，菌龄90～100天，菌种容器完整无破损。

图 16-11　原材料准备

图 16-12　原材料处理

图 16-13　平整土地

图16-14 放线开沟

选择阴天播种,如在晴天播种应尽量避免阳光直射。将培养料均匀铺在种植沟内,铺底料厚约10厘米。将菌种掰成鸡蛋大小,间隔4厘米左右均匀播在菌床上,菌种用量约为1千克/米^2(图16-15,图16-16)。

图16-15 铺底料

图16-16 播 种

播种后在表面均匀覆盖厚4～5厘米的培养基，以看不见菌种为宜。播种完成后应立即覆土，要求土壤肥沃且疏松，无动植物残体，覆土含水量为20%左右，土层厚3～5厘米，覆土层上再覆盖厚1～2厘米的稻草或竹叶，以保持水分和防止阳光直射（图16-17至图16-20）。

图16-17　盖面料

图16-18　覆　土

图16-19　覆盖竹叶保湿

图16-20 覆盖地膜保温

6. 发菌管理 长裙竹荪发菌管理主要在秋冬季节，包括检查菌种成活率、保温和保持土壤湿度等。在播种后半个月左右，将泥土和培养料轻轻刨开，检查菌种是否萌发吃料，每垄抽查3～4处，没有萌发的地方及时补种（图16-21）。

图16-21 检查菌种萌发情况

发菌管理阶段土壤湿度以手捏土能扁且不沾手为宜，覆土含水量太高会造成菌丝徒长，在覆土表面形成原基，后期形成的菌蕾小、朵形较小、抗逆性变差。土壤太湿需要在天气晴朗时将覆盖的地膜揭开排湿。

温度管理以保温为主。当外界气温下降到20℃及以下时就需要及时覆盖地膜，覆盖地膜时将畦面上的稻草或竹叶暂时移开，覆盖好地膜后再将稻草或竹叶重新覆盖在地膜上。地膜有白色和黑色两种，黑色可以防止杂草生长，但透光率较低易造成菌丝上浮，在泥土表面形成原基，长出的竹荪蛋虽然比覆盖白地膜的密度高，但个头较小，因此可根据实际情况自行选择地膜颜色。播种后60～80天在土层中形成"小白粒原基"（图16-22），即可进入出菇管理阶段。

7.出菇管理 菌蕾管理阶段，温度控制在20～30℃，土壤含水量控制在25%左右，光照强度保持在15～200勒克斯为宜。保持适宜的土壤湿度和温度。湿度管理以保湿为主，尽量减少人工浇水和雨水冲刷，以防造成泥土板结和对菌蕾的机械损伤。如果必须浇水，可以选择在夜间或上午地温较低时，放水漫灌或喷灌，一次性浇足浇透。

翌年2—3月，气温上升到30℃时，开始搭建遮阳棚（图16-23）。当有少量报信竹荪开始破皮时，就可以揭除地膜，在菌床上撒竹叶保湿。待竹荪蛋形成至适宜大小即可采收（图16-24）。

图16-22 形成"小白粒原基"

图16-23 遮阳棚（平棚）搭建

图16-24　等待采收的长裙竹荪

8.转潮管理　长裙竹荪常规只采收一批,每亩干品产量50千克左右,如果在海拔600米左右地区,春季和初夏气温回升较慢,通过提前播种,加大培养料用量,有望采收2～3潮菇,产量能达到100千克左右。

9.病害防治　3—5月,随着气温上升,高温高湿和菌蕾机械损伤极易使菌蕾受到细菌、真菌的侵染,造成减产甚至绝收。常见病害有烂蛋、烟灰菌等。病害以预防为主,选择没有种过竹荪的地块,挑选优质菌种,选择新鲜原材料,创造适宜的温度和湿度等生活条件,尽量避免机械损伤和剧烈的环境变化。

10.采收加工　当竹荪破皮后,菌柄伸长,菌裙没有完全展开时,就要及时采收,采菇时间一般在上午7—10时(中午、下午有少量开放)。若采收不及时,菌裙散落,菇体自溶或倾倒沾上泥土,将影响商品价值。

采摘时保持一只手干净,干净的手扶住菌柄,另一只手按住根部,把竹荪连同菌托轻轻拔起;随即用另一只手去除菌托、菌盖,并用干净的一只手将竹荪放置于竹篮内带回。采收的竹荪统一堆放在干净塑料薄膜上,覆盖保湿,待菌柄和菌裙完全展开后整齐放入筛子烘烤。长裙竹荪菌盖可以单独装袋,待孢子成熟自流后,清水冲洗、烘烤成为竹毛肚。

竹荪采收后必须马上烘干,烘干过程分为两个阶段,一是排湿定形,需提前将烘箱温度升到80℃左右,放入竹荪后保持1小时,通过高温迅速"杀青",及时排掉大部分水分;二是烘干定色,此阶段要求温度不宜太高,需降到60℃左右烘烤2小时。竹荪菌柄较厚,烘干定色中需要翻筛,即将竹荪菌柄朝下一个挨着一个直立放入烘箱,烘烤菌柄,其间要防止温度过高烤煳菌裙(图16-25,图16-26)。

初次烘烤,加大干湿度检查频次,待手捏菌柄变脆、颜色呈纯白色或米黄色即可。烘干后立即装入放有干燥剂的塑料密封袋内,并扎紧袋口。长时间保存,需放入冷藏库内避光保存,保存时间不超过两年。

图16-25　简易移动式无硫竹荪烘箱

图16-26　烘烤中的长裙竹荪

（二）短裙竹荪

1.栽培场地选择　四川短裙竹荪主要集中在青川等地。常采用粗竹块种植，一种多收模式，栽培场地多选择800米海拔以上区域。可在水稻田、旱地进行竹荪净作；也可在玉米地间作竹荪；在林地套种竹荪。

2.栽培季节　短裙竹荪（图16-27）可以分为春季栽培和秋季栽培，以秋栽为主。

春季栽培3—4月播种，7—9月采收；秋季栽培9—11月播种，翌年7—8月采收，一种多收，一般播种一次，可连续产出2～3年，产量主要集中于第二年，占总产量的60%～70%。

图16-27　短裙竹荪

3.原材料准备与处理

（1）常用配方。竹屑或木屑77%、石膏1%、糖1%、麸皮20%、磷肥1%。常添加总重量0.5%的尿素和0.2%的磷酸二氢钾。基质用料量一般可按照自然风干木屑6千克/米^{2}或新鲜竹屑18千克/米^{2}计划，结合栽培基质具体配方准备栽培主料和辅料。

（2）原料预处理。竹块/片种植短裙竹荪需剁成2～3厘米长的小段后晒干备用，并进行预处理，常采用石灰水浸泡法和堆制发酵法。

①石灰水浸泡法。将栽培主料（竹块、木屑等）置于pH14左右的石灰水中浸泡2～3天，捞出用清水冲洗，使pH降至7以下后使用；或用清水将栽培主料浸透后使用。辅料按配方拌好后堆沤发酵8～10天备用。

②堆制发酵法。料堆高1.5米，长度不限。每隔15天翻堆1次，前后共翻3～4次。发酵时间为45～60天。要求发酵后堆料松软、变褐、有香味。

4.开厢沟　对选定的栽培地块在铺料播种之前，先进行除草、翻耕、晾晒、做畦，畦宽100厘米，畦长根据场地而定；畦间留出25厘米宽的人行作业道，场地四周挖排水沟。

5.播种　选择阴天播种，如晴天播种应尽量避免阳光直射。播种时，在畦面铺上生料或发酵料栽培基质，铺料厚度20厘米，每平方米用料20～25千克，稍微压实料面，将60%菌种均匀撒于料面上，铺一层厚约5厘米的栽培基质，再将剩余40%菌种均匀撒于料面上，再铺一层厚约5厘米栽培基质。

播种完成后应立即覆土，要求土壤肥沃且疏松，无动植物残体，覆土含水量为20%左右，土层厚3～5厘米，覆土层上再覆盖1～2厘米厚的稻草或竹叶，使畦面呈龟背状。保持水分并防止阳光直射。竹荪净作需覆盖一层地膜，玉米地间作或树林套种无需覆盖地膜。播种量为200～400千克/亩。

6.**发菌管理**　水稻田、旱地等露地栽培需要搭建荫棚，创造一个适宜竹荪生长发育的小环境，还可以防止雨水冲打料厢。可搭建钢架大棚或竹竿中平棚，用95%遮阳网覆盖。玉米地间作或树林套种无需搭建荫棚。

发菌温度以13～28℃为宜，高温时揭开地膜，低温时覆盖地膜。播种15天之后，根据基质温度揭膜通风换气，保持基质内有足够氧气。整个生长阶段均需注意保温控湿，保持表土湿润。

7.**出菇管理**　播种后，经过8～10个月的生长便可形成菌蕾。当畦面形成菌索，分化出原基，菌蕾即将破壳时撤除地膜，进行出菇管理。保持畦面土壤湿润，空气相对湿度不低于90%。当菌蛋进入伸长期时空气相对湿度要提高到90%～95%，在出菇期间注意遮光，玉米地间作或树林套种，可利用玉米或树木秆叶遮光，此外应注意厢面不能被水淹，以免影响菌丝体和子实体生长发育。

8.**转潮管理**　短裙竹荪种植1年可以采收2～3年，干品每亩能达到120～150千克。在竹荪转潮期间每亩可施用7.5～10千克的尿素或磷酸二氢钾，一般雨天下肥，或人工灌水补肥，补肥后10～15天即可进入下一潮菌蕾发生期。

9.**病虫害防治**　短裙竹荪常出现烂蛋危害，应以预防为主。选择没有种过竹荪的地块，挑选优质菌种，选择新鲜原材料，创造适宜的温度和湿度等生活条件，培养强壮菌丝和强壮竹荪蛋，尽量避免机械损伤和剧烈的环境变化。

清除栽培场地及周边杂草杂物，保持环境卫生；对蛞蝓，可在白天、晴天黄昏时人工捕杀或用5%食盐水喷洒。

10.**采收加工阶段**　采收烘干方法同长裙竹荪（图16-28）。

图16-28　短裙竹荪烘干

（三）棘托竹荪

1.栽培场地选择 场地选择同长裙竹荪。

2.栽培季节 川南地区以生料栽培为主，一般12月开始制作栽培种，翌年3—5月播种，播种后50～60天开始形成原基，气温适宜条件下，原基形成后20天左右即可采收。

3.原料准备与处理 选择新鲜、无霉变、无腐朽的竹屑、木屑、农作物秸秆等农作物副产物，每亩纯干竹屑用量为5吨左右。

竹屑不能长期堆沤发酵，新鲜竹屑需用石灰水软化纤维。播种前半个月左右，用石灰水将竹屑充分预湿，每吨竹屑用石灰10～20千克，兑清水2吨左右。竹屑预湿时间7天左右，然后用清水淘洗3～4次，直至流出清水、pH接近中性、竹屑含水量达到70%左右。预湿时间不宜过长，否则容易"烧料"造成营养流失。

4.开厢沟 选择土壤肥沃、腐殖层厚的旱地、水稻田或林地，除去杂草，四周深挖排水沟，整土时将土粒碎度控制在1～3厘米。可喷施高效低毒的氯氰菊酯类农药，并自然暴晒10～15天，以减少地下害虫。平地开挖种植沟，棘托竹荪种植沟每隔120厘米开一条宽40厘米、深20厘米的沟，长度不限。

5.播种 选择阴天播种，如晴天播种应尽量避免阳光直射。播种时将培养料均匀地铺在种植沟内，铺底料约25厘米厚。将菌种掰成鸡蛋大小，间隔4厘米左右均匀地播在菌床上，菌种用量为1千克/米²左右。播种完成后，在菌种表面均匀覆盖厚4～5厘米的培养基，以看不见菌种为宜。播种后应立即覆土，要求土壤肥沃且疏松，无动植物残体，覆土含水量为20%左右，土层厚3～5厘米。覆土层上再覆盖1～2厘米厚的稻草或竹叶，以保持水分和防止阳光直射。

6.发菌管理 棘托竹荪生长阶段为高温季节，其发菌管理除了保持土壤湿度，还要在播种7天以后，及时检查菌种成活率。播种后不需要覆盖地膜，可在畦面覆盖竹叶或遮阳网保湿。根据气温高低，一般播种后40～50天，菌丝长满菌床，搭建遮阳棚。

遮阳棚以平棚为主，用楠竹作立柱，立柱长2.2米，每2米插一根，插入地面深30～40厘米，立柱顶端用铁丝交叉连接形成一个整体。立柱上铺密度为9针左右的单层遮阳网，并用绳子将遮阳网与铁丝绑在一起，基地四周遮阳网用泥土压严实，防止大风灌入和家禽进入破坏。覆土后2个月左右，菌丝得以进一步发育，并在土层出现小白粒原基。

7.出菇管理 需根据气候变化，加强排水保湿、通风透气管理。基本同长裙竹荪的出菇管理。

棘托竹荪出菇期长，一般可采收3～4潮菇（图16-29）。在转潮期间每亩可施用7.5～10千克的尿素或磷酸二氢钾，一般雨天下肥，或人工灌水补肥，补肥后10～15天即可进入下一潮菌蕾发生期。

8.病虫害防治 高温高湿条件下易出现烟灰菌（图16-30），常见于栽培畦面土壤或覆盖物之上，呈猪油黏糊状，病害发生后菌丝生长受抑制并逐渐消亡，菌蕾呈水渍状并霉烂，甚至绝收。

图 16-29　即将采收的棘托竹荪

图 16-30　烟灰菌

　　防治上应选择不带杂菌的菌种，同时加强通风，避免高温高湿环境。初期可同时用10%漂白粉、双氧水连续喷洒3～4次，并挖断畦床，用地膜覆盖严实，阻止病菌进一步传播。

　　9.加工　采收方法与长裙竹荪相同。除了采收竹荪外，还可以采收八成熟左右的竹荪蛋，清洗后可以加工成竹荪蛋片、竹胎儿、竹胎盘等系列产品，采收后先将菌蛋根部的菌索、泥土和杂草等杂物清理干净，然后放入专用的竹荪清洗机器，轻轻地将其灰黑色表皮清洗干净，透出晶莹剔透的蛋皮。

　　竹荪蛋干片制作时，先将清洗的竹荪蛋一剥为二，紧挨着均匀地摆放在筛网上，放入温度已经升到80℃以上的烘箱烘烤，12个小时左右翻筛1次，一般需要烘烤24小时（图16-31，图16-32）。

　　竹胎儿和竹胎盘加工时，将清洗后的菌蛋表皮用美工刀，"十"字形划开（注意不要伤及竹胎儿），用手剥去中间的菌盖和其未成熟的孢子，中间的"心"就是竹胎儿，蛋皮就是竹胎盘，尽快放入烘箱烘烤，方法同竹荪蛋片。

图16-31　竹荪蛋片烘烤

图16-32　竹荪蛋片翻筛

参考文献

才晓玲,刘洋,何伟,等,2015.竹荪营养成分及生物活性研究进展[J].食用菌,37(5): 1-3.

林玉满,1997.短裙竹荪生产Dd-S3P多糖的分离纯化及其性质研究[J].生物化学杂志,13(1): 99-102.

王允勇,2018.竹荪栽培技术及高产措施[J].食用菌,40(1): 49-50.

佚名,2003.真菌皇后——中国竹荪[J].技术与市场(6): 32-34.

俞虹莺,邓文明,1998.竹荪烟灰菌的防治措施[J].食用菌(2): 38-38.

张静雯,2011.竹荪的营养价值及食用方法[J].甘肃农业(1): 87-88.

编写人员：杨敬

羊 肚 菌

四川是我国羊肚菌（图17-1）人工栽培的发源地，早在20世纪80年代，四川省自然资源研究所陈惠群、绵阳市食用菌研究所朱斗锡就进行了积极的探索。"十五"期间，四川省育种攻关计划曾将羊肚菌纳入蔬菜项目资助范畴。2012年冬，四川省农业科学院土壤肥料研究所利用在理县发掘的梯棱羊肚菌种质资源育成的川羊肚菌1号新品种，在金堂县赵家镇进行了梯棱羊肚菌的示范栽培，自此开启了羊肚菌人工商业化栽培的历史。2013年，世界上第一个羊肚菌新品种"川羊肚菌1号"通过四川省作物品种委员会的审定，梯棱羊肚菌成为第一个实现商业化栽培的羊肚菌种类。两年后，六妹羊肚菌川羊肚菌6号成功选育，逐渐取代梯棱羊肚菌成为商业化栽培面积最大的种类。

图17-1 羊肚菌

2016年，羊肚菌被纳入我国第十批植物新品种保护名录；2017年9月，川羊肚菌系列5个品种获得品种权授权。

羊肚菌商业化栽培技术在国内迅速发展，目前已在全国20余个地区应用，在脱贫攻坚及乡村振兴中均发挥了重要作用。2017年，四川康定获得"高原羊肚菌之乡"的荣誉称号，"金堂羊肚菌"成为国家农产品地理标志产品，近年来金堂建成羊肚菌交易市场，每年交易值超过80亿元，羊肚菌产业发展得到了较多的关注。

一、概述

（一）分类地位

羊肚菌 *Morchella* spp.，别名羊肚蘑、羊肚菜、阳雀菌、包谷菌、编笠菌、麻子菌、狼肚等，是羊肚菌属真菌的统称，因其菌盖形似羊肚而得名。分类学上羊肚菌隶属子囊菌门 Ascomycota，盘菌纲 Pezizomycetes，盘菌目 Pezizales，羊肚菌科 Morchellaceae，羊肚菌属 *Morchella*。四川栽培的羊肚菌主要包括梯棱羊肚菌 *M. importuna* M. Kuo，O'Donnell & T.J. Volk、六妹羊肚菌 *M. sextelata* M. Kuo 和七妹羊肚菌 *M. eximia* Boud.。

野生羊肚菌主要分布于欧洲、东亚和北美洲。我国是野生羊肚菌主要分布区之一，全国 20 多个省份，从低海拔的平原地区到海拔 3 500 米左右的高海拔区域均有野生羊肚菌分布。野生羊肚菌生长环境多样，可在柳树林、冷杉林、杨树林、草地等生境中见到，特别在山林火烧之后，羊肚菌常大量发生。在四川多地都有野生羊肚菌分布，低海拔的丘陵或山地一般多见黄色支系的羊肚菌，而高海拔的地区多见黑色支系羊肚菌。

（二）营养保健价值

1.营养价值 羊肚菌味道鲜美、风味独特、肉质脆嫩可口、营养价值颇高，含有丰富的蛋白质、人体必需氨基酸、多种维生素和矿质元素。长期以来，羊肚菌作为一类名贵珍稀食药用菌备受消费者关注，被称为"菌中之王"。在欧美市场，它被用作高端餐饮的食材或佐料，价格昂贵。在我国，食用羊肚菌的传统也由来已久，其是国宴高档食材之一。据测定每 100 克羊肚菌干品中含蛋白质 24.5 克、脂肪 2.6 克、碳水化合物 39.7 克、粗纤维 7.7 克、烟酸 82.0 毫克、维生素 B_2 24.6 毫克、维生素 B_5 8.7 毫克、吡哆酸 5.8 毫克、硫胺素 3.92 毫克、生物素 0.75 毫克。羊肚菌含有 19 种氨基酸，其中包括 8 种人体必需氨基酸，占氨基酸总量的 47.47%，比一般食用菌高 25%～40%。羊肚菌还含有几种稀有氨基酸，如顺 -3- 氨基 -L- 脯氨酸、α- 氨基异丁酸和 2，4-二氨基异丁酸，这是其风味独特的主要原因之一。

2.保健价值 中医以羊肚菌子实体入药，其性平，味甘，无毒，具有益肠胃、消化助食、化痰理气、补肾、壮阳、补脑、提神之功能，对脾胃虚弱、消化不良、痰多气短、头晕失眠等均有良好的治疗作用。研究证明，羊肚菌抗人体疲劳功能优越，增强机体运动能力明显。此外，羊肚菌多糖具有抑制肿瘤生长、抗菌以及抗病毒的作用，羊肚菌提取物同样表现出增强机体免疫力、预防动脉粥样硬化、抗衰老、抗病毒、抗肿瘤等诸多功能。

（三）人工栽培历史

中国传统道家文化巨献《道藏》中就记载，羊肚菌是道家养生所使用的一种珍稀菌类。早在明代潘之恒的《广菌谱》中就有关于羊肚菌的记载。从明神宗时期起，羊肚菌一直被奉为"皇家贡品"。羊肚菌不仅是一道美食佳肴，更是久负盛名的药用菌，其药用价值早已被人们发现并加以运用。李时珍在《本草纲目》中就曾记载："羊肚菌，性平，味甘，具有益肠胃，消化助食，化痰理气，补肾纳气，补脑提神之功效。"此外，民间有"年年吃羊肚，八十照样满山走"的说法。食用羊肚菌在西欧国家也极为盛行，是法国高档餐馆中不可或缺的招牌菜肴。

人工驯化栽培前，羊肚菌消费主要依赖于野生采集，但由于羊肚菌天然产量较低，野外采集不易，因此市场价格昂贵。商业化人工栽培羊肚菌一直是业界关注和研究的焦点，四川省绵阳市食用菌研究所的朱斗锡（1993）、四川省自然资源研究所的陈惠群(1997)、四川省林业科学研究院的谭方河（2000）等都先后进行过研究报道，但出菇稳定性和重现性一直未能得到很好解决。四川省农业科学院土壤肥料研究所于20世纪90年代左右开始进行羊肚菌资源调查收集，2000年后开始进行系统的人工驯化栽培研究，先后在成都狮子山、华阳、蒲江等地开展栽培试验，实现了羊肚菌稳定出菇。2010—2012年，在四川省农业科学院新都实验基地，羊肚菌大田栽培技术获得成功，小面积亩产达到100千克，形成了羊肚菌大田商业化栽培的雏形，在国内外首次实现了大田人工商业化栽培羊肚菌盈利，使羊肚菌产业化开发成为可能。

2012年冬季至2013年春季，四川省农业科学院土壤肥料研究所在四川金堂县赵家镇开展20亩矮棚栽培、什邡市渝氏镇进行12亩大棚栽培羊肚菌试验示范，结合营养转化袋技术的创新和应用，每亩产量达到150千克以上；同年3月在金堂和什邡召开了羊肚菌大田栽培技术现场会，由此将羊肚菌人工商业化栽培推到公众视野，拉开了羊肚菌大田商业化栽培的序幕。2013年，四川省农业科学院土壤肥料研究所驯化选育的世界上第一个羊肚菌新品种川羊肚菌1号通过省级审定并快速应用于生产，掀起了羊肚菌新品种及产业化关键技术的研发热潮。

目前四川省内羊肚菌栽培的区域主要集中在海拔1 800米以下的平原、丘陵、山地等地区，代表地区包括金堂县、大邑县、德阳市、绵阳市、广元市等地；1 800米以上高海拔的高原地区栽培羊肚菌，代表区域有甘孜藏族自治州康定市、泸定县、丹巴县，阿坝藏族羌族自治州理县，凉山彝族自治州木里县等地。一般低海拔地区出菇期为每年的2月中下旬至3月下旬；高海拔地区出菇期为每年的3月下旬至5月上旬。羊肚菌的种植期为当地农闲时节，农法栽培工艺相对简单易操作，劳动强度相对较小，易学易推广。

（四）产业现状

羊肚菌已经成为中国野生食用菌人工驯化栽培的成功典型。羊肚菌产业"从无到有、从小到大"，发展十分迅速。2013年前后四川羊肚菌种植面积较小；2014年以四川省内的金堂县和甘孜藏族自治州为核心示范基地、辐射推广羊肚菌种植面积5 000亩；2015年以四川省为核心迅速扩展到全国20多个省市，面积达1.8万亩，2016年全国羊肚菌种植面积超过2.3万亩，2017年全国总面积达6万亩以上，2018年总面积达10万亩以上。近年来羊肚菌鲜品价格为100～150元/千克，普通棚架羊肚菌栽培成本为每亩8 000～10 000元，根据各地不同气候和管理水平差异，产量有所不同，在正常气候管理水平下，种植羊肚菌每亩可增收上万元，社会、经济、生态效益十分显著。

羊肚菌的栽培模式也呈现出多样化发展，现有的技术模式包括"羊肚菌-水稻"轮作、"羊肚菌-蔬菜"轮作、"羊肚菌-蔬菜"套作、林下栽培、层架式栽培等，这些高效栽培模式的运用对于提高土地利用率、降低生产成本、增加栽培效益等具有重要意义。如今国内羊肚菌产业已为积极推进国家供给侧结构性改革、大力实施乡村振兴战略等提供了新动能。

近年来，在以四川省食用菌研究所（原四川省农业科学院土壤肥料研究所）为代表的科研院校、各级政府农业主管部门和社会各界人士的共同努力下，羊肚菌获得了诸多殊荣和奖励，主要包括：2014年，"羊肚菌大田规模化商业栽培取得重大突破"事件入选了中国食用菌行业年度十大事件；2016年，"羊肚菌大田规模化商业栽培项目"被评选为成都市"十佳"农业创新创业项目；2017年，中国食用菌协会授予康定市"中国高原羊肚菌之乡"荣誉称号；2017年，"金堂羊肚菌"获"国家地理标志保护产品"；2018年，"金堂羊肚菌"获准注册为"中国地理标志证明商标"；2018年，"羊肚菌驯化和新品种选育及产业化关键技术创新与应用"成果获得四川省科学技术进步一等奖。

二、生物学特性

（一）形态特征

羊肚菌属的子实体菌盖呈不规则球形或圆锥形，中空，边缘全部与柄相连，表面布满凹陷和棱脊，呈蜂窝状，貌似羊肚（图17-2，图17-3）。子囊分布于蜂窝状凹陷中，菌柄平整或有凹槽，中空。

图17-2　梯棱羊肚菌子实体

图17-3　六妹羊肚菌子实体

子囊圆柱形，每个子囊含8个子囊孢子，子囊孢子卵圆形、光滑、无色或近无色（图17-4）。菌丝由薄而透明的管状壁构成，生长初期无色或浅白色，后期棕黄色、浅棕色或浅黄色，有隔，单孔隔膜（图17-5）。菌丝细胞的隔膜和分枝较多，将菌丝分割成为长短差异明显的细胞，大多数细胞为多核状态。菌丝体在培养基上生产形成菌落，一般菌丝在25℃条件下培养3天左右即可长满平板（图17-6），菌落颜色初期为白色或浅白色，随着培养时间增加转变为浅黄色或金黄色，随着菌丝老化，菌落颜色呈现为棕色或棕褐色。

　　菌核是羊肚菌生活史中菌丝的一种特殊表现形式，是一种营养储存体，能够抵御不良环境，它可以在菌丝终端形成，也可以在菌丝间由细胞膨大、隔膜增多形成，以及由多样的、形状不规则的多核厚壁细胞进一步交织形成（图17-7）。

图17-4　子囊与子囊孢子显微形态

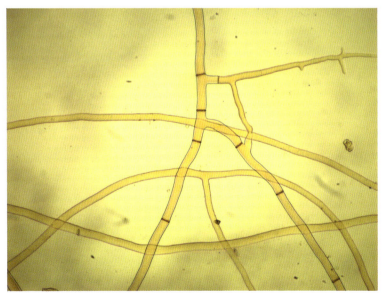

图17-5　菌丝体显微形态

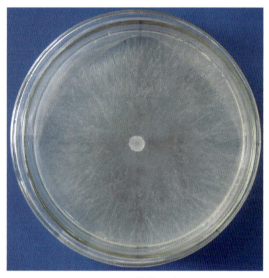

图 17-6　菌落形态

图 17-7　菌　核

（二）生长发育条件

1.碳氮源　羊肚菌能利用多种碳源与氮源。适合羊肚菌菌丝体生长的碳源有淀粉、葡萄糖、蔗糖、果糖、麦芽糖、乳糖等，较好的氮源包括蛋白胨、牛肉膏、玉米粉、黄豆粉、麸皮、硝酸钾和各种铵盐等。目前在人工栽培中可以被羊肚菌较好利用的碳氮源有小麦、麦麸、木屑、秸秆、玉米芯等。

2.矿质元素　不同矿质元素对羊肚菌菌丝生长的影响差异较大，$MnSO_4$ 对羊肚菌菌丝生长有一定促进作用，KH_2PO_4、$FeSO_4$、$ZnSO_4$、Na_2SeO_3、$CuSO_4$、$CoCl_2$ 和 $Ni(NO_3)_2$ 则对菌丝生长有不同程度的抑制作用。羊肚菌大田栽培中，培养料中的麦粒、木屑、谷壳、石膏、生石灰以及土壤中富含的大量矿质元素足以满足羊肚菌生长发育需要。

3.温度　野生羊肚菌在每年春季3—5月雨后发生多，8—9月也有发生。孢子萌发适宜温度为15 ~ 20℃。菌丝体生长温度范围为3 ~ 28℃，最适生长温度18 ~ 22℃；低于3℃或高于28℃停止生长，30℃以上甚至死亡。子实体生长温度范围为10 ~ 22℃，最适生长温度为15 ~ 18℃；昼夜温差大，能促进子实体形成，但温度低于或高于生长范围均不利于其正常发育。

4.湿度　羊肚菌适宜在较湿润的环境中生长。菌丝体生长的培养基含水量范围为60% ~ 70%，最适含水量为65%；子实体形成和发育阶段，土壤含水量为20% ~ 30%，适宜空气相对湿度85% ~ 90%。土壤含水量过低，子实体不易形成，形成的子实体易出现失水死亡的现象；土壤含水量过高，土层内氧气供应不足会造成菌丝体死亡，原基和子实体容易发黄、腐烂甚至死亡，产量受到严重影响。

5.光照　羊肚菌菌丝体生长不需要光照，菌丝在暗处或微光条件下生长很快；光照过强则会抑制菌丝生长。子实体形成和生长发育需要一定散射光照，微弱的散射光有利于羊肚菌子实体的生长发育，但强烈的直射光会产生不良的影响，棚内应保持半阳半阴的条件。

6.**空气**　足够的氧气是羊肚菌正常生长发育必不可少的条件之一。菌丝体生长、子实体生长发育均需要适当透气。在生产中可通过通风来调节棚内CO_2浓度，原基分化和子实体形成阶段需要加大通风，增加O_2含量。当CO_2浓度过高时，会出现菌柄过长、子实体瘦小，甚至畸形等情况，严重影响产品品质。

7.**pH**　土壤中性或微碱性有利于羊肚菌生长。菌丝体和子实体生长适宜pH为5～8，最适pH为6.5～7.5。大田生产中可直接选择pH适宜的土地进行羊肚菌栽培，也可根据土壤背景值，加入适量的生石灰或草木灰调节土壤酸碱度。

三、栽培技术

（一）栽培季节

羊肚菌大田栽培从播种到采收3～6个月，不同海拔地区存在较大差异。一般播种期选择温度稳定在10～18℃期间。四川盆地及类似区域播种期一般安排在11月上旬至12月上旬，出菇期为翌年2月中旬至3月底。高海拔地区需根据当地温度情况提前至10月左右播种，出菇时间较平原、丘陵地区有所推迟，出菇周期较长。

（二）品种选择

目前用于大田商业化栽培的羊肚菌有"梯棱羊肚菌""六妹羊肚菌"和"七妹羊肚菌"3个种类。

1.**梯棱羊肚菌**　是最早实现大田人工栽培的羊肚菌种类，该品系子囊果的菌盖褐色至深褐色，菌柄白色至黄白色，菌盖棱纹密度中等，菌盖纵棱明显，子实体兼有单生和丛生方式（图17-8，图17-9）。梯棱羊肚菌商品性状优良，菌盖质地韧性较强，耐贮运，颜色较深，适宜鲜品销售和速冻加工。

图17-8　梯棱羊肚菌子实体形态

图17-9 梯棱羊肚菌大田栽培出菇场景

2.六妹羊肚菌 是目前羊肚菌人工栽培的主要种类，占市场总量的90%以上。该品系子囊果的菌盖红褐色至暗红褐色，菌柄光滑、白色，菌盖棱纹密度中等，菌盖纵棱极明显，菌盖与菌柄交接处凹陷不明显，子实体兼有单生和丛生方式。六妹羊肚菌菌盖形态为尖顶、商品性状优良，具有出菇早、整齐度高、采收期较集中等优点（图17-10，图17-11）；缺点是菌盖易碎，不耐贮运。

图17-10 六妹羊肚菌子实体形态

图17-11　六妹羊肚菌大田栽培出菇场景

　　3.七妹羊肚菌　是羊肚菌人工栽培的新兴特色类群，该品种成熟子实体菌盖浅褐色，近似圆锥形，顶端形态为圆钝，菌盖棱纹不明显，菌柄白色呈梯形，菌柄短，出菇较整齐。七妹羊肚菌的优点是单个子实体个头大、菌盖厚，抗病虫害和耐高温能力较强（图17-12，图17-13）；缺点是与梯棱羊肚菌和六妹羊肚菌相比，其产量和品质还有待提高。

图17-12　七妹羊肚菌子实体形态

图 17-13 七妹羊肚菌大田栽培出菇场景

（三）播种与发菌管理

1.场地选择 选择地势平坦，水源充足，排灌方便，无污染源，土壤肥沃、疏松透气的田地。

2.整地作畦 翻耕疏松土壤，土质较细为宜。采用条播方式，需要畦面宽度为80 ～ 100厘米，长度不限；畦面与畦面之间留宽40 ～ 50厘米、深15 ～ 25厘米的走道，顺着畦面均匀开2条播种沟，深度3 ～ 5厘米。采用撒播方式，需要畦面宽度80厘米，留宽60厘米、深15 ～ 25厘米的走道，不开播种沟。

3.播种覆土 应根据土壤墒情，播种前进行土壤预湿，避免菌种因土壤干燥而失水，降低萌发率。预湿的标准为土壤耕作层呈湿润状态，不影响播种操作。播种方式可条播或撒播。将羊肚菌栽培种（150 ～ 200千克/亩）加拌种剂（浓度0.2%）拌湿混匀后，均匀播撒在播种沟内（条播）或厢面上（撒播）。播完种后在菌种上覆盖厚2 ～ 3厘米的土层，平整厢面，确保菌种不裸露。

4.水分管理

（1）播种后水分管理。播种3天后浇一次"重水"，土壤耕作层30厘米以上要浇透，土层湿度偏高于播种前。

（2）发菌期水分管理。播种后的羊肚菌菌丝体在土层中发菌，时值冬季，土壤水分蒸发量低，根据天气变化，见干便喷水，使厢面保持湿润状态。

5.摆营养袋 营养袋常用料袋规格为12厘米×24厘米或15厘米×33厘米，配方一是小麦99%、石膏1%；二是小麦85% ～ 90%、谷壳14% ～ 9%、石膏1%。用1%石灰水浸泡小麦和谷壳，使其充分吸水，按配方混匀后，装袋灭菌。

摆袋时间为羊肚菌播种后、土壤表面形成白色"菌霜"即可摆放营养袋，一般为播种后7 ～ 15天。南方地区摆袋数量一般为1 600 ～ 2 000袋/亩，北方地区数量可达3 000袋/亩。营养袋一面打孔后横放，打孔面紧贴土壤表面。

（四）出菇管理与采收

1. 搭遮阳棚　可利用已有的温室大棚直接进行栽培（图17-14），也可搭建2米高的中棚（图17-15）或高约75厘米、宽约1.2米的矮棚（图17-16），棚外均需覆盖一层遮阳网，以遮挡阳光直射，遮阳网密度根据当地光照度进行选择，以营造棚内光照环境"半阴半阳"为宜。

图17-14　温室大棚

图17-15　中　棚

图17-16　矮　棚

2.**水分管理** 羊肚菌出菇期田间管理主要围绕水分开展，水分管理设施采用微喷灌系统，以有效调节空气和土壤湿度，雾状水有利于羊肚菌生长；要避免产生强水流、冲刷土壤；避免在出菇时泥水溅到子实体，影响商品性状。

（1）催菇期水分管理。春季气温回升8℃以上，土壤水分蒸发量增大，开始进入频繁补水期，适宜的温湿度促使羊肚菌由营养生长转向生殖生长，首次重水将土壤耕作层20～30厘米浇透，加速畦面分生孢子消退。

（2）出菇期水分管理。原基形成和幼菇期保持土壤湿润，其间注意避免水分过多，并注意通风，避免高温（或低温）、高湿引发病虫危害；子实体成熟阶段应少量多次补水，增加空气湿度。

（3）采收期水分管理。采收前1～2天，停止浇水，避免菌柄呈水浸状，提高产品质量。

3.**采收技术** 子实体出土后7～10天便生长成熟，当羊肚菌蜂窝状的子囊果部分已展开、菇体颜色由深灰色变至浅黄褐色或由灰白色变至灰黑色时即可采收。用于干制加工的羊肚菌产品八成熟时采收，采收前1天停止喷水，鲜菇装运应防止密闭、挤压。

采收方法为采大留小，采时用手捏住菇脚，用小刀将菌柄基部切断，柄要见空、不带泥脚，也可用手指掐断。

（五）常见病虫与防控方法

目前病虫害防控是羊肚菌生产瓶颈问题之一，可用的防控方法不多，亟待进一步研究。

（1）白霉病。由拟青霉引起，在羊肚菌子实体生长的各个阶段都易发生，原基和幼菇阶段发病常导致羊肚菌绝收。子实体受到侵染，子囊果表面常出现白色霉状菌丝，白色气生菌丝快速生长繁殖，可以布满羊肚菌菌盖表面，伴有子实体软腐、出现孔洞、畸形等症状，严重影响羊肚菌产量和品质（图17-17）。

防治方法：气温越高发病越严重，适当降低棚内温度，避免出现高温情况；在可能的情况下提前播种；及时除掉发病的子实体，防止病害蔓延。

图17-17 羊肚菌白霉病

（2）柄腐病。病原菌为 *Fuarium nematophilum*，属于镰刀菌的一种。典型特征为发病初期可见整个菌柄呈淡黄色，随后颜色逐渐加深并从基部开始蔓延出灰黑色斑块，菌柄横截面明显可见乳白色和黑色的病变组织，子实体明显可见丧失活力，不再生长；后期灰黑色斑块逐渐蔓延至整个菌柄，子实体枯萎，最后腐烂（图17-18）。

防治方法：生产中选用高质量的麦粒及相关植物材料并灭菌彻底；保持生产环境清洁；提前对栽培环境前茬作物生长情况及秸秆废物处理情况进行摸底调查；对土壤病原菌富集程度进行检测；合理安排生产时间；升级栽培模式有效控温控湿。

图17-18　羊肚菌柄腐病

（3）常见虫害。羊肚菌种植过程中常见虫害有蛞蝓、跳虫、蜗牛、螨虫、菇蚊、线虫、多足虫、蚂蚁等（图17-19，图17-20）。一般以预防为主，综合防控。主要防控措施包括夏季翻棚曝晒、清除田块中的植物残体、每亩撒入50～75千克的生石灰调节土壤pH等，可以有效避免跳虫、螨虫、线虫等害虫的发生；使用黄板和杀虫灯等防控菇蚊、菇蝇等害虫；滥用农药可能对羊肚菌生产造成严重影响，应谨慎对待。

图17-19　蛞　蝓

图 17-20 跳 虫

四、贮运与加工

羊肚菌鲜品可进行烘干、冷藏或速冻等加工处理。

（一）烘干

烘干过程中首先将鲜菇均匀地摊放在烘干筛上，不重叠，烘干过程注意控制温度，应每隔2小时将烘烤室的温度升高3～5℃，6小时后温度升到48℃，再保持48～50℃烘烤3～4小时，直至羊肚菌形状固定。烘干后的羊肚菌干品一般含水量低于10%，待自然冷却至35～40℃后装塑料袋密封保存，在阴凉干燥的房间贮藏（图17-21）。

图 17-21 干燥后的羊肚菌产品

（二）冷藏

羊肚菌鲜品在0～4℃冷藏条件下可保存3天左右。

（三）速冻

羊肚菌冻品在-20～-18℃冻库可长期保存。

参考文献

杜习慧，赵琪，杨祝良，等，2014.羊肚菌的多样性、演化历史及栽培研究进展[J].菌物学报，33(2): 183-197.

刘天海，周洁，王迪，等，2021.一种六妹羊肚菌的新型柄腐病害[J].菌物学报，40(9): 2229-2243.

彭卫红，唐杰，何晓兰，等，2016.四川羊肚菌人工栽培的现状分析[J].食药用菌，24 (3): 145-150.

孙巧弟，张江萍，谢洋洋，等，2019.羊肚菌营养素、功能成分和保健功能研究进展[J].食品科学，40(5): 323-328.

熊正英，张海信，2004.羊肚菌与运动能力的关系[J].安徽体育科技，25(3): 46-48.

赵曜，张强，2022.羊肚菌的营养成分和药理作用研究进展[J].中国林副特产(1): 71-74.

朱永真，杜双田，车进，等，2011.无机盐及生长因子对羊肚菌菌丝生长的影响[J].西北农林科技大学学报，39(4): 211-215.

Xiao-Lan He, Wei-Hong Peng, Ren-Yun Miao, et al., 2017.White mold on cultivated morels caused by Paecilomyces penicillatus[J]. FEMS Microbiology Letters, 364(5): 1-5.

编写人员：唐杰　王勇　刘理旭　罗建华　姜邻

大 球 盖 菇

大球盖菇（图18-1）又被称为"赤松茸"，具有很强的抗杂能力，出菇温度范围广，栽培技术简便粗放，不仅可以广泛利用各种秸秆基质，还可采用生料栽培，栽培后的废料可改良土壤，增加肥力，可以当作处理秸秆的一种途径。此外，大球盖菇生产成本低、产量高、营养丰富，是联合国粮农组织（FAO）向发展中国家推荐栽培的食用菌之一，已成为国际菇类交易市场上著名的十大菇种之一。

图18-1 大球盖菇

四川大球盖菇栽培开始于2000年前后，2004年育成省内首个省级审定大球盖菇新品种大球盖菇1号。四川大球盖菇栽培一般在11月播种，在翌年春节前后开始出菇，四川甘孜藏族自治州等高海拔地区，可利用当地冷凉的气候条件，实现错季栽培，提高栽培效益。2022年，四川大球盖菇产量5.64万吨，居四川食用菌第6位。

一、概述

（一）分类地位

大球盖菇 *Stropharia rugosoannulata* Farl. ex Murrill，又名球盖菇、酒红色球盖菇、红头菇、皱环球盖菇、皱球盖菇、斐氏球盖菇、斐氏假黑伞，市场销售中有时也称之为赤松茸、红松茸等（图18-2）；隶属担子菌门Basidiomycota、伞菌纲Agaricomycetes，伞菌目Agaricales，球盖菇科Strophariaceae，球盖菇属 *Stropharia*。

大球盖菇适应性强、分布广，主要生长于春季和秋季的阔叶林、针阔混交林、菜园地、林边草地、果园地、路旁、河边等地，夏季温度适宜也可发生。在我国南方地区，7—9月大球盖菇出菇量少甚至不出菇；10月下旬至12月初，以及3月至4上旬两个时间段生长速度最快，出菇量较大。

图18-2 大球盖菇子实体

（二）营养保健价值

1. 营养价值 大球盖菇子实体颜色艳丽、肉质细腻、口感爽滑，子实体中可以检测到多种氨基酸、蛋白质、粗脂肪、生物胺等营养物质和多种维生素、矿物质等成分。研究表明，每100克大球盖菇子实体干品中含有粗蛋白25.89克、粗脂肪3.72克、总碳水化合物64.35克、灰分6.04克。与其他食用菌相比，大球盖菇含有丰富的矿物质并具有独特的富磷能力，每100克干品中约含磷1 204.65毫克，其磷含量是目前已报道的食用菌中最高的；另外，大球盖菇中的锌、锰、硒及铁元素含量也高于多数水果、蔬菜以及谷物类。大球盖菇含有18种氨基酸，8种人体必需氨基酸占其氨基酸总量的39.11%。大球盖菇中还含有多种生物活性物质，其中总黄酮、总酚、总皂苷含量都在1克/千克以上，多糖和牛磺酸的含量也高于已报道的一些食用菌含量。

2.保健价值 现代医学研究认为，大球盖菇在抗肿瘤、抑菌、抗氧化、降血糖、助消化、缓解精神疲劳等方面均有很好的功效。大球盖菇提取物清除自由基能力很强，牛磺酸含量显著高于多种食用菌，牛磺酸不仅可以抗氧化，还对婴幼儿智力发育及神经中枢系统发育有着必不可少的作用。大球盖菇多糖也可以提高机体内抗氧化酶的活性、清除过量的超氧自由基和羟自由基从而达到抗衰老的目的。有研究表明，大球盖菇提取物能降低 2 型糖尿病小鼠的血糖，使机体内血糖代谢得以正常，有效清除自由基，改善糖耐量，并明显改善"三多一少"等糖尿病症状。

（三）栽培历史

野生大球盖菇分布较为广泛。我国四川、重庆、贵州、山西、云南、青海、陕西、甘肃、辽宁、吉林、黑龙江、新疆、西藏等多个地区均有野生大球盖菇的踪迹，但在大球盖菇发现之初，国内学者并未深究其人工栽培的可行性。在 20 世纪 80 年代，我国从欧洲引种大球盖菇驯化菌株并在国内试种成功，后来，福建省三明真菌研究所进一步加强这方面的引种工作，试种成功后在当地进行推广。我国南方气候适合大球盖菇生长繁殖，目前四川、云南、贵州、重庆、福建、浙江、湖北、江西、山东、贵州、陕西、湖南等多个省份均发展了不同规模的大球盖菇人工种植业。四川泸州、南充、达州、广安、遂宁、达州、成都、甘孜等地也已有成熟大球盖菇种销产业。

2000 年前后，四川省农业科学院科研人员开始将大球盖菇引入四川地区，利用稻麦草等原材料进行种植，进行了大球盖菇生理特征、遗传特性等多方面的研究，解决了种植期间菌种污染率高、制种周期长等问题，同时优化栽培配方改善了子实体农艺性状。2004 年育成川内首个通过省级审定的大球盖菇新品种大球盖菇 1 号，并在 2008 年通过全国食用菌品种认定；2011 年"一种大球盖菇菌种快速生产方法"和 2014 年"一种大球盖菇的大田栽培方法"获国家发明专利授权。

（四）产业现状

大球盖菇是联合国粮农组织向发展中国家推荐种植的菇种之一。1922 年被发现后，欧洲首先开展了人工驯化研究，德国和波兰等国家开始了大球盖菇的生物学特性及生长机理的研究工作，德国首先开始尝试人工种植并在 1969 年获得成功，随后波兰等欧洲各国相继引种栽培。20 世纪 80 年代，美国、西欧开始商业化栽培。近几年，大球盖菇得到较多的重视，成为多个地区种植结构调整的优势项目。

据四川省食用菌协会统计，2022 年四川大球盖菇产量 5.64 万吨，产值 90 183.1 万元，主要集中在成都郊县、绵阳、德阳、泸州、遂宁、宜宾、广安、甘孜等地。大球盖菇的栽培能充分利用稻壳、作物秸秆等农牧废弃物，主要采用生料覆土栽培，可以在果树等经济林或植株较高的农作物下空地、冬闲田、落叶林下或山坡荒地搭建简易棚栽培，或直接在地面覆盖稻草、秸秆草帘进行遮阳栽培，也可以利用闲置的蔬菜大棚种植，或与大棚中的当季蔬菜套种。栽培料经大球盖菇分解后可增加土壤有机质含量，利于林地植物吸收利用，提高林地农产品产出。

利用林下空地种植大球盖菇，枝叶遮蔽可以调节光照，同时起降温保湿的作用，形成适宜大球盖菇生长发育的小环境，减少搭建遮阳棚这一工序，省工省力。

大球盖菇的种植模式多样，利用稻田冬闲时间采用"双季稻-大球盖菇"种植模式，大球盖菇每亩产量可达3 000～4 000千克；在苹果、杨梅、核桃等经济林下进行套种栽培，保证果实产量的基础上，大球盖菇产量平均约27吨/公顷；"单季稻-大球盖菇"项目种植，大球盖菇每亩产量达到3 500余千克。

二、生物学特性

（一）形态特征

孢子多为棕褐色，外轮廓光滑，呈椭圆形。孢子印呈紫褐色。菌落呈毡状或绒状，白色，有的有同心轮纹，大部分无放射纹，圆形或不规则形，平坦，菌丝一般生长旺盛，较为浓密。

出菇时子实体通常表现为群生、丛生或单生；菌盖发育初期多为白色、半球形，成熟后呈白色至浅红色或暗褐色或黄色（图18-3），有鳞片，成熟时直径可达40厘米以上。菌盖下有菌膜。菌褶位于菌盖内下部分、直生，幼时为白色，后变成灰白色，成熟时颜色变深呈黑褐色。菌柄色白，为中实或中空的圆柱形，菌肉白色。

图18-3 黄色大球盖菇子实体

（二）对环境条件的要求

1.营养 大球盖菇属草腐菌，能分解利用稻草、麦草、玉米秆等农作物秸秆中的木质纤维。在人工栽培中，生长发育所需的碳源可从稻草、麦秆、玉米秆、木屑等培养料中获取，氮源可从麸皮、米糠等辅料中获取，过高的氮素对大球盖菇栽培不利，辅料的

含量一般不超过10%。

2.温度　大球盖菇菌丝在4～35℃均能生长，最适温度20～24℃。低温下（0℃以上），菌丝生长缓慢，但总体不会影响后期活力；持续的高温特别是35℃以上会使菌丝死亡。子实体形成温度范围是4～30℃，原基形成的适宜温度15～25℃。低于4℃或高于30℃条件下难以形成子实体原基。在适宜的温度范围内，温度偏低时大球盖菇子实体不易开伞，朵形较大，菌柄粗壮，肉质厚实，商品性状较优。

3.光照　菌丝生长不需要光线，可以在完全黑暗条件下生长，子实体的形成需要一定的散射光。子实体生长阶段要求光照度在100～500勒克斯。

4.水分　大球盖菇菌丝在含水量为60%～80%的基质上均能生长，以65%～70%最为适宜，过高的含水量会导致菌丝稀疏，含水量过低则会引起菌丝萎缩、难吃料。子实体形成阶段要求空气相对湿度85%～95%，湿度过低难以产生原基或形成的原基干枯。

5.空气　大球盖菇属好气性真菌，生长发育需良好通气条件。菌丝生长阶段可耐受较高浓度二氧化碳，但子实体形成期需将二氧化碳浓度控制在0.1%以下，以防畸形发生。栽培过程中应优化通风，平衡氧气供应与二氧化碳排放，以促进健康生长和优质子实体形成。

6.酸碱度　大球盖菇菌丝在pH 4.5～9的基质中均能生长，以pH 5～6.5的环境最适合。

7.土壤　大球盖菇覆土出菇效果最理想，也有研究表明不覆土也能出菇，但出菇管理时间明显延长。覆土材料要求疏松、腐殖质含量高，以菜园土、泥炭土、园林土、草碳土较好，而沙质土和黏土覆盖栽培出菇效果不理想。

三、栽培技术

（一）栽培季节

大球盖菇适温广，自然条件下除部分地区6—9月气温高不利于出菇外，其余季节均可栽培。生产周期80～120天，播种时间一般在9月下旬至翌年3月，出菇期在当年11月至翌年5月。栽培试验结果表明，川南地区在10—12月播种，播种时间宜早不宜迟。提前播种可使大球盖菇在春节前进入市场，由于出菇处于低温条件，营养积累充足，产品商品性状优良、口感好，病虫害危害少，且节日期间市场需求量大，栽培效益较高。春季气温回升后，子实体生长集中、速度快，朵形小、肉质松绵，商品性降低。

（二）品种选择

四川大球盖菇主栽大球盖菇1号、川球盖2号、球盖菇5号、黑农球盖菇1号及明大128等。大球盖菇1号成熟子实体气味清香，菌体柔和，色泽鲜艳，质地脆嫩，口感爽滑，适宜于长江流域以南地区9—12月接种自然环境栽培。

场地选择：要求交通便利，水源充足且洁净，远离工矿企业和污染源。栽培田块需能排能灌，以土质疏松肥沃、腐殖质含量高、透气性强、不易板结为最佳。排水良好的水稻田、旱地或山林地、废旧厂房、设施大棚内均可种植。为避免连作障碍可采取水稻与大球盖菇水旱轮作的模式。

(三）栽培基质的制备

选择干燥、无霉变、新鲜的原材料用作栽培基质。来源广泛、价格低廉的作物秸秆，如稻草、玉米秆、大豆秆、小麦秆、木屑、竹屑、玉米芯等均可作为原材料，不需要额外添加氮肥、磷肥或钾肥，可以在培养原料内添加适量（≤5%）经过腐熟的厩肥。在配制大球盖菇栽培基质的时候可以是单一原料，也可以是多种原料配合使用，一般原料种类越丰富，营养越均衡，产量越高。

在选择和处理原材料的时候，一是要坚持因地制宜原则，尽可能降低生产成本；二是尽可能多地增加原材料种类，均衡营养；其次是兼顾粗细搭配，纤维素与木质素搭配，在综合考虑培养基保水性和透气性的基础上尽可能多地添加竹屑、木屑等含木质素丰富的原料，以增加转潮后产量。

目前可用于人工种植大球盖菇的栽培料配方较多，常用配方如下：
①木屑（竹屑）100%；②干稻草100%；③干稻草80%、木屑（竹屑）20%；④干稻草60%、蔗渣40%；⑤桑枝屑100%；⑥玉米秸秆43%、谷壳14%和玉米芯43%；⑦桑枝90%、谷壳10%；⑧刨花木屑（或树木枝条屑）30%、稻壳20%、玉米芯50%；⑨稻草或玉米秸秆50%、谷壳40%、干牛粪10%。

栽培前需对原材料进行预处理，所有原材料按种类、比例混合均匀，并分层建堆，边建堆边喷水，经过2～3天建堆预湿后，将原料翻堆处理，以使原料吸水均匀、提高堆温灭菌杀虫等，待所有原料充分吸水并变柔软时，即可用于大球盖菇栽培。

(四）接种／播种与发菌管理

1.开厢沟　符合要求的旱地、水稻田或林地均可用于栽培大球盖菇。首先应除去杂草，整土时土块不可太碎，土粒碎度控制在粒径1～3厘米。提前在栽培场种植厢面两边挖好厢沟，宽40厘米、深20厘米，长度视场地而定，每两条厢沟间隔120厘米左右。开沟后的场地宜在自然条件下暴晒10～15天，以达到杀灭病菌及虫卵的目的。

2.播种　播种下料应在没有阳光直射的阴天进行，将准备好的培养料铺在种植厢面上，要求底料铺设均匀，厚度约20厘米。底料铺好后即可接种栽培种，可采用"一"字形条播法，具体方法为：将菌种掰成鸡蛋大小，每块菌种间隔4～6厘米均匀播种，每厢接种4～5行，接种量0.8～1千克/米^2，接种后，在菌种表面覆盖一层培养料，厚度通常4～5厘米，以看不见菌种为宜；也可将栽培种碎成直径1～2厘米的小块，直接均匀撒在料面上再覆料（图18-4）。播种时气温应达

图18-4　播　种

10 ~ 25℃，播种后用温度计插入培养料对温度进行监测，如果温度达28℃应立即通风降温降湿。

3.**覆土** 播种后立即覆土。大田栽培覆土通常就地取材，通过整地处理，土粒碎度适宜且持水量为20%左右，覆土时直接将碎土覆盖于厢面培养料上，厚度3 ~ 5厘米。在覆土的垄面上可以盖一层湿稻草（保温保湿），不宜过厚，以刚好看不到覆土即可（图18-5）。

图18-5 栽培厢面覆盖稻草

4.**发菌管理** 播种后7 ~ 10天可每厢抽查3 ~ 4处，检查菌种萌发情况（图18-6）。轻轻挖开泥土和培养料，查看菌种的萌发、吃料情况，如果菌丝萌发量少或没有萌发，应当及时查明原因并补种。用温度计监测菌丝与培养料接触断面的温度，若超过28℃应

图18-6 接种块萌发检查

通风降温。发菌期保持覆盖层土壤湿度以手捏能扁、手搓能圆，且不沾手为原则，避免菇床积水。在菌丝长满培养料以前，厢面应以保湿为主，可不用向厢面浇水；在出菇适宜季节应增加厢面水分，以促进菌丝向厢面生长。

菌丝长满厢面前需要及时搭建遮阳棚，防止阳光直射，一般播种后40～50天菌丝满床。遮阳棚一般高1.8～2.2米，单层遮阳网，密度以2～4针为宜，覆盖整个栽培场地。如果气温适宜，一般接种后50天左右，土层中开始有小白粒原基出现时即进入出菇管理阶段。

（五）出菇管理与采收

1. 出菇管理　催蕾期根据"少量多次"原则，逐步增加田间持水量（以覆土层土壤湿度20%左右为宜），保持稻草湿润，促进原基形成。当土层有较小原基出现时，加强水分管理，控制土壤湿度为35%～40%，空气相对湿度85%～95%，光照度100～500勒克斯，5～10天原基开始分化，进入幼菇期。

幼菇期应加强保温、保湿和通风，保持空气相对湿度90%左右。幼菇生长7～15天，菇体长大，颜色变深，随着幼菇的生长应适当降低空气相对湿度（80%～90%）和土壤湿度，同时避免将水直接喷到菇体上。

如果发现土层缺水，覆土层发白，应当选择在沟内补水。黑暗状态下子实体发育不良，但阳光直射时间较长可能会引起子实体表面龟裂，影响商品性状。因此，光线的控制可直接影响大球盖菇的产量和子实体的颜色、形状和品质。

2. 采收　当子实体菌膜尚未完全破裂，而菌盖内卷但未开伞时即可采收（图18-7）。用手指捏住菇脚轻轻转几下，再用另一只手压住基部向上拔起，采收后需要及时清除残菇并填充采摘后空隙。

采收的鲜菇应立即整齐摆放在容器中，运送至低温车间进行后续处理或直接存放，避免开伞影响品质。短期贮存和运输可采用冰块加泡沫箱或者冷藏车的方式进行运输，温度需尽量控制在4℃以下。大球盖菇产品可盐渍或干制保存。

图18-7　采收的大球盖菇子实体

（六）常见病虫与防控方法

在大球盖菇的栽培过程中，易出现鬼伞、盘菌等杂菌，常见的害虫包括螨类、跳虫、菇蚊、蚂蚁等。冬季种植大球盖菇，发生病虫害的概率较低。栽培过程中病虫害防治往往以预防为主，严格进行原材料选择和预处理、重视土地处理等均可有效降低病虫害的发生率。水稻与大球盖菇轮作，能有效减轻大球盖菇连作障碍问题，减少病虫害的发生。

参考文献

陈秀琴，吴少风，2007. 大球盖菇冬闲田高产栽培及加工技术 [J]. 福建农业科技 (4): 46-48.

段丽华，甘云浩，张文东，等，2018. 林下大球盖菇的种植试验 [J]. 西南林业大学学报 (自然科学)，38 (4): 212-215.

黄年来，1995. 大球盖菇的分类地位和特征特性 [J]. 食用菌 (6): 12.

金再欣，蒋加勇，吴海锋，等，2020. 稻菇轮作生态模式及经济效益分析 [J]. 浙江农业科学，61(2): 249-250.

刘本洪，2004. 降解作物秸秆的大球盖菇菌株选育及应用 [D]. 成都：四川大学.

佘冬芳，樊卫国，徐彦军，等，2007. 大球盖菇栽培技术研究进展 [J]. 种子，26(1): 84-87.

王峰，陶明煊，程光宇，等，2009. 4 种食用菌提取物自由基清除作用及降血糖作用的研究 [J]. 食品科学，30(21): 343-347.

王峰，王晓炜，陶明煊，等，2009. 大球盖菇多糖清除自由基活性和对 D - 半乳糖氧化损伤小鼠的抗氧化作用 [J]. 食品科学，30(5): 233-238.

王晓炜，詹巍，陶明煊，等，2007. 大球盖菇营养成分、抗氧化活性物质分析 [J]. 食用菌 (6): 62-63.

编写人员：李小林　叶雷

鸡 腿 菇

　　鸡腿菇（图19-1）曾是四川"六菇三耳"之一，因子实体外观形态如鸡腿，肉质纤维似鸡肉丝而得名。鸡腿菇味道鲜美，含有鸡腿菇多糖、生物活性蛋白、鸡腿菇素、苷类物质、甾类化合物等多种营养成分，研究显示其在免疫调节、抗氧化、降血糖、抗肿瘤、抗病毒以及治疗酒精肝、阿尔茨海默病和白血病等方面具有良好的应用前景，是被联合国粮农组织和世界卫生组织确定为具"天然、营养、保健"3种功能为一体的16种珍稀食用菌之一。

图19-1　鸡腿菇

　　但目前对鸡腿菇药用保健功效的研究基础尚显薄弱，鸡腿菇子实体极易自溶、褐变，严重影响商品质量和货架期，产品开发还处于较初级的阶段，有待进一步深入。

一、概述

（一）分类地位

鸡腿菇，学名毛头鬼伞*Coprinus comatus* (O.F. Müll.) Pers.，又名鬼伞菌、鸡腿蘑，在四川常被叫做"牛粪菌"，在分类学上隶属担子菌门Basidiomycota，伞菌纲Agaricomycetes，伞菌目Agaricales，伞菌科Agaricaceae，鬼伞属*Coprinus*。因其子实体外观形态如鸡腿，肉质纤维似鸡肉丝而得名，有"菌中新秀"之称。

自然条件下，鸡腿菇常在春、秋两季雨后发生在有机质丰富的区域，尤其是腐烂的枯枝树叶、枯草和牛粪堆上。我国野生鸡腿菇的分布区域广泛。

（二）营养保健价值

1.营养价值 鸡腿菇味道鲜、口感好，营养丰富，高蛋白质，低脂肪，含多种矿质元素、维生素和多糖，是营养均衡的理想食品。每100克鸡腿菇子实体干品含蛋白质25.4克、脂肪3.3克、纤维素7.3克、总糖58.8克，还含有20种氨基酸，其中8种人体必需氨基酸全部具备。鸡腿菇除了含有人体必需的常量元素钾、磷、硫、钙、镁、钠外，还含有人体必需的微量元素铁、锌、锰、铜、铬、钼、钴、硒等。维生素B_1、维生素B_2、维生素C、维生素E也十分丰富。

2.保健价值 鸡腿菇具有较好的保健和药用价值，味甘性平、有益脾胃、清心安肺、助消化，同时还具有抗氧化、降血糖、降血脂、防止肝损伤、抗肿瘤、提高免疫力、抑菌等功效，是一种药食同源、极具开发前景的食用菌，被联合国粮农组织和世界卫生组织确定为具"天然、营养、保健"3种功能为一体的16种珍稀食用菌之一。

有研究表明，鸡腿菇含有治疗糖尿病的有效成分，可以改善胰岛血液循环，增强胰岛B细胞的分泌功能。此外，富铬鸡腿菇菌丝体发酵液能够大幅度降低机体血糖，降糖作用及显效时间优于有些中成药。鸡腿菇多糖具有增强机体免疫力、提高小鼠溶菌酶活力与防癌抗癌的作用。鸡腿菇粗多糖对小鼠移植性实体瘤具有明显抑制作用，抑瘤率高达83.9%，可明显延长腹水瘤小鼠的存活期。鸡腿菇还可以抑制人肝癌细胞的体外增生，不同程度地抑制霉菌、细菌的生长等。

（三）栽培历史

1923年，Mounce成功地进行了室内鸡腿菇栽培。20世纪70年代鸡腿菇在美国、荷兰等地实现商业化生产；中国于20世纪80年代前后人工栽培成功，20世纪90年代，全国各地开始大面积种植鸡腿菇，同一时期，四川也开始鸡腿菇种植。2004年，四川省农业科学院育成川鸡腿菇1号，成为了当时主要栽培品种之一。目前四川鸡腿菇主要栽培模式为设施内层架栽培和自然条件下田间大棚栽培，主要分布在大邑、彭州、简阳和自贡等地。

（四）产业现状

我国鸡腿菇主产区为福建、江西、山东、湖南、广东、四川、河北、河南、云南、山西、广西、贵州、吉林、内蒙古、重庆、安徽和黑龙江等17个地区。据中国食用菌协会统计，2022年四川省鸡腿菇产量8 007.98吨，位列全国第2。北方地区鸡腿菇栽培模式为大棚栽培和林下栽培，中部地区栽培模式以大棚栽培为主，南方地区兼有工厂设施化栽培和大棚栽培。

二、生物学特性

（一）形态特征

鸡腿菇的孢子呈椭圆形，大小为（7.8 ~ 10.7）微米×（6.5 ~ 7.6）微米，光滑（图19-2）；菌丝有明显的锁状联合；PDA平板上白色菌落边缘整齐、较浓密（图19-3）；鸡腿菇子实体单生或丛生（图19-4，图19-5），常见的品种（菌株）菌盖呈椭圆形，黄白色至白色，菌盖光滑或鳞片明显（图19-6，图19-7），商品菇中成熟的子实体菌褶米色，菌柄基部膨大粗壮，呈白色。

图 19-2　孢子形态

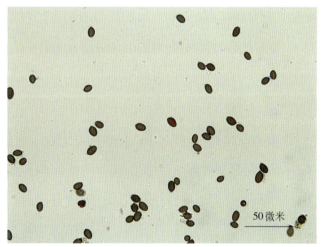

50微米

图 19-3　菌落形态

图19-4　单生子实体

图19-5　丛生子实体

图19-6　菌盖光滑

图19-7　菌盖鳞片明显

（二）生长发育条件

1.营养条件

（1）碳源。母种阶段常用蔗糖或葡萄糖作碳源；原种、栽培种和生产阶段需要富含纤维素的农作物副产物作碳源，如棉籽壳、棉渣、玉米芯、油菜秆、稻草秸秆和小麦秸秆等。

（2）氮源。蛋白胨、麸皮、玉米粉、米糠、菜籽饼和豆粕。

（3）矿质元素。生产中常添加磷肥、石灰和石膏以提供菌丝生长所需的矿质元素。

（4）维生素。栽培基质中常添加玉米粉、米糠和麸皮等辅料，这些辅料含各种丰富的维生素，能满足菌丝生长所需，不需要另外添加。

2.环境条件

（1）温度。菌丝体生长温度5～35℃，最适温度20～28℃；子实体生长温度10～28℃，最适温度10～20℃。

（2）光照。菌丝体阶段暗培养，子实体生长时给予少量的散射光。

（3）湿度。子实体阶段空气相对湿度80%～90%。

（4）酸碱度（pH）。菌丝体生长pH为6～8。鸡腿菇栽培中培养料常添加石灰调节pH，灭菌过程中pH会下降，一般灭菌前pH比灭菌后高0.5～1。

（5）空气。鸡腿菇是好氧性真菌，生长阶段需要氧气，发菌和出菇阶段要适时通风换气，保证有充足的氧气。

三、栽培技术

鸡腿菇是一种适应能力很强的腐生菌，分解能力强，可以熟料栽培，也可以生料栽培，是覆土栽培类食用菌。在四川一般首先制作菌袋，再在室内层架上覆土或在田间开沟覆土栽培。

（一）栽培季节

1. 设施栽培　可以周年栽培。一年可以栽培3～4次，每次采收1～2潮，生产周期75～90天。

2. 田间栽培　自然条件下，采用大棚栽培的鸡腿菇分春、秋两季栽培。春栽是第一年9—10月制种，11—12月埋菌袋（栽培种），第二年2—3月出菇；秋栽是7—8月制种，9—10月埋菌袋，11—12月出菇。每季可采收2～3潮。

（二）品种选择

目前四川鸡腿菇栽培品种一般要求子实体单生或丛生，菌盖呈椭圆形、白色，无明显鳞片，菌柄基部膨大，出菇整齐，质地紧密，口感细腻脆嫩，宜鲜销、干制或盐渍。

（三）料袋制备

1. 常用配方

配方①：菌糠40%、麦麸30%、稻草20%、麦秸8%、石灰1%、石膏1%。

配方②：玉米芯22%、菌糠50%、棉籽壳12%、麦麸5%、稻草6%、玉米粉3%、石灰2%。

配方③：菌糠60%、稻草28%、麦麸10%、石灰2%。

2. 拌料　按照配方称取原材料，原材料需要先预湿到含水量60%～80%，之后人工拌料或机器拌料，拌料要求均匀，含水量约65%。

3. 装袋　料袋规格（20～22）厘米×（42～48）厘米×0.002 8厘米，材质为聚乙烯。袋子一端提前用塑料绳扎好，采用机械装袋，要求松紧一致，装料后用塑料绳扎口，装后每袋重量为2～2.5千克。

4. 灭菌和冷却　装好的栽培袋要立即灭菌，避免培养料中的杂菌繁殖。可常压灭菌或高压灭菌。灭菌后将栽培袋放置在接种棚内进行冷却（图19-8），冷却后立即接种，冷却场地提前进行消毒处理。

（四）接种

鸡腿菇接种环境相对粗放，接种场地、接种人员和接种工具要按照要求进行消毒，接种前菌种瓶表面用0.1%克霉灵或者0.25%新洁尔灭擦拭，接种工具提前消毒灭菌。表层的菌种弃用，之后将菌种接入栽培袋，两端接种，用灭过菌的报纸封口（图19-9）。一瓶650毫升的原种可以转接10～12袋栽培袋，接种后原位发菌（图19-10）。

图19-8 冷 却

图19-9 接 种

图19-10 发 菌

（五）发菌管理

在发菌期间，菌袋的码放层数要根据季节变化，一般3～4层（图19-11，图19-12），注意料堆温度要保持在20～28℃，避免堆温过高发生烧菌现象，其间注意通风换气；适时检查菌袋污染情况，出现杂菌，立即用浸湿来苏儿水等消毒液的抹布或报纸盖住菌袋两端，将其清理出发菌场地，防止杂菌飘散造成二次污染。

图 19-11　菌袋中生长的菌丝

图 19-12　发菌完成的菌袋

（六）出菇管理与采收

1. 设施栽培　室内进行温度调控的层架式出菇模式，出菇架一般5层，长满菌丝的菌袋上架前脱袋，摆放好后覆土5厘米厚培养，栽培周期95～105天，只采收1潮。

四川鸡腿菇栽培一般通过设施控温、控湿，并采用层架式菌袋（脱袋）覆土出菇，可以实现周年生产。菌袋长满菌丝后，脱掉袋子，紧密摆放在层架上（图19-13），覆土5厘米厚，土壤先预湿。室温20～25℃有利于菌丝体在土壤中定殖，一般覆土3～5天后菌丝体向土壤中生长（图19-14），土壤保持湿润，暗培养，每天定期通风换气。覆土15～20天后开始形成原基（图19-15），进而分化成子实体（图19-16）。出菇阶段温度保持在15～20℃，空气相对湿度为80%～90%，出菇中后期即接近子实体商品成熟期减少通风次数，增大CO_2浓度，以促进子实体菌柄生长。

图19-13　菌袋脱袋摆放

图19-14　菌丝体在土层中生长

图 19-15 原基分化

图 19-16 子实体形成

2.田间覆土栽培 做栽培畦，畦面宽1米、深15～20厘米，长度依据大棚长度而定，前后留操作道（图19-17）。菌丝体长至菌袋1/2或长满均可以下地埋袋，菌袋紧密排放埋入栽培畦（图19-18）（每亩约8 000袋），覆土厚度3～5厘米，之后加盖小拱棚保温、保湿、避光，定时通风换气。

图19-17　做栽培畦

图19-18　埋　袋

　　在自然条件下采用大棚出菇方式，大棚内需要加盖小拱棚遮光保温（图19-19，图19-20），春秋两季栽培。

图19-19　栽培大棚

图19-20　大棚内搭建的小拱棚

　　原基分化形成子实体后进行二次覆土，利于菌柄的生长。鸡腿菇食用部位以菌柄为主，所以子实体生长阶段要进行二次覆土，每次采收后均要覆土，利于子实体再次发生，可采收2～3潮（图19-21，图19-22），一般生产周期100～120天。

图 19-21　田间生长的子实体

图 19-22　子实体成熟

　　设施栽培的子实体相对清洁，田间栽培的子实体泥土多（图 19-23），需要清洗（图 19-24）；设施栽培采收 1 潮，田间出菇可采收 2 ~ 3 潮，产量和生物学转化率较高。

图19-23　田间采收的子实体

图19-24　子实体清洗

　　鸡腿菇采收标准是菌盖紧实、菌盖边缘与菌柄贴合（图19-25）。鸡腿菇子实体生长
发育快、菌盖容易开伞之后自溶，不耐贮存，货架期短，采收后应立即清理修剪、包装、
预冷处理后运输，及时上市（图19-26）。

图 19-25　可采收的子实体

图 19-26　修剪后的商品菇

（七）常见病虫与防控方法

1.病害　主要病害有木霉（图 19-27）、链孢霉（图 19-28）、青霉、炭角菌类杂菌的侵染危害，以及黑头病和黑腐病等。

图 19-27　木霉侵染危害

图 19-28　链孢霉侵染危害

　　木霉、链孢霉和青霉均可发生在制种和发菌阶段，危害性较大，可导致菌种或者菌袋报废。栽培袋灭菌不彻底、通风不良、温度高、湿度大等条件是引起污染的主要原因。被炭角菌类杂菌侵染会形成"鸡爪菇"，温度高时较常见，危害性大，可能导致鸡腿菇减产或者绝收。

防治方法：做好培养环境的消毒，选择新鲜、干燥的原料，培养料灭菌彻底。适时安排农时。选择生长势良好、无污染的菌袋下地出菇，出菇期定期通风换气，保持适宜的温度和湿度。

2.**虫害**　主要的虫害有瘿蚊、黑腹果蝇、跳虫和螨虫等。

这些害虫喜欢阴暗、潮湿的地方，繁殖能力强、危害性较大，害虫啃食菌丝体，导致菌株不能正常生长而出现畸形菇或者不出菇。部分害虫侵入子实体内，子实体畸形或停止生长。

防治方法：出菇场地事先消毒，杀死虫卵，出菇前悬挂诱蚊灯和黄板，出菇期定时通风换气。

四、贮运与加工

四川的鸡腿菇主要满足川内市场，主要为鲜销，少量进行盐渍加工。

采收后主要处理子实体污渍和修剪。用水枪冲洗子实体，除去菌盖和菌柄泥沙，修剪菌柄，之后分级装袋。一等品菇体白色、菌盖紧实、无病斑和虫眼；次等品菌盖上有黄斑和病斑，菌盖不紧实，柄细，或子实体不完整。修剪好的子实体装入透明袋，每袋装子实体2.5千克，用绳子封口，冷藏保存，及时销售。

参考文献

黄年来，2001.食用菌病虫诊治(彩色)手册[M].北京：中国农业出版社.

王波，黄忠乾，2010.图说鸡腿蘑栽培关键技术[M].北京：中国农业出版社.

魏晶晶，王志鸽，张浩然，等，2020.鸡腿菇的营养成分与保鲜加工研究[J].中国果菜，40(60)：77-82.

赵春江，陈士国，彭莉娟，等，2012.鸡腿菇功能性成分及其功效研究进展[J].食品工业科技，33(5)：429-432.

赵现方，付远志，王振河，等，2008.鸡腿菇研究进展[J].微生物学杂志(5)：83-85.

编写人员：陈影　曹雪莲

黑 皮 鸡 枞

黑皮鸡枞（图20-1）不是分类学上的名称，其学名是卵孢小奥德蘑，又称长根菇。菌柄下连有一条细长的"假根"，商品菇采收时正处幼菇阶段，此时，菌盖未展开，紧裹菌柄顶端，与鸡枞形态有类似之处。

图20-1 黑皮鸡枞

黑皮鸡枞子实体肉质细嫩、口感脆嫩、味道鲜美，富含糖类、蛋白质、氨基酸、脂肪、维生素及各种微量元素，其多糖提取物具有免疫、抗癌及保肝作用。

黑皮鸡枞有季节性农法栽培和设施化周年栽培，以设施大棚脱袋覆土出菇为主要模式。由于其属于中偏高温出菇型种类，种植管理稍有不慎就容易被病虫杂菌为害，同时，菇体采收时菌柄基部常带有泥土，需要人工进行削根，用工量较大。此外，连作障碍也是影响黑皮鸡枞产业发展的重要问题，亟待解决。

一、概述

(一) 分类地位

黑皮鸡枞（图20-2），学名卵孢小奥德蘑*Oudemansiella raphanipes* (Berk.) Pegler & T.W.K. Young，俗称长根菇、长根金钱菌、长根奥德蘑、草鸡枞和鸡丝菌等，在四川又称为"露水鸡枞""水鸡枞"，隶属担子菌门Basidiomycota，伞菌纲Agaricomycetes，伞菌目Agaricales，膨瑚菌科Physalacriaceae，小奥德蘑属*Oudemansiella*。

自然条件下黑皮鸡枞子实体常发生于阔叶林或小灌木丛，"假根"着生于地下腐木上。气温15～25℃，疏水性较好的沙壤土，通风、光照良好的环境有利于子实体的发生。四川地区子实体常发生在5—7月，四川攀西地区、广元、成都和宜宾等地均有野生黑皮鸡枞的分布。

图20-2　黑皮鸡枞子实体

(二) 营养保健价值

1.营养价值　黑皮鸡枞菌肉细嫩、质韧、鸡肉丝状，菌体鲜甜可口，清香四溢，味道可与鸡肉媲美。研究表明，黑皮鸡枞含有30.11%的蛋白质、3.85%的粗脂肪、29.03%的总糖、4.48%的粗纤维和9.86%的灰分。黑皮鸡枞含有17种氨基酸，氨基酸总量为157毫克/克，8种人体必需氨基酸全部具备。其中，组氨酸含量为4.7毫克/克，达到氨基酸总量的2.99%；谷氨酸含量最高，为31.3毫克/克，占氨基酸总量的19.94%。子实体氨基酸总量为干重的14%～15%，其中人体所必需的氨基酸和支链氨基酸含量丰富，硫氨酸含量很高，还含有较丰富的多酚、脑苷、纤维素酶、皂苷、多糖等活性成分，是食用菌中补充人体所需营养的最佳选择之一。

2.保健价值　黑皮鸡枞富含蛋白质、氨基酸、维生素、微量元素、真菌多糖、生物碱、叶酸、朴菇素和小奥德蘑酮等多种营养成分和生物活性物质，尤以小奥德蘑酮和多糖类化合物作用最为突出。小奥德蘑酮是日本学者于1970年从黑皮鸡枞的子实体和菌丝体发酵液中提取获得的，对麻醉大白鼠静脉注射10～40毫克/千克，能引起大白鼠血压最初升高，然后出现长时间的低血压（降血压），对大白鼠自发性高血压也有明显降压作用。子实体提取物有多种活性成分，有研究显示，其多糖（En-MPS和Ac-MPS）在小鼠实验中表现出具较强抗氧化、抗炎和肺保护作用，可以用作预防肺损伤的可吸收药物。

（三）栽培历史

四川黑皮鸡枞的栽培研究开始于四川省农业科学院土壤肥料研究所。1997年，该所研究人员分别在广元和成都市狮子山发现野生黑皮鸡枞菌子实体。1997—2005年，四川省农业科学院谭伟等对黑皮鸡枞生物学特性、品种选育、液体菌种技术、栽培技术等进行了系统研究和应用。2003年，四川省食用菌研究所成功选育四川首个新品种——露水鸡枞（图20-3）。该品种在四川主栽区丹棱、青白江、中江、郫县等地采用代料脱袋覆土畦式栽培（80～100厘米宽），较当时四川主栽黑皮鸡枞菌株丽根增产38.71%～41.38%。1998年，高斌在西昌种植了4.5米^{2}收鲜菇31.5千克，认为地栽小拱棚盖草帘或地栽厢面种植蔬菜（6—9月种植）模式最佳。黑皮鸡枞在德阳、中江、郫县、青白江、宜宾和泸州等地曾得到较好发展。近几年，黑皮鸡枞作为"新兴产业"在四川泸州、宜宾、乐山、会东、成都等地高速发展，工厂化生产基地落户叙永县麻城镇。

图20-3 四川早期黑皮鸡枞栽培子实体形态

（四）产业现状

四川省人工栽培黑皮鸡枞产区主要分布在泸州、宜宾、绵阳、攀枝花、德阳、甘孜、凉山、金堂、青川、成都青白江区等地，其中以泸州规模化种植面积最大，有"黑菇良""衙门坝"等品牌。四川黑皮鸡枞产品以鲜菇分级销售为主，另有干菇和罐头制品，主要销售到四川、云南、贵州、重庆、湖南、山东等地。2022年，我国黑皮鸡枞产量4.68万吨。

二、生物学特性

（一）形态特征

黑皮鸡枞在PDA培养基上菌丝体白色，菌落呈棉绒状，气生菌丝较弱，略有爬壁现象，菌丝体不分泌色素，多数菌株菌丝老化时菌落表面有黑色菌皮（图20-4）。在液体培养条件下，菌丝呈球状或棉絮状，白色，无色素产生。

黑皮鸡枞子实体由菌盖、菌褶、菌柄和位于菌柄基部的"假根"组成，单生或群生。幼时菌盖呈浅褐色，近球形，成熟时菌盖呈灰褐色，表面有菌丝状的绒毛分布，平展，菌盖直径2～15厘米；菌褶位于菌盖底部，白色，辐射状，边缘整齐，与菌柄相连，菌褶内有孢子；菌柄中实，菌肉白色，中部菌肉似棉絮状，近菌柄边缘组织致密，硬度较中部大，靠近基部土壤或者基料部位常呈白色，成熟时菌柄呈褐色至黑褐色，长可

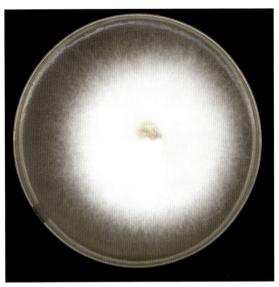

图20-4　黑皮鸡枞菌丝体及菌落形态

达20厘米，甚至更长。采用覆土出菇时，菌柄基部有长长的"假根"，呈白色，长2～10厘米，甚至更长，由菌柄基部往下逐渐变细，直径一般小于1厘米；当采用不覆土直接出菇时，一般没有"假根"的形成。黑皮鸡枞孢子存在于菌褶内，近卵圆形，白色，长（14～20）微米×宽（11～16）微米。孢子印为白色（图20-5）。

图20-5　黑皮鸡枞子实体及孢子
a.人工栽培子实体剖面形态；b.子实体菌盖下表面菌褶、纹理；c.孢子；
d.野生子实体形态；e.子实体菌盖上表面颜色及形态；f.孢子印

（二）生态习性与分布

自然条件下黑皮鸡枞子实体常发生于阔叶林或小灌木丛，"假根"着生于地下腐木上。气温15～25℃，疏水性较好的沙壤土，通风、光照良好的环境有利于子实体的发生。四川地区子实体常发生在5—7月，四川攀西地区、广元、成都和宜宾等地均有野生黑皮鸡枞的分布。

（三）栽培环境条件要求

1.营养及碳氮比　黑皮鸡枞为木腐菌，能够利用葡萄糖、棉籽壳、秸秆、米糠、玉米芯、木屑、淀粉及纤维素等。最适碳源和氮源分别是果糖和酵母粉。在液体培养基中可以葡萄糖或红糖为碳源，玉米粉、豆粕、蛋白胨、酵母粉等为氮源，添加适量硫酸镁、磷酸二氢钾、维生素B_1可有效促进菌丝生长。

菌种液体培养条件下，最适菌丝生长的碳氮比为（10～20）：1。发酵培养液体配方为玉米粉4%、蔗糖1%、黄豆饼粉1.5%、蛋白胨0.2%、pH 7时，菌丝长势最佳。

2.温度　黑皮鸡枞菌丝体生长范围5～30℃，最适温度20～25℃；子实体原基分化最适温度25～27℃，5℃温差能有效促进子实体原基形成。

3.湿度　制袋时培养料适宜含水量60%左右，发菌期空气相对湿度70%～80%，出菇期空气相对湿度85%～95%，低于60%菌盖和菌柄开裂形成反卷鳞片。覆土出菇时，应该保持土壤疏松透气，水分保持手捏成团、拍打即散即可，严格控制水分，以防菌包缺氧霉烂。

4.光照　黑皮鸡枞菌丝生长不需要光线，子实体原基形成和分化需要一定的散射光，光线弱时子实体颜色变浅，子实体有一定的向光性（图20-6）。

图20-6　子实体向光弯曲（右侧光）

5.**空气** 黑皮鸡枞菌丝体和子实体生育均需大量新鲜空气。在菌丝培养期间应该注意适当通风。一般维持出菇环境空气中CO_2浓度为2 500 ~ 3 000毫克/升，出菇期应协调通风与控温、控湿和维持一定二氧化碳浓度的关系，防止通风过度造成菌盖和菌柄开裂，菌盖开伞，商品性下降。

6.**酸碱度** 黑皮鸡枞菌丝能在pH3 ~ 8的培养基中生长，以pH 6 ~ 7为最适。

（四）其他要求

栽培场地应选择地势高、背风向阳、平坦开阔的空旷场地。要求周边环境卫生，供排水方便，通风良好，交通便利，无污染源。栽培产地环境总体要求应符合《无公害农产品 种植业产地环境条件》（NY/T 5010—2016）的规定。

栽培场地功能划分应包括原料储备区、配料装袋区、灭菌区、冷却区、接种区、培养区、贮藏区等。必要设备有拌料机、装袋机、灭菌器、接种设备等。有条件的可采用高压灭菌锅灭菌、液体菌种接种等，实现集约化生产。

三、栽培技术

（一）栽培季节

黑皮鸡枞属中偏高温出菇型种类，菌丝生长最适温度20 ~ 25℃，子实体发生及发育最适温度25 ~ 27℃。传统农业式生产栽培菌种多为固体菌种，分为750毫升玻璃瓶菌种、聚乙（丙）烯袋装菌种和枝条菌种等，一般安排冬春季制作菌棒，春夏秋3季栽培出菇。南方地区一般选择在11月至翌年3月制菌棒，3—7月出菇；或7月上旬制菌棒，9—11月出菇；需要根据栽培区域气候条件因地制宜确定菌棒制作时间和栽培出菇时间。

工厂化栽培模式不受自然气候环境影响，采用液体菌种，全自动接种机接种，调节温、光、水、气培养，层架式出菇，机械化覆土，实现周年出菇，但当前黑皮鸡枞工厂化栽培技术还需要进一步完善。

（二）菌种或菌株选择

四川经审定或引进的栽培品种不多，主要有露水鸡枞和从山东、福建和湖南等地引进的栽培菌株。黑皮鸡枞栽培菌株要求稳产性好、产量高、抗杂性强，尤其是对木霉和青霉抗性要强，田间栽培时，需要出菇长势一致、不易开伞、产量集中的品种。

（三）栽培基质的制备

多数的农作物下脚料，如阔叶树杂木屑、甘蔗渣、棉籽壳、稻草、玉米芯、玉米秆、桑枝屑等都可用于黑皮鸡枞生产，可因地制宜、就地取材。所用有机原料要求新鲜、干燥、无霉变等，无机原料为合格正品。

常用栽培基质配方：

①杂木屑75%、麦麸（或米糠）15%、玉米粉6%、糖1%、磷酸二氢钾1%、过磷酸钙1%、石膏粉1%。

②玉米芯60%、稻草17%、麸皮（或米糠）20%、糖1%、过磷酸钙1%、石膏粉1%。

③棉籽壳80%、麦麸（或米糠）12%、玉米粉5%、糖1%、过磷酸钙1%、石膏粉1%。

④杂木屑60%、玉米芯20%、麸皮（或米糠）18%、糖1%、石膏粉1%。

⑤棉籽壳50%、木屑35%、米糠12%、石膏粉1%、过磷酸钙1%、糖1%。

按照配方，根据干重称取各种原料，先将主料干拌均匀，再加入其他辅料混合，然后调节水分至60%～65%。拌料、装袋均采用机械进行。

制作黑皮鸡枞料袋多采用规格为17厘米×33厘米×0.004厘米的聚乙烯菌袋，采用常压灭菌，也可用相同规格的聚丙烯塑料袋进行高压灭菌，每袋装干料500～600克。

工厂化生产多采用食用菌自动装袋窝口一体机装袋，通过机械实现装袋长度、松紧度、速度的调节，只需一人操作便可完成装袋、窝口、插棒等多个工序。

装袋当天及时灭菌。灭菌要求在4小时内上升到100℃，升温时间过长会导致培养料酸败。常压灭菌时，料仓内温度达到100℃后要保持15～18小时；高压灭菌时，121℃维持2小时即可。灭菌结束后，冷却至60～70℃出锅，将栽培袋搬入经熏蒸消毒的接种室，冷却至25℃左右接种。

（四）接种

接种分人工接种和全自动接种。

枝条菌种人工接种：将合格枝条菌种菌袋用1%的高锰酸钾溶液或食用菌常用消毒剂进行容器表面消毒后，放置在消毒灭菌的接种室备用。接种时将装枝条菌种的袋子打开，用无菌钳将单根枝条菌种插入料袋中部窝口中，然后用无菌海绵迅速塞住接种口。按此法接种，直至接种完毕。

全自动液体接种机接种：采用程序化的机械液体菌种机进行自动接种，接种量为液体菌种25～30克/袋。

（五）发菌及菌棒后熟管理

接种后的料袋放置在25～30℃的环境发菌约24小时，然后调整温度至25℃，空气相对湿度70%左右，无光环境控温培养约2周进行污染料袋的清理。培养30～40天菌丝即可满袋（图20-7）。

菌丝满袋后应进行后熟培养，但培养时间不宜过长。控制温度20～25℃，空气相对湿度70%左右，无光环境培养15～30天。当菌棒料面开始出现"黄水"时即可进入出菇阶段。

图20-7 黑皮鸡枞菌棒控温培养

（六）出菇管理与采收

黑皮鸡枞多采用熟料袋栽荫棚出菇方式，喜覆土栽培，但不覆土也可出菇。覆土出菇能获得相对较高产量。按照是否搭建出菇层架，又分为层架式出菇和地栽出菇两种模式。四川主要采用工厂化层架式覆土出菇和农业式地栽覆土出菇。

1. 工厂化层架式覆土出菇及管理 通过对黑皮鸡枞覆土、出菇和管理等全过程的温、光、水和气等进行精确控制，实现周年化生产。

（1）出菇层架。出菇所用层架一般3～5层、高2～5米、长30米左右（图20-8）。层架底面在覆土前需要垫一层无纺布用于支撑菌床，随后对整个出菇房及其层架进行消毒，备用。

图20-8　出菇层架

（2）脱袋。将无杂菌污染的菌棒外层塑料膜用无菌刀片切割去除，窝口面往下放置在已消毒的塑料筐中，并遮盖无菌薄膜，放置在25℃、无光条件下培养7天（可早晚通风1次），空气相对湿度自然。待表面菌丝生长至覆盖菌棒表面基质后进行后续摆放覆土（图20-9）。

图20-9　脱袋后的菌棒

（3）排场和覆土。将脱袋菌棒按照1.8万～2.2万/亩进行排场，间距3～5厘米（图20-10），排场完毕后可采用高效绿霉净1 500倍液进行表面喷洒，以防霉菌。

图20-10 菌棒排场

排场完毕后立即覆土，覆土材料可用沙壤土或者泥炭土，使用前应提前进行消毒处理，覆土采用专业覆土机进行，覆土厚度3～5厘米（图20-11）。覆土完毕后应立即向菌床浇水，保持土壤含水量以手捏成团、拍打即散为宜。

图20-11 覆土层厚度情况

（4）出菇管理。菌棒覆土至出菇前，关键在于控制出菇房覆土的水分、温度和光线等。应控制土壤环境温度20～25℃，空气相对湿度85%左右，光照度300～500勒克斯。覆土约1周菌棒即可转色（图20-12）。

图20-12　菌棒表面转色

　　覆土约2周即可出菇。菇蕾期应该控制土壤环境温度25℃左右，空气相对湿度85%～95%，光照度1 500～2 000勒克斯，维持CO_2浓度2 500～3 000毫克/升，并注意通风换气。喷水应勤喷多次，且呈水雾状（图20-13）。黑皮鸡枞长速快，一般每天早晚均需要采摘（图20-14，图20-15）。

图20-13　出菇期喷水和光照

图 20-14 覆盖土壤长出的子实体

图 20-15 覆盖泥炭土长出的子实体

2.农业式地栽覆土出菇及管理

（1）栽培场地。栽培场地应排灌方便、远离污染源、交通便利。四川地区一般选择蔬菜大棚进行黑皮鸡枞栽培。

（2）整地与开厢。排场前应做好出菇棚清理和消毒工作，并在排场时再次用旋耕机将地块土壤翻松打碎，以粒径0.5～2厘米的土壤为多数，粒径2～4厘米的大粒土占10%～20%为宜。

　　土地翻耕后需要进行平整和开厢工作。开厢时菌床的畦面宽1～1.2米、深10厘米左右、长10～15米，平整厢底，撒入少量石灰消毒。两厢面间留宽40～60厘米、深20厘米的作业道。

　　（3）脱袋排场与覆土。将菌棒运送到出菇棚，脱袋去掉塑料膜，并用无菌薄膜遮盖，20～25℃暗光培养（可早晚通风1次），约1周后进行覆土。将菌棒间隔3～5厘米整齐摆放，且菌棒中心窝口往下（图20-16）。菌棒排好后，选择疏松、颗粒较细、保水性好、不易结块的土壤进行覆盖，覆盖所用土壤应用筛网将大颗粒土壤筛出，覆土厚3～5厘米。两个厢面之间留出的作业道应深20厘米以上，排水方便，以防下雨积水菌棒发生涝害（图20-17）。

图20-16　畦面摆放的菌棒

图20-17　覆　土

（4）光照、温度、湿度管理。覆土后，应立即对菌床进行浇水（图20-18），并且一次浇透，但不能仅仅在表层大水漫灌，要用水管在菌棒之间灌入水分。为保持水分，可在菌床上搭建拱圆形塑料薄膜以保温、保湿。7～10天内不宜大量喷水，保持土表湿润即可。维持土壤环境温度18～27℃，空气相对湿度85%～95%，光照度300～500勒克斯。

在此期间，遇低温时多盖膜，遇高温则要加强通风。在适宜的温、湿度条件下，经15～20天，黑皮鸡枞子实体原基即可陆续长出。

当菇蕾长出后，要增加喷水次数，以细喷多次为原则，且宜在早晚喷。出菇时环境温度保持在20～25℃（温差4～10℃），空气相对湿度85%～90%，二氧化碳含量2500～3000毫克/升，光照度1500～2000勒克斯。菇蕾

图20-18 菌床浇水

继续生长5～10天，八分熟以前采收。一般出菇6～8批次，每批次出菇5～10天，然后养菌6～10天。

3.采收 黑皮鸡枞子实体还未开伞前采摘，一般长不超7厘米，商品性较好，采摘时，采大留小（图20-19）。采收时，拇指和食指捏住菌柄轻轻旋转往上拉出子实体，然后整齐摆放在干净塑料容器里面。黑皮鸡枞子实体长速快，一天至少早晚采集2次，否则易开伞失去商品价值。黑皮鸡枞采收后需要立即对其"假根"进行削除，并依据子实体大小、色泽、长度和是否开伞等指标进行分级，一般可分4级。对分级的黑皮鸡枞产品应立即进行预冷，菇体温度降到0.5～1℃、含水量自然；然后再进行分装，抽真空（或抽气），封口，装箱，入库。

图20-19 黑皮鸡枞鲜品

（七）常见病虫与防控方法

黑皮鸡枞常见的病虫害为黏菌、木霉和跳虫。黏菌会严重影响黑皮鸡枞的产量，引起降产20%以上。黏菌易在覆土层发生，且蔓延迅速，严重时造成培养料腐烂发臭，菌丝生长受到抑制而不能出菇或危害子实体商品性。木霉易在环境气温较高、湿度大、培养料pH 4～6、出菇环境通风不良的条件下大量发生，产生大量孢子，并通过传播加重危害。跳虫易携带、传播杂菌，加重危害，且体表为油质，药液很难渗入体内。

黑皮鸡枞病虫防控应以预防为主，不建议使用农药。需在出菇房中放适量黄板、杀虫灯、诱杀剂等，发现病虫害立即隔离处理。

四、贮运与加工

黑皮鸡枞以鲜品销售为主、干品销售为辅。鲜品的成品应放置在保藏库短期贮藏或运输，设定温度0.5～1.5℃，空气相对湿度75%～80%，保鲜期一般8～10天；干品应在干制后密封常温或低温贮藏。

参考文献

安晓雯，王彦立，杨子怡，等，2021. 黑皮鸡枞菌营养与质构特性分析及其抗氧化活性评价[J]. 食品工业科技，42(5): 236-242, 249.

陈诚，李小林，刘定权，等，2019. 黑皮鸡枞病虫害防治技术[J]. 四川农业科技(10): 33-34.

陈建飞，程萱，周爱珠，等，2018. 长根菇化学成分及药理作用研究进展[J]. 食药用菌，26(4): 222-224.

彭卫红，肖在勤，郑林用，等，2002. 长根菇与鸡枞菌属间不对称融合后代特性研究[J]. 食用菌学报(1): 1-5.

叶雷，刘定权，赵建龙，等，2019. 黑皮鸡枞菌工厂化生产关键技术[J]. 南方农业，13(31): 8-12.

郑林用，辜运富，彭卫红，等，2001. 长根菇与鸡枞菌转核系列菌株的酯酶同工酶研究[J]. 食用菌学报(4): 5-9.

Umezawa H, Takeuchi T, Linuma H, et al., 1970. A new microbial product, oudenone, inhibiting tyrosine hydroxylase[J]. The Journal of Antibiotics, 23(10): 514-518.

编写人员：李小林　叶雷

灵 芝

灵芝（图21-1）被称为仙草，是我国知名度最高的食用菌之一，"白娘子盗仙草救许仙"的故事在中国几乎是家喻户晓。中国古籍有较多关于灵芝的记载，《本草纲目》认为灵芝是食药兼用的珍品，可延年益寿；现代科学研究已证实，灵芝含有多种功效成分，具有较显著的提高人体免疫力、抗肿瘤等功效，常被用于肿瘤患者的辅助治疗和日常保健。

图21-1 灵 芝

我国自20世纪70年代开始进行灵芝人工栽培，20世纪90年代商业化栽培技术成熟。长期以来，我国栽培灵芝都被鉴定为 *Ganoderma lucidum*，近年来，基于形态学和ITS序列分析结果发现，我国广泛栽培的灵芝与 *G. lucidum* 有明显差别，并已将其重新命名为 *Ganoderma lingzhi*。

灵芝是我国药用菌中研究最多的种类之一，在其成分、保健功效方面均有大量的研究，灵芝产品的开发也是我国食用菌产品开发最多的领域，市场销售的孢子粉、破壁孢子粉、灵芝粉等加工产品种类繁多，市场接受度较高。四川对灵芝产品的开发有较长的历史，1998年，四川本土企业就开发了"仙牌"灵芝茶产品，是中国较早开发的灵芝产品之一。长期以来，我国灵芝产品销售需要获得健字号批文，近年来，随着人们对灵芝产品功效的逐步认可，2023年11月，灵芝被国家列入既是食品又是中药材的物质名单，灵芝产品开发进入新的阶段。

一、概述

灵芝为我国著名食药兼用真菌，有瑞草、神芝、仙草、林中灵、菌灵芝、万年蕈、灵草、赤芝等别称。灵芝属中赤芝和紫芝（图21-2）被列入《中华人民共和国药典》（2015版）。我国灵芝生产多数为赤芝（*Ganoderma lingzhi* Sheng H. Wu et al.），本章主要介绍赤芝的相关内容。

图21-2 灵芝子实体（左：赤芝；右：紫芝）

（一）分类地位

灵芝 *Ganoderma lingzhi* Sheng H. Wu，Y. Cao & Y.C. Dai，在分类学上属担子菌门 Basidiomycota，伞菌纲 Agaricomycetes，多孔菌目 Polyporales，灵芝科 Ganodermataceae，灵芝属 *Ganoderma*。

很长时间以来，我国栽培灵芝都被鉴定为 *Ganoderma lucidum*，但 Cao et al.（2012）基于形态学和 ITS 序列分析结果认为，我国广泛栽培的灵芝与欧洲的 *G. lucidum* 有差别，并将其命名为 *Ganoderma lingzhi*；也有学者认为，我国栽培的灵芝应为四川灵芝 *Ganoderma sichuanensis*。

野生灵芝在我国分布很广，主要发生于栎树树干、木桩或树根上，一年生。四川的野生灵芝资源十分丰富，在攀西地区、秦巴山区极为常见。

（二）产品价值

1. 营养价值 灵芝在我国已经有 2 000 余年的悠久历史，是我国传统的名贵药材之一，具有很高的药用价值。灵芝子实体中含有 9.71%～11.83% 的粗蛋白、2.51%～6.21% 的粗脂肪、1.0%～1.2% 的多糖、22.9%～22.5% 的粗纤维、41.0%～48.8% 的碳水化合物以及 1.41%～1.63% 的灰分。灵芝中还含有丰富的维生素、氨基酸以及镁、钙、铜、锗、硒、锌、铁等 24 种微量元素，且灵芝子实体中必需氨基酸的相对总含量达 50% 以上，高于一般食用菌平均水平（约40%）。灵芝中还含有三萜类化合物、核苷类化合物、甾醇以及生物碱等活性成分，多年来受到很多学者的广泛关注和深入研究。

2. 保健价值 灵芝自古就有"仙草""瑞草"之称，在我国有悠久的药用历史。《神农本草经》记载灵芝具有扶正固本、滋补强壮、延年益寿等功效；2000年版《中国药典》明确收录灵芝的药用价值。现代医学证明，灵芝含有多种生理活性物质，具有抗疲劳、美容养颜、延缓衰老等功效。灵芝提取物具有抗氧化、抗肿瘤、免疫调节、降血糖、保肝护肝、改善睡眠等作用。

3. 艺术观赏 在灵芝子实体生长发育过程中，通过调控培育环境的光照和二氧化碳浓度等，可使灵芝长成不同形态，再配以山石、树桩等，制作成品味高雅的灵芝盆景观赏工艺品，构成"立体的画，无形的诗"，给人们留下想象的空间、愉悦的感觉和美的享受。

（三）栽培历史

中国是世界上种植灵芝最早的国家，我国唐诗记载"偶游洞府到芝田，星月茫茫欲曙天，虽则似离尘世了，不知何处偶真仙"。据资料介绍，我国现代灵芝栽培始于1969年的室内人工栽培，距今已有50余年的栽培历史，目前短段木熟料栽培和代料栽培两种方式共存。四川于20世纪90年代中后期就有一定规模的灵芝栽培，目前主要是短段木熟料栽培模式。

（四）产业现状

据中国食用菌协会统计，四川省2022年灵芝产量为2 997.85吨，占全国灵芝产量的1.18%，产值约17 987.1万元。四川省农业科学院食用菌团队研发了灵芝新品种和高效栽培关键技术，构建了"菌－菜－稻"复合栽培模式，在四川成都、绵阳、德阳、攀枝花等地推广应用，取得了较好的经济效益。

（五）研究成果

1. 灵芝品种 四川灵芝品种包括金地灵芝、灵芝G26、川圆芝1号等。其中，金地灵芝是经四川省农业科学院土壤肥料研究所通过原生质体再生技术选育的灵芝新品种，具有产量高、产孢量大、原基分化早、成熟周期短等优势。灵芝G26是四川省农业科学院土壤肥料研究所将韩芝与红芝作为亲本进行种内原生质体融合获得的新品种。川圆芝1号菌丝洁白粗壮，子实体肾形至近圆形，菌盖平展，其平均生物转化率高。

2. 灵芝产品 四川灵芝产品主要为灵芝粉、灵芝孢子粉，以及破壁孢子粉的胶囊、粉剂、冲剂，或由灵芝提取物加工形成的保健品等。

3. 灵芝绿色高效栽培技术 笔者研发团队系统创建了灵芝绿色高效栽培技术，丰富了新型高效栽培基质，同时选育出了专用和优良新品种，建立了基于灵芝熟料袋栽荫棚出芝技术模式及其技术体系研发成果，在灵芝产区开展精准化栽培技术模式及成套高效栽培技术示范。实现了灵芝生产关键环节的环境友好与绿色高效。

二、生物学特性

（一）形态特征

1.菌丝体与菌落 灵芝菌丝呈丝状、直径5～6微米，有分枝、多弯曲。次生菌丝有横隔、多分枝，具有锁状联合。菌丝体在琼脂平板培养基上生长形成棉絮状菌落。

2.子实体与孢子 灵芝子实体由菌盖和菌柄组成。菌盖木质化，多为肾形、半圆形，少数近圆形，横径一般3～12厘米，纵径一般4～20厘米，菌盖厚度0.5～2.0厘米。菌柄近圆柱状，木质化，中实，组织紧密。菌柄侧生或偏生，少中生，长度一般为10～20厘米，菌柄直径2～5厘米，呈紫褐色，表面似漆样光泽。

菌盖背面管孔内着生孢子，显微镜下灵芝孢子呈卵圆形或顶端平截，大小（9～11）微米×（6～7）微米，双层壁，外壁无色透明、平滑，内壁淡褐色或近褐色，有小刺（图21-3）。

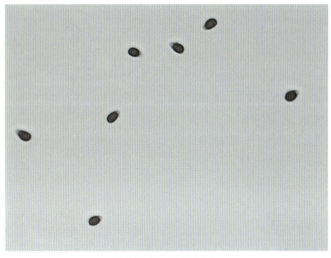

图21-3 灵芝孢子

（二）生长发育条件

1.营养条件 灵芝通过分解和吸收植物产生的有机物供自身生长发育，其所需的主要碳源是木质素。灵芝生长对碳源的利用主要有两个方面：细胞原生质、细胞壁物质的合成需20%碳源；为生长发育提供能量需80%碳源。

2.环境条件

（1）温度。

①温度影响灵芝菌丝生长。灵芝菌丝在6～39℃均能生长，24～30℃为生长适宜温度。笔者课题组研究了高温对灵芝菌丝生长的影响，结果显示，高温发菌对灵芝菌丝结构及酶活影响较大，30℃、35℃和40℃处理后的菌丝开始变细弱、黏连。

②温度影响灵芝子实体分化与形成。依据子实体分化对温度的需求，灵芝属于高温型菌类，子实体在18～30℃均能分化，25～26℃是灵芝子实体分化发育的最适温度。变温对灵芝子实体分化没有促进作用。在26～29℃、昼夜温差2℃条件下，灵芝的生物转化率最高，可达到71.3%。

（2）光照。

①光照影响灵芝菌丝生长。据中国科学院北京植物研究所和北京医学院药理教研组研究结果：0～3 000勒克斯条件下灵芝菌丝均能生长，全黑暗条件下菌丝生长最快，随着光照度的增加，菌丝生长减慢。灵芝菌丝在红光、绿光、蓝光和黄光条件下均能生长，菌丝生长平均速度为黄光＜蓝光＜绿光＜红光；黄光对菌丝生长的抑制作用最强，蓝光和绿光对菌丝生长的抑制作用较强，红光对灵芝菌丝体生长的抑制作用最弱。

②光照影响灵芝子实体分化发育。光照有诱导灵芝子实体原基分化的作用，在无光条件下灵芝不产生原基。灵芝子实体还有很强向光性，但子实体成熟后向光性不明显。在实际生产栽培过程中，一旦原基分化后就不能随便改变光源方向或者任意挪动栽培袋的位置，否则容易形成畸形芝，影响商品质量；但另一方面，可以充分利用其向光性或趋光性特点，不时改变光源方向，让子实体不定期地向着光源的方向生长，使菌柄呈自然弯曲的生长形态（图21-4）。

图21-4　Z形芝柄造型

（3）水分。一般认为，培养基质含水量60%～65%是灵芝菌丝生长基质的适宜含水量，水分过少，菌丝生长细弱，子实体分化延迟；水分过多，影响基质透气性，菌丝生长缓慢且发育不良。菌丝生长的适宜环境空气相对湿度是60%～70%，子实体生长发育的适宜环境空气相对湿度是80%～95%。空气相对湿度低，对菌丝生长和子实体生长发育不利，但长期处于高湿度状态，容易导致杂菌和虫害的发生。

（4）空气。灵芝属于典型的好氧菌类，氧气的正常供应对灵芝生长是绝对必要的。没有氧气供应灵芝不分化子实体。空气中CO_2浓度为0.03%时，原基多点发生，菌柄抽长；空气中CO_2浓度在0.03%～0.06%菌盖分化较快，发育正常；空气中CO_2浓度超过0.1%时菌盖难以分化形成，菌柄可延长分枝成鹿角状。在灵芝生产的发菌和出芝管理阶段，应开启培养室或出芝棚的门窗进行适当通风换气，以满足灵芝生长发育所必需的氧气供应。

（5）酸碱度。基质的pH影响灵芝菌丝生长，pH 3.0～7.0范围内菌丝均能生长，pH 4.0～5.0是生长的最适酸碱度。

三、栽培技术

我国灵芝栽培有段木栽培和代料栽培，其栽培技术工艺流程基本相同。段木栽培灵芝工艺流程为：选择树木→制作断木→截木装袋→灭菌接种→培养发菌→做畦建棚→脱袋埋土→出芝管理→适时采收→干燥分级→包装贮运。四川主要生产赤芝，栽培模式主要为熟料覆土荫棚出芝模式。

代料栽培灵芝工艺流程为：原料选择→基质配比→拌料装袋→灭菌接种→培养发菌→做畦建棚→出芝管理→适时采收→干燥分级→包装贮运。

（一）栽培季节

不同地区对于灵芝栽培的季节安排不同。四川地区段木栽培往往11月下旬至12月下旬接种，翌年4月上旬埋土，5月开始现蕾，7—9月采芝，通常情况下当年可采收2～3潮子实体。而四川地区代料栽培灵芝一般是在春节前后制种，翌年3月接种料袋，5月摆袋，5月中旬现蕾，6—8月采芝。

（二）品种选择

在四川栽培灵芝，目前可选择金地灵芝、川芝G26、川圆芝1号、攀芝1号、上海沪农1号等栽培品种。

（三）栽培基质

代料基质配方有：
①棉籽壳60%、杂木屑15%、玉米芯15%、麦麸9%、石膏1%。
②棉籽壳80%、杂木屑10%、麦麸5%、玉米粉4%、石膏1%。
③棉籽壳50%、杂木屑30%、玉米芯10%、麦麸5%、玉米粉4%、石膏1%。
④杂木屑70%、玉米粉28%、石膏1%、蔗糖1%。
⑤杂木屑40%、棉籽壳40%、麦麸10%、玉米粉8%、蔗糖1%、石膏1%。
各地可以根据当地优势原料来源情况，选择性地使用上述基质配方。

（四）装袋灭菌

段木栽培灵芝，需将段木进行晾晒，通常晾晒48小时或以上，段木含水量为33%～45%比较适宜。将大小适宜的段木装入料袋，根据实际情况选择料袋大小，料袋厚度一般为0.005厘米。

代料栽培时，称取杂木屑、棉籽壳等栽培主料平铺于地面，均匀撒上麦麸、玉米粉和石膏辅料，加少量清洁水搅拌，按照料水比1∶（1.1～1.3）加水，控制含水量在65%左右，pH为8～9。拌好料后闷1小时左右，使水分彻底浸润培养料，便于彻底灭菌。料袋采用聚乙烯或聚丙烯塑料袋皆可，规格（折径×长度×厚度）通常为17厘米×33厘米×0.005厘米，也有22厘米×42厘米×0.0025厘米的料袋。将袋子一端扎好，装入培养料，一边装袋一边压实，直到袋口留5厘米长度时，套上橡皮圈并封口。

四川灵芝生产常采用常压灭菌。加热灭菌灶，大火快速升温，使冷气排出，然后在98～100℃维持14～24小时。灭菌时间根据灶体大小确定，装量大可延长灭菌时间。

（五）接种与发菌管理

1.接种 灭菌结束12小时后打开灶门，待温度降至50℃左右取出料袋。取出的料袋运至预先消毒灭菌的室内堆码，堆码不宜过于紧密而影响降温。菌袋冷却至室温后接种。要求在接种箱或者接种室内接种（图21-5，图21-6），接种前要提前关闭接种室门窗进行熏蒸消毒。

图21-5 接种箱内接种

图21-6 接种室内接种

严格按照无菌操作规程进行接种，对菌种瓶表面、操作工具进行消毒，动作要稳、准、快，尽量减少污染。接种时需去除菌种瓶口表层老化菌块，用接种钩将菌种钩入袋内，接种后稍微压实，用灭过菌的可透气性报纸封口，橡皮圈扎袋。每瓶750毫升菌种可接种代料栽培料袋8～10袋。段木接种量一般是80～100瓶750毫升的菌种可接种1米³的段木。

2.发菌　发菌室或发菌棚需事先进行清理，并保持通风换气。使用前1周，需使用消毒灭菌剂和杀虫剂对场地、薄膜等进行彻底消毒灭菌。培养室内需使用药剂熏蒸，常使用37%的甲醛溶液15毫升混合5克高锰酸钾，并在地面铺上石灰，使用量为1千克/米³。

段木灵芝菌袋交叉摆放于室内，一般码堆三排留30厘米行距，堆高1.5米，不可压住袋口，半个月后进行翻堆，改为码堆两排留行距。发菌期应根据具体情况采取相应措施，对菌袋培养环境的温、光、水、气进行综合调控，发菌最适温度为25～28℃，无光照，空气相对湿度60%～70%，通气良好（图21-7）。

图21-7　发　菌

发菌第1周的重点是保温；7～10天后，发菌室每天中午通风1次，每次1小时，以后随发菌时间延长加大通风量；半月后进行翻堆，并采取"低温盖膜闭门窗，高温揭膜开门窗"的措施，结合通风降温，将环境温度控制在20～25℃；当菌丝在断面长满并形成菌膜时，可微开袋口适当通气增氧。菌袋培养65～80天时，菌丝达到生理成熟，可转入脱袋埋土环节。代料栽培灵芝的发菌管理与段木栽培相似，菌袋培养30～40天即可满袋。

无论是段木灵芝还是代料灵芝，在发菌管理期间，一旦发现有污染的菌袋或者段木，应立即处理，以免造成其他菌袋或段木污染。

（六）出芝管理

段木灵芝在进行覆土之前，需先做畦建棚（图21-8）。通常情况下，畦高10～15厘米、宽1.5～1.8米，畦间走道宽30～45厘米，畦长则根据地块大小而定，四周挖排水沟，

图21-8　做畦建棚
（上：松土搭建竹架；中：遮盖塑料薄膜；下：覆盖遮阳网）

沟深30厘米，为防虫防菌，沟底撒少量呋喃丹或灭蚁粉。然后在畦床上搭建荫棚，所需材料包括竹竿或钢管、遮阳网、塑料膜等，棚高1.9～2.1米。荫棚要求可遮阳、避雨、通气，以"三分阳、七分阴"为宜。水分管理，则需安装简易微喷灌设施；同时安设防虫网或悬挂杀虫灯、黄板等以诱杀害虫。代料栽培灵芝也需要做畦建棚，相关方法和参数与段木灵芝基本一致。

段木灵芝栽培需要脱袋覆土，宜选择在晴天进行，用刀划破料袋膜，去除塑料袋，然后将菇木横放埋于畦床，断面相对排放、间距3～5厘米、行距10～15厘米，排列整齐，摆放平整；也可根据情况将菇木竖直埋入土中，摆放好后，在菇木上铺厚1～2厘米的细土。覆土后喷施重水，也可盖膜保湿。代料栽培灵芝，菌袋平行排列，3～5层，行与行之间留35～50厘米宽的过道方便管理，出芝前脱掉袋口膜为宜。

灵芝不同生长时期对温、光、水、气的要求有所差异，且段木灵芝与代料灵芝栽培的出芝管理一致。芝蕾分化期，保持棚内空气相对湿度为85%～90%，温度控制在25～28℃，每隔2～3天通风换气，8～20天即可冒出芝蕾（图21-9）；芝柄伸长期，保持棚内空气相对湿度为85%～90%，温度控制在25～28℃，减少通风换气次数，控制光照度在300～1 000勒克斯，适量疏蕾，以确保每朵灵芝有较好的品相；芝盖形成期，需大量喷水，保持棚内空气相对湿度为85%～95%，温度控制在28～32℃，同时加大通风量；芝体成熟期，尽量少喷水，并加大通风换气，温度调至28～32℃。

笔者课题组集成了代料栽培灵芝的系列技术指标参数，供生产参考：栽培原料颗粒粒径1～2厘米，基质含水量60%，栽培料袋规格为22厘米×42厘米×0.002 5厘米；出芝温度控制在25～28℃，空气相对湿度控制在90%，遮光采用1层塑料膜和1层遮光度75%的遮阳网，加强通气使芝棚内CO_2浓度不高于1 076毫克/米^3。

图21-9　芝　蕾

（七）适时采收

灵芝成熟时，褐色孢子堆积菌盖表面，菌盖仅加厚生长且边缘鲜黄色消失，此时可进行采收（未成熟及成熟的灵芝分别见图21-10和图21-11）。采收时用剪刀齐菌柄基部剪下，留下菌柄基脚，以利下一潮灵芝长出。采收后，停水2～3天，使剪断处愈合，再喷水以提高湿度，进行下一潮灵芝生长管理。

采收的灵芝于35～55℃烘箱烘干或用日光晾晒，干燥处理后，用塑料袋将灵芝密封储存于干燥处。贮藏时一定要注意防虫蛀、防霉变、防潮湿等，同时标明保存日期、规格等信息。

图21-10　未成熟的灵芝

图21-11　成熟的灵芝

（八）孢子粉采集

孢子粉是灵芝生产的重要产品，生产栽培常选择专用品种，再结合配套的栽培技术以增加孢子粉的产量。灵芝孢子虽然细小，容易四处飘散，但无数个孢子聚集在一起，呈现粉末状态，即为平常所称孢子粉。孢子粉可采取一些特殊方法进行收集，目前有地膜采粉、套筒（袋）采孢和风机采粉等方法。

地膜采粉主要包括铺设地膜、刷菌取粉、卷膜采粉等工序（图21-12）。在灵芝成熟后的每行灵芝中间排放双层条状地膜加布质拱笼全封闭，接受降落的孢子粉。间隔设置有缝隙的地膜本体，地膜本体上设多个附膜，附膜一端设于缝隙上方，另一端与地膜本体相连，呈两端高、中部低的V形。采收孢子粉时，用专用软毛刷把菌盖表面孢子粉刷在薄膜上。然后逐步卷收地膜，采收地膜上的孢子粉。采收时只采收上层膜粉，下层孢子粉弃之不用。注意不能混入沙土粒。

图21-12　地膜采粉

套筒（袋）采孢首先是适时套袋。灵芝子实体发育成熟，菌盖嫩黄色边缘开始转变为棕褐色，生长圈消失，子实体菌盖停止生长，已有孢子弹射释放时，开始套筒或者套袋（图21-13）。用中空、柱形纸板筒，罩住子实体并用纸板盖住筒上口，或用尼龙薄膜袋子，从灵芝菌盖套下，下端以菌柄为中心，用绳结扎成袋。套筒（袋）后，进行育粉管理。孢子培育适宜温度25℃，空气相对湿度控制在75%～90%。在菌盖底部颜色转暗、变成深褐色，散粉停止前3～5天进行采收。取下套筒或套袋，将积在菌盖上的粉刷下。套袋则一手抓住扎袋上端，向边拉，形成口子，一手用圆勺，将袋内的孢子粉取出。

图21-13 套 筒

　　风机采粉首先是连接附件，将软管、接长管和吸嘴按顺序连接起来。吸嘴根据不同收粉需要用相应的吸头。当灵芝开始弹射孢子时，将孢子收集器放置在出芝棚中间，距地面1～1.5米高，开动风机，形成负压流，采集灵芝孢子粉（图21-14）。使用完毕，应及时清除集粉桶内、过滤袋上的孢子粉，清理收集器外表，以免影响吸力。

　　孢子粉烘干可用烘干设备，也可在太阳下晾晒（图21-15），使含水量小于8%。

图21-14 风机采粉

图21-15　晾晒孢子粉

（九）病虫防控

　　灵芝菌丝培养过程中，容易受到链孢霉、绿霉、黄曲霉等杂菌危害，杂菌会消耗灵芝菌丝所需的营养，导致灵芝菌丝长势不好，甚至枯死，最终导致减产。预防措施：一方面使用合格的菌种，另一方面彻底灭菌，保证整个生产环节环境清洁。

　　灵芝生产中主要的虫害有蛞蝓、白蚁、造桥虫、蛾类等。防控措施包括悬挂诱虫灯、黄板，或者施用10%的食盐水，为确保灵芝产品安全，在灵芝生长发育期间禁用任何农药。

参考文献

何晋浙，黄霄云，杨开，等，2009. ICP-AES 法分析灵芝中的微量元素 [J]. 光谱学与光谱分析，29(5)：1409-1412.

李玉，李泰辉，杨祝良，等，2015. 中国大型菌物资源图鉴 [M]. 郑州：中原农民出版社.

林志彬，2001. 灵芝的现代研究 [M]. 北京：北京医科大学出版社.

刘虹，周甄鸿，刘志宏，2002. 灵芝孢子粉药理作用研究进展 [J]. 天津中医药大学学报，21(4)：50-51.

时冉冉，陈娇，宗自卫，2016. 灵芝多糖抗肿瘤作用的免疫分子机制研究 [J]. 生物技术世界 (2)：317.

王红岩，汪璐，谢鲲鹏，等，2017. 灵芝全粉的抑菌作用和抗氧化作用 [J]. 中国生化药物杂志，37(3)：52-54.

吴鑫，周茜，唐珊珊，等，2016. 灵芝总三萜对鹅膏毒肽中毒小鼠所致肝损伤的保护作用研究简 [J]. 菌物学报 (10)：1244-1249.

Liu LY, Chen H, Liu C, et al., 2014.Triterpenoids from *Ganoderma theaecolum* and their hepatoprotective activities[J]. Fitoterapia. (98): 254-259.

编写人员：谭伟　张波　叶雷

茯 苓

茯苓（图22-1）菌核是重要的中药材，在中药中配伍极高，有"十药九茯苓"之说，第三次中药资源普查显示，茯苓在中医组方中配伍率高达70%，以茯苓为原料的中成药多达300余种。2015版《中华人民共和国药典》收载含茯苓的中成药就有200多种。

图22-1 茯 苓

我国食用茯苓的历史悠久，《博物志》《抱朴子》《通典》《本草纲目》等古籍中都有关于茯苓的描述。茯苓味甘、淡、性平；归心、肺、脾、肾经；主要功能为利水渗湿，健脾宁心。《神农本草经》将茯苓列为上品"久服安魂养神，不饥延年"。对四川茯苓的描述始见于汉代，《神农本草经》中有"（茯苓）生太山达松下；或生茂州（今四川茂县）"的记载，明代《本草纲目》中"广志言记载，（茯苓）生朱提（今四川宜宾）、濮阳县"。

现代医学研究表明茯苓主要药用成分为多糖和三萜类，具有抗肿瘤、抗氧化、免疫调节、降血糖、调节渗透压等多种功效。四川广元昭化的茯苓生产有较长历史，目前是四川茯苓的主要产区。

一、概述

（一）分类地位

茯苓 *Wolfiporia cocos*（F.A. Wolf）Ryvarden & Gilb.，隶属于担子菌门 Basidiomycota，伞菌纲 Agaricomycetes，多孔菌目 Polyporales，多孔菌科 Polyporaceae，茯苓属 *Wolfiporia*，根据产地的不同，又称为云苓、安苓、闽苓、川苓等。

野生茯苓分布较广，温带至亚热带地区均可生长，多腐生或寄生在赤松或马尾松等松科植物根部下的土壤中，一般埋土深度为 50～80 厘米。

（二）营养保健价值

1.营养价值　茯苓是一种历史悠久的"药食同源"中药材，医药食品行业和日常生产实践中所称茯苓，多指其菌核，是营养价值较高的滋补品，有"药膳白银""十方九苓"之美誉。每 100 克茯苓干品中含有蛋白质 1.2 克、脂肪 0.5 克、碳水化合物 82.6 克、不溶性膳食纤维 80.9 克。茯苓含有丰富的氨基酸以及锰、镁、铜、锌、铁等多种人体所需微量元素，其化学成分中除多糖和三萜类化合物外，还含有甾体类化合物、卵磷脂、胆碱以及酶等其他活性成分。

2.保健价值　茯苓为我国《药典》收载的药、食两用真菌，富含多糖、三萜类化合物，还含有卵磷脂、蛋白酶、无机盐等成分，广泛应用于中医临床、中成药和保健食品行业。传统中医认为茯苓味甘、淡，性平，归肺、心、脾、肾经，具有益气宁心、健脾和胃、行水止泻、除湿热等功效。《医学衷中参西录》中记载："是以《内经》谓淡气归胃，而《慎柔五书》上述《内经》之旨，亦谓味淡能养脾阴。盖其性能化胃中痰饮为水源，引之输于脾而达于肺，复下循三焦水道以归膀胱，为渗湿利淡之主药"。茯苓的应用范围十分广泛，与一些药物配伍可以治疗寒、湿、温、风，并能发挥其独特的功效。第三次中药资源普查显示，茯苓在中医组方中配伍率高达 70%，以茯苓为原料的中成药多达 300 余种。现代药理研究表明，茯苓多糖及其衍生物具有抗肿瘤活性，茯苓多糖降解产物、羧甲基化衍生物、茯苓酸等成分具有调节免疫力活性、抗衰老、抗高血压、抗菌、抗肿瘤等作用。

（三）栽培历史

茯苓始载于《神农本草经》，《神农本草经》中茯菟、《史记》中茯灵、《广雅》中茯蕶、《记事珠》中松腴、《酉阳杂俎》中绛晨伏胎、《滇海虞衡志》中云苓、《本草纲目》中茯兔、《广西中药志》中松苓等，均是茯苓的别称。

南北朝《本草经集注》"彼土人乃假斫松作之，形多小，虚赤不佳"的描述表明 1 500 多年前我国就有茯苓人工栽培的探索。《癸辛杂识》有较详细的说明，"近世村民乃择其小者，以大松根破而系于其中，而紧束之，使脂渗入于内，然后择其地之沃者，坎而瘗之，三年乃取，则成大苓矣"，表明至南宋时我国茯苓人工栽培技术已较成熟，栽培主要特点是以新鲜的茯苓菌核作为菌种来源，将其接种于锯成短筒的松树段，俗称"肉引"，

这种栽培现状一直延续至20世纪70年代人工分离培育茯苓纯菌丝获得成功，"菌种"已代替"肉引"作为种源进行栽培。

茯苓资源广泛分布于我国四川、湖北、辽宁、山东、河北、江苏、云南、安徽、贵州、广西等地。目前，茯苓在四川攀枝花、甘孜、广元、达州、巴中等地均有栽培，栽培料有松木段、松树兜或代料3种，主要以松木段栽培为主。每年4月下旬至5月中旬接菌，当年10月下旬至11月下旬采收，但受封山育林、松木原料和场地等因素限制，栽培规模不大。

四川茯苓以攀西茯苓、昭化茯苓为佳。"百里松杨绿荫青，苍颜铁干老龙形，蛮儿采药深山去，斗大如风得茯苓"即是对攀枝花茯苓的赞颂。2013年，广元市提出"做活林下经济"林业发展思路，昭化区整合林业、科技等多项支农资金5 000多万元，从相关政策、经营模式等多方面扶持壮大茯苓林下种植业发展，通过多年发展，全市14个乡镇22个行政村种植茯苓近万余亩，"桔茯"商标被评为"四川省十大产品称号"，"昭化茯苓"于2017年通过国家地理标志认证。拥有国家地理商标认证、有机产品生产认证和良好农业规范（GAP）认证的"昭化茯苓"，经过多年不断研发，已成功推出茯苓粉、茯苓丁、茯苓富硒面、茯苓米酒等多种产品，深受广大消费者青睐。

在"十一五"期间，"茯苓的新品种选育"曾被纳入四川省农作物育种攻关资助范畴，四川省农业科学院承担原农业部重点项目，完成了茯苓与凤尾菇目间原生质体融合研究，王波开展了利用松树兜栽培茯苓技术研究，大大节省了松木材，将松树兜变"废"为"宝"；李彪等开展了人工代料窖栽茯苓技术，提高了栽培成活率、缩短了栽培周期。生产技术、育种技术、高效栽培技术等体系的研究与推广，对四川茯苓产业起到了积极的推动作用。

（四）产业现状

2011—2020年，我国茯苓累计出口量74 859.07吨，累计出口额30 376.9万美元，位列中药材出口品种前10。当前，茯苓人工栽培区域主要集中在云南、湘黔地带、大别山地带。云南产区主要为楚雄、普洱等地，产品以鲜销为主，加工及产品开发较少。湘黔地带以湖南靖州苗族侗族自治县（靖州）、贵州黎平为主产区，靖州建有全国最大茯苓药品GMP生产基地，生产有国家准字号茯苓单方药品，同时，茯苓多糖口服液、茯苓多糖原饮、茯苓益生颗粒等以茯苓为主的保健养生食品、化妆品已开发上市；"靖州茯苓"获得国家地理标志保护产品，形成了从人工栽培、加工到产品开发的全产业链，成为靖州乃至武陵山区的特色经济产业。大别山地带，形成了"安苓""鄂苓"等优势品牌，"安苓"以安徽岳西、金寨、霍山为主产区，岳西已发展为大别山地带茯苓加工、流通集散地；湖北罗田以国家地理标志保护产品"九资河茯苓"而闻名。

二、生物学特性

（一）形态特征

茯苓孢子呈长椭圆形或近圆柱形，有一歪尖，无色透明，孢子双核、单核或无核。

菌丝洁白、粗壮浓密，气生菌丝旺盛，菌丝有隔膜，无锁状联合，细胞核多数。菌丝体初期呈白色绒毛状，后集结成网状或膜状，变为黄褐色。

茯苓菌核（图22-2）呈球形、椭球形、扁球形或不规则块状，体积与重量差异显著。菌核新鲜时表面淡褐色或棕褐色，表面粗糙有皱纹，内部为白色粉末状至颗粒状菌肉，干燥后表皮变为深棕褐色、黑褐色。新鲜时质软、易拆开，干燥后坚硬不易破开。

图22-2　茯苓菌核

（二）生长发育条件

1.营养条件　茯苓依靠菌丝分解基质养分，获得所需的碳源、氮源和矿质营养。

（1）碳源。茯苓菌丝能广泛利用单糖、二糖和多糖。茯苓菌丝能分泌多种酶，分解培养基和木材中的木质素和纤维素。

（2）氮源。氨态氮、硝态氮、有机氮（不能利用尿素）和氨基酸均可利用，但在利用程度上存在较大差异。

（3）矿质元素。所需的矿质元素主要有硫、钾、磷等，铁、锌、锰对茯苓菌丝生长有抑制作用。

（4）生长因子。维生素B_1、维生素B_2、维生素B_6、维生素C、叶酸等对菌丝生长具有促进作用。

2.环境条件

（1）温度。茯苓担孢子萌发温度为24～32℃，适宜温度26～28℃；菌丝体在10～35℃均可生长，适宜温度25～28℃；菌核的形成需要足够的昼夜温差且无强光直射，白天高温（25～36℃）、夜间低温（20～26℃）以此加快对木材的分解和茯苓聚糖的快速累积。

（2）湿度。菌丝体及菌核的生长要求接种的木段或树根含水量在50%～60%、土壤含水量以25%～30%为宜。

（3）酸碱度（pH）。在自然界中，茯苓生长于pH5～6的弱酸性沙质土壤，在偏酸性环境中生长良好，生长适宜pH3～6，pH大于8时，茯苓菌丝不生长。

（4）空气。茯苓是好气性真菌，足够的新鲜空气是保障茯苓正常生长发育的重要环境条件之一。因此，茯苓栽培应选沙多泥少的地方作苓场，在段木下窖后，上边覆土不能过厚，否则影响透气性，茯苓得不到足够空气，菌丝生长受到明显抑制。

（5）光照。茯苓菌丝生长阶段不需要光线，在完全黑暗的条件下菌丝生长良好，强光对菌丝生长有抑制作用。栽培茯苓主收菌核，生长发育不需要光照，选有日光照射处栽培是为了形成较大昼夜温差，有利于菌核形成及增长。

三、栽培技术

当前人工栽培方法有树蔸栽培、松木段栽培和代料栽培等，本节以松木段栽培法为例系统介绍茯苓的栽培技术流程。

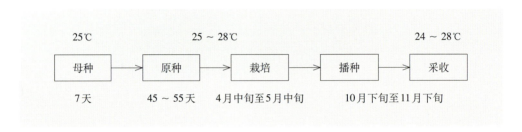

（一）栽培季节

茯苓喜温暖湿润气候，菌丝在18～35℃均能生长，菌核的形成需要足够的昼夜温差且无强光直射。因此，在自然条件下栽培，主要集中在早夏季节。四川除西昌、攀枝花等地因气温较高应在春节前后即1—2月播种外，其余地区在4—6月播种。种植过早，因土温低，茯苓菌丝生产缓慢，成活率就低；种植过迟则当年不能收获，从而延长了生长周期，同时也影响产量。

（二）栽培品种

我国现有的茯苓栽培品种超过了40个，其中应用比较广泛的有中国科学院微生物研究所早期选育的菌株5.28和5.78等，还有湖北的同仁堂1号、湖南的湘靖28、福建的闽苓A5以及广西的神苓1号等。

（三）备料

备料即松树段木准备，应在11月至翌年2月进行，此时，松树处于休眠期，木材的含水量较低，易于茯苓菌丝的生长。

一般选择马尾松、黄山松、黑松或者其他柴松，树龄15～20年，直径12～20厘米，及时剔枝，将松木截成长60～80厘米的小段。段木经过几天的干燥后，需进行削皮留筋，用斧头将段木进行相间纵向削皮，每次削去宽约3厘米的皮，以露出木质部为宜。削皮是为了较快干燥段木内的水分，而留筋则是有利于茯苓的生长（图22-3）。削好的段木按照"井"字形排列，上面覆盖树皮和茅草遮雨，放置在向阳通风处进行干燥（图22-4），至其截面出现裂纹，且敲击其表面时发出清脆的响声，两端没有松脂分泌出来时即可进行接种。

图22-3　段木削皮留筋

图22-4　段木干燥

（四）苓场选择

选择的场地应为阳光充足、不易积水的向阳缓坡，土质为较透气的沙壤土（三分土七分沙），生荒地为佳，切勿选择连作地。

栽培场地提前进行深度不少于50厘米的深耕和暴晒，除掉杂草、石块、树根等杂物，保持土壤良好的透气性，清理病虫越冬场所，降低病虫害发生频率。

（五）挖场、开窖

接种前需要顺坡挖窖（图22-5），窖深30～70厘米，长和宽根据松木段的长短确定，窖底应与坡面平行，窖与窖之间的距离为20～30厘米，在窖的四周开好排水沟，防止积水。

图 22-5　顺坡挖窖

（六）下种

一般为4月中旬至6月中旬接种，下种时应选择晴天或阴天（切忌雨天或连续降雨后立即接种，易烂木、烂种）。接种时将晒干的松木段呈梯形摆入窖内，摆1层或2层，段木彼此靠紧，将菌种放在段木连接处并压紧，在菌种上再盖一些树叶、小松枝或木屑等，菌材周围用沙土填满，最后覆土，厚8～10厘米，呈龟背形，有利于排水，在土上面覆盖一层薄膜保温保湿（图22-6）。下窖后一周左右检查是否接种成功，对于未成功接种的进行及时补种（图22-7）。

图 22-6　下　种

图22-7　补　种

（七）苓场管理

一般接种3个月后开始结苓，若发现靠近木段的土壤呈淡灰色，就是结苓的象征，此时切勿撬动木段，以防菌丝断裂。随着菌核的发育，土壤表面会发生龟裂，此时要及时覆土，覆土应干净，不能用含腐殖质过多的土壤，少量多次覆土。

在茯苓生长期间应及时清理苓场周围的杂草、树根等防止滋生害虫。同时，注意防止苓场被人畜破坏。下窖后若被人畜踩踏，会使种苓脱落，造成脱引，如菌核期遇踩踏，会使菌核破裂，引起霉变。因此，需修建围栏保护苓场。

（八）采收

一般10月下旬开始采收。茯苓的成熟有早有晚，采收应遵循早熟早收、晚熟晚收的原则。当茯苓菌核变硬，表面不再产生新的白色裂纹，表皮较薄而且粗糙，呈棕深褐色，菌材变为黄褐色，用手一捏即碎，说明养分已被耗尽，此时即可采收。对于还未成熟的菌核则需要及时覆土，恢复原状，继续培养。

晴天采挖，采挖时小心地将窖表面沙土扒开，拿掉段木，轻轻将菌核取出，避免将苓块挖破，同时要耐心寻找延伸到窖外的茯苓，以防遗漏。已采收的茯苓应该及时加工或者售卖，以免软腐造成损失。

（九）常见病虫害与防控方法

茯苓整个生育期内的主要虫害为白蚁，白蚁会咬食松木段使之不结苓而严重减产，这对茯苓的危害是毁灭性的。

选场时清除腐烂树根，避开蚁巢，场地周围挖1道深50厘米、宽40厘米的封闭环形防蚁沟，沟内撒石灰预防白蚁危害或在场地四周设诱蚁坑，蔗糖∶细谷糠为2∶3，拌匀埋入坑内诱蚁入坑，定期检查，见蚁灭杀。此外，在4—6月，白蚁成虫飞翔交尾时用黑光灯进行诱杀，进而减少使用农药对环境的污染。

茯苓菌核生长期主要病害为腐烂病，多由排水不良引起。防控方法：窖外排水沟要低，及时清理积水。

四、贮藏与加工

（一）茯苓贮藏

茯苓菌核含丰富的多糖，易受潮、霉变、虫蛀以及变色，贮藏时将其置于干净、阴凉的地方或者湿度较低的仓库内，仓库温度保持在28℃之下。受潮的茯苓应立即拿出，晾晒干燥后继续贮藏；霉变、虫蛀、变色的茯苓应及时清理。

（二）茯苓加工

目前茯苓产地加工模式主要有4种：①鲜茯苓采收→发汗→剥皮→切制→干燥；②鲜茯苓采收→发汗→蒸制→剥皮→切制→干燥；③鲜茯苓采收→蒸制→剥皮→切制→干燥；④鲜茯苓采收→剥皮→切制→干燥。

传统茯苓采集后要经数次"发汗"才可以剥皮加工，而苓农采集茯苓后，产量大时，农户大多采取直接剥皮加工，少部分采取"发汗"1周后再剥皮加工的方式。但鲜茯苓蒸制或发汗蒸制在外观性状、成品率及指标成分含量方面均显著优于鲜切和发汗。茯苓蒸制的流程为：首先去除菌核表面杂质，再用清水浸泡6~12小时使其充分吸水变软，然后采用蒸汽覆膜蒸制，蒸制完成自然晾凉至室温。茯苓的水溶性多糖、总三萜含量随着蒸制时间延长均呈现先增加后减少的趋势，茯苓蒸制加工最佳时间为3小时左右（具体时长可根据菌核大小进行调整）。蒸制过程应注意不要堆叠过密，以确保受热均匀。

根据加工规格和标准不同，加工的茯苓产品分整苓、白茯苓块、白苓片、赤苓片、白苓丁、赤苓丁、苓粉等。

参考文献

国家药典委员会，2015. 中华人民共和国药典 [M]. 北京：中国医药科技出版社.

胡世林，1989. 中国道地药材 [M]. 哈尔滨：黑龙江科学技术出版社.

金剑，钟灿，池秀莲，等，2022. 茯苓主要使用国家和地区国际贸易与质量标准比较分析 [J]. 中国现代中药 (2):344-351.

李彪，李小丽，2008. 人工袋料窖栽茯苓技术 [J]. 四川农业科技 (5): 43.

李良，袁尔东，苟娜，等，2019. 茯苓水提物对幽门螺旋杆菌的抑制作用和GES-1细胞增殖作用研究 [J]. 现代食品科技，35(10): 19-24, 147.

李时珍，1982. 本草纲目 [M]. 北京：人民卫生出版社.

马艳春，范楚晨，冯天甜，等，2021. 茯苓的化学成分和药理作用研究进展 [J]. 中医药学报，49(12): 108-111.

邱小燕，田玉桥，肖深根，等，2019. 不同蒸制时间对茯苓和茯苓皮品质的影响 [J]. 中国中医药科技，26(6): 858-862.

王波，1992. 松树蔸栽培茯苓技术 [J]. 四川农业科技 (6): 33.

张超伟，张钰，苏珊，等，2021. 茯苓类药材本草学、化学成分和药理作用研究进展 [J]. 湖北农业科学，60(2): 9-14, 19.

　　　　　　　　　　　　　　　　编写人员：徐德　秦娜娜　赖泉渓

猪　苓

　　猪苓（图23-1）作为一种药材，指的是伞形多孔菌的干燥菌核，在我国有2 000多年的药用历史。研究证实，猪苓具有利水渗湿等功效，猪苓多糖具有免疫刺激作用，可提高人体免疫力，对肺癌、宫颈癌、肝癌等多种癌症都有一定的辅助疗效，在临床及日常保健中广为应用。2011年，国家质量监督检验检疫总局批准"九寨猪苓"为国家地理标志保护产品。

图23-1　猪　苓

一、概述

（一）分类地位

　　猪苓 *Polyporus umbellatus* (Pers.) Fr.，别名朱苓、豕苓、猪茯苓、猪屎苓、鸡屎苓、地乌桃等，在四川，又称粉猪苓、猪灵芝、野猪苓、野尿苓，隶属担子菌门Basidiomycota，伞菌纲Agaricomycetes，多孔菌目Polyporales，多孔菌科Polyporaceae，多孔菌属 *Polyporus*，是我国传统的药用真菌。

猪苓广泛分布于中国、日本以及北半球其他温带区域。在我国分布很广，北起黑龙江，南达福建、云南，西至青海，主产于陕西、云南、四川、山西、河南、甘肃、吉林等地，多生长于阔叶树附近。

（二）营养保健价值

1.营养价值　猪苓是多年生的真菌类药材，药用部分为干燥菌核，呈不规则的黑色条状。猪苓也能像其他食用菌一样长出子实体，幼嫩时可食用，味道鲜美，俗称猪苓花（图23-2）。研究发现，猪苓的子实体中含有7.89%的蛋白质、0.5%的可溶性糖分、46.06%的膳食纤维，以及6.46%的灰分。猪苓含有丰富的维生素，其维生素B_1、维生素B_2和维生素E的含量高于肉类，维生素B_{12}的含量高于奶酪和鱼类。猪苓也含有丰富的氨基酸以及磷、锌、铜、锰、铬等元素，其中人体所必需的8种氨基酸含量占其氨基酸总量的27.4%。

2.保健价值　猪苓在我国已有2 000多年的药用历史，首载于西汉《神农本草经》中，具有利水渗湿之功效，主治痎疟，利水道，解毒蛊，久服轻身耐老，并被我国历次药典收录。猪苓主要有效成分为猪苓多糖、甾体类化合物、三萜类化合物以及多酚类化合物等。现代研究表明，猪苓多糖具有利尿和肾脏保护作用、免疫调节作用，还具有抗肿瘤生长、抗辐射、抗突变、保肝护肝、抑菌等作用。

图23-2　猪苓花

（三）栽培历史

猪苓在我国应用历史悠久。早在《庄子》一书中名为"豕零"；《本草经集注》云："枫树苓，其皮去黑作块似猪屎，故以名之；肉白而实者佳，用之削去黑皮"。《本草图经》并附有施州（今湖北恩施）刺猪苓和龙州（今四川江油）猪苓插图。

中国古籍中对猪苓的产地有不同的记载，苏颂曰："猪苓生衡山山谷及济阴（今山东曹县西北）、冤句（山东菏泽），今蜀州（今四川崇庆）、眉州（今四川眉山）亦有之"。可见在宋代，猪苓主要集中产于山东、四川等地。《本草品汇精要》基本赞同苏颂的看法，并提出"龙州者良"，即四川江油所产猪苓为佳。古代四川、山东所产猪苓为道地药材，现今主产区为陕西、云南、河南、山西、四川、河南等地。

早在20世纪70年代，我国就开始探索人工栽培猪苓的研究。1978—1990年，中国医学科学院药用植物研究所徐锦堂教授在陕西省汉中的略阳、宁强等地开展了猪苓人工栽培试验，获得成功；20世纪80年代初，郭顺星等用蜜环菌菌材伴栽猪苓试验成功，尤其在栽培穴中增放大量树叶后对提高猪苓产量起到很好效果。

四川最早开展猪苓野生变家种研究是在20世纪90年代初期的九寨沟县，甄永富等药农对野生猪苓的生物学特征、生态环境、生长习性、田间管理以及采收等进行了摸索，成功总结了一套人工栽培猪苓技术。2003年，四川省中医药科学院与四川省九寨沟县生产力促进中心对猪苓的栽培技术进行了联合攻关，成功总结出了猪苓的野生抚育与人工栽培模式，该项目2006年获得了阿坝藏族羌族自治州科技进步成果二等奖。2014年，九寨沟县人工种植猪苓已覆盖全县17个乡镇，栽培面积达1 544 000米^2、猪苓产品8.41万千克，实现产值2 209.96万元。九寨沟生产的猪苓具有个体较大、猪苓多糖含量及麦角甾醇含量较其他地区高、灰分含量低等特点，2011年11月30日，经国家质量监督检验检疫总局批准，九寨猪苓成为国家地理标志保护产品。四川省的巴中沙坝乡在2013年也建成了20万米^{2}的名贵中药材猪苓GAP示范基地，在林下大量种植猪苓、天麻等名贵中药材，成为当时贫困山区脱贫致富的产业。

四川猪苓主产区主要为北部的九寨沟、北川、平武、汶川、茂县、南江，中部的汉源、天全，南部的米易、会理、盐边等，目前四川人工栽培猪苓主要采用蜜环菌菌材伴栽法，一年四季均可栽培，以春夏2—5月和秋冬10—12月栽培最好，在低海拔山区应避开夏季7—8月高温、高湿时节。

（四）产业现状

现市售猪苓多来源于人工栽培，主产于四川、陕西、云南、山西等地，其中以陕西、云南产量大，陕西质量最好、药效最佳。目前，猪苓人工种植还有很多难题需要探索解决，对培养和选育优良菌种、筛选猪苓适生菌材、选育与猪苓配套使用的蜜环菌和伴生菌、林下管理等关键技术研究较少，有待进一步研究解决，以促进猪苓产业向规范化、产业化发展，同时提高猪苓产量和质量，满足市场和临床用药需要。

二、生物学特性

（一）形态特征

猪苓菌核是由菌丝体交织组成的休眠体。菌核为多年生，埋生于土中，呈长块状或不规则块状，半木质，富弹性，表面皱缩不平，呈瘤状，能储存大量养分，环境不适宜时可长期休眠，个体大小不等，通常长1～28厘米，直径0.5～10厘米，菌核呈黑色、

灰色、白色3种颜色。

猪苓子实体从地表的菌核顶端生出，子实体大、肉质，幼嫩时可食，味道十分鲜美，有菌柄，多分枝，末端生圆形白色至浅褐色菌盖，一丛直径可达35厘米。菌盖直径1～4厘米，圆形，中部下凹近漏斗形，边缘内卷，被深色细鳞片。菌肉白色，孔面白色，干后草黄色，孔口圆形或破裂呈不规则齿状，延生，平均2～4个/毫米。孢子无色光滑，一端圆形、一端有歪尖，圆筒形，大小为（7～10）微米×（3～4.2）微米。生于阔叶林中或腐木旁，有时也生于针叶树内。

（二）生长发育条件

1.地形地势 猪苓喜欢生长在气候凉爽湿润的环境，怕高温干旱和水浸泡。各地条件不同，坡向分布也有差异，一般人工栽培选择海拔800～1 500米，坐南朝北缓坡林地或耕地较好。

2.植被 猪苓喜欢生长在林下树根周围，主要树种有橡树、栗树、青冈、桦树、枫树等阔叶树，或生长于针阔混交林、灌木林及竹林内，以次生林为最常见。

3.土壤 高海拔山林中的腐殖质土层、黄土层或沙壤土层中，都有猪苓分布，但以疏松的腐殖质土层最适宜猪苓生长，pH4.5～6.6为宜。

4.温度 猪苓对温度的要求比较严格。地表以下5厘米处地温10～13℃时开始生长，平均地温在13℃左右新苓快速增大，月平均地温15～20℃时，生长最快，形成子实体。当土壤温度高于28℃时停止生长，进入夏眠。秋末冬初，当地表以下5厘米处温度降至8℃以下时，进入冬眠。

5.水分 土壤含水量30%～40%适宜猪苓生长。低于30%猪苓停止生长，地下水位高或积水地不利于猪苓生长。

（三）其他

猪苓的生长发育离不开蜜环菌，其生长所需的营养主要靠蜜环菌提供；蜜环菌与猪苓之间属于寄生与反寄生的营养关系。蜜环菌索侵入猪苓菌核（蜜环菌一般不侵入当年萌生幼嫩的白苓，只侵染越冬后的灰苓和黑苓），隔离腔内的猪苓菌丝为其提供营养，即蜜环菌对猪苓菌核的寄生；猪苓本身的保卫反应会形成隔离腔，将蜜环菌限制在一定范围内，同时猪苓菌丝可反侵入蜜环菌吸取营养，蜜环菌的代谢产物及侵染后期的菌丝体可以为猪苓提供营养，猪苓菌核萌发出新苓，此过程为猪苓对蜜环菌的反寄生。因此，韩汝诚等把猪苓、蜜环菌以及树木之间的复杂关系称为"真菌营养型"。

三、栽培技术

（一）场地选择及栽培沟修建

1.室内栽培 可使用空心砖或红砖之类砌成高40～50厘米、宽100厘米的栽培池，长度不限。底层垫沙土厚30厘米，对池内喷洒800～1 000倍多菌灵溶液，进行杀除杂菌，2～3天后即可用于栽培。防空洞、山洞、地下室等场所的栽培，参考室内栽培方式进行。

2.室外栽培　一般选择海拔800～2 000米林地栽培，以次生阔叶林、杂灌林、混交林、坐南朝北阴坡为宜，阳坡不宜栽培，土质要求湿润、疏松透气，腐殖土含量高的微酸性沙壤土较适宜。可选坡度20°～60°的有一定树木遮阴的土山坡，挖深50厘米、宽70～100厘米，长度不限的栽培坑，并将坑底挖松厚约20厘米左右。操作要点：一是要有适当遮阴度，最好在6—9月时遮阴度可达70%～80%，以免太阳直晒导致水分流失，热量传导至栽培坑内，影响猪苓及蜜环菌的生长；二是坑深以斜坡下部的深度为准。

在室外果园内、平地上栽培时，可挖深30～50厘米、宽60～100厘米、长度不限的栽培沟。平地栽培最关键的是选择地块，要求灌溉方便、又不积水，土壤质地疏松但又不是漏水漏肥的纯沙质土，在汛期土壤渗水性要好、没有积水，具体可根据情况考虑选择。在遮阴度不足的平地上栽培时，可采取种植南瓜、丝瓜等长蔓植物遮阴的方式，也可在栽培沟表面覆盖秸秆、杂草、遮阳网予以遮阴。总之，尽量减少水分蒸发并保湿。

（二）栽培时间

一年四季均可栽培，但以2—5月和10—12月栽培最好。海拔1 000米以下区域应避开6—9月高温期，汛期要注意排水。

（三）材料及场地准备

1.苓种选择　栽培选灰苓和黑苓作苓种为宜（图23-3），白苓栽后易腐烂，不能作苓种；老苓生活力低，也不宜作苓种。一般可选50～80克的猪苓菌核，也可将大块菌核从其离层处掰开使用，应注意菌核自身无病、无虫、色泽正常、无碰痕伤斑等，每平方米用种量为0.5千克左右。

图23-3　苓　种

2.**蜜环菌选择**　采用蜜环菌种加段木栽培时，每平方米使用优质蜜环菌种约2瓶（750毫升/瓶），蜜环菌种的质量直接影响着猪苓的产量，要选择没有霉菌、菌丝色白一致、乳白色条状菌索分布明显的优质蜜环菌种（图23-4）。

图23-4　蜜环菌栽培种

3.**段木准备**　使用段木菌材栽培时，每平方米的栽培面积可准备段木菌材50千克左右。

（1）树种。除含有油脂、芳香物质、杀菌物质等的树种均可，以大叶橡树、青冈、桦树、栎树、杨树等木质坚硬的阔叶树种为宜。

（2）截段。将直径8～10厘米的树棒截成长50～60厘米的短节（直径过大的可以劈成两半），在树棒2～3面砍成鱼鳞口深入木质层。晾晒20～30天备用，树棒过干可用0.25%的硝酸铵溶液泡1天使用。

4.**干树叶准备**　凡是阔叶树种如青冈、杨树、板栗树、柳树、柞树以及其他果树等的叶片均可，用量按使栽培面覆盖5～10厘米厚来准备，一般可在干树叶堆集后喷水，使之充分湿润、软化后备用。

（四）栽培方式

猪苓栽培有蜜环菌菌材伴栽和猪苓纯菌种栽培两种方式。

1.**蜜环菌菌材伴栽**

（1）培育蜜环菌菌材。选用干净沙土地，挖坑深20厘米、长60厘米、宽70厘米，将坑底土壤挖松整平，铺5厘米厚的预湿树叶，然后摆一层树棒5根，棒间留3厘米空隙，回填半沟沙土，在棒两端和两棒之间放入蜜环菌菌枝菌种，每隔5厘米放一个菌枝，洒一些清水，淋湿树棒，然后用沙土填实棒间空隙，以盖严树棒为准（图23-5）。放入第二层树棒，回填半沟沙土，放菌枝盖土（同第一层操作一样），如此依次放3层，最后盖沙土厚约10厘米，每10天浇水1次，3～4个月可以长好菌丝，菌棒培养时间为每年的3—10月。

图 23-5　蜜环菌菌材培养

（2）栽培操作。

①蜜环菌菌材栽培法。先在栽培畦、窖、沟底铺一层5厘米厚的树叶，然后排放一层间隔10厘米的菌材，排放顺序为一根新树棒一根菌材，以此类推长度不限，再填充沙土与菌材持平，不能留空隙。只在蜜环菌菌材两边均匀放入猪苓种，新树棒处不放，每平方米可排播苓种0.5千克左右。播后在上面撒铺一层预湿的树叶，约3厘米厚度即可；然后再排放一层菌材，填沙土至与菌材持平后，再播入0.5千克左右苓种，要求同上。撒铺一层树叶后，填沙土约20厘米厚，稍拍实。山坡上栽培时，应使栽培窖表面稍有凹陷，便于尽量接收雨水，同时保持周边植被茂盛，使遮阴保湿。平地栽培时，应根据土质、地形以及季节等确定其凹凸，例如土质偏沙性时，适当凹陷；土质偏黏时，则应适当凸起，避免积水；汛期应使之稍有凸起，避免积水。室内栽培时，正常管理即可（图23-6）。

图 23-6　蜜环菌菌材栽培法

②蜜环菌菌种伴栽法。如若来不及培育蜜环菌菌材，或者因运输条件不便等原因，可直接利用蜜环菌种加段木进行栽培。栽培方法是直接在栽培坑内排放一层间隔10厘米的段木，并在段木上砍鱼鳞口或是打孔，利于蜜环菌尽快侵染段木，及早长出菌索与苓种结合共生，再填充沙土与菌材持平，不能留空隙，然后在段木两边均匀放入猪苓种，每平方米播苓种0.5千克左右，再将2瓶蜜环菌菌种均匀放入猪苓种两边，间隙处均匀地填充一些短枝条，播后在上面撒铺一层预湿的树叶，约5厘米厚度即可；第二层要求同上，待第二层栽好后覆土厚5～10厘米，上面再盖树叶保湿。操作要点：一是蜜环菌种要及时更新换代；二是菌种播入段木的砍口或钻孔内，结合要紧密；三是段木砍口到皮层即可，不必破坏木质部，砍口应斜向，使皮层外翘，以便接入菌种（图23-7）。

图23-7　蜜环菌菌种伴栽法

（3）管理措施。猪苓栽植后，及时浇水，保持栽植基质呈半湿润状态，适时调节温度，争取全年有更多时间使猪苓处在20℃左右的生长温度，一般不需要更多其他管理。林下仿野生栽培的猪苓，可利用自然雨水和温度条件，也可正常生长并获得较高产量，需每年春季在栽培穴上面覆盖一层干树叶，以减少水分蒸发，保持土壤湿度，促进猪苓生长和提高产量。派专人看管场，及时除去顶部周围杂草，防止鼠害及其他动物躁踏。在猪苓菌核的生长过程中，不宜挖土检查猪苓生长情况，3年以后长出子实体，除了一部分留作菌种外，其他子实体均应摘除。

（4）病虫害防治。猪苓生长过程容易感染杂菌，还会有蛴螬、白蚁、鼠类、野猪等啃咬。防治措施：播种时坑底施用生石灰消毒，以杀灭杂菌。栽培前可在窖内或窝内均匀撒放磷化铝预防鼠害发生；栽后如果发生白蚁啃咬可用白蚁粉拌土诱杀。猪苓栽培应远离人口密集地区，选择自然生态环境良好的环境，猪苓种植区域设置隔离网，以免受到人畜破坏。

（5）采收。人工栽培猪苓一般3～5年可收获，可在春、秋两季进行采挖，一般在4—5月或9—10月。采收时取出老苓、黑苓的菌核作商品。将色泽淡、体质松软的灰苓作种，使用3代后苓种就会退化，则要更换新的野生幼苓种。一般每平方米可采挖3～4千克猪苓，有时可以达到5千克以上。

2.猪苓纯菌种栽培

（1）猪苓纯菌种准备。采用孢子分离法制作出猪苓纯菌种。猪苓纯菌种要在有生产资质的菌种厂购买，有条件的可以自己生产菌种。

（2）段木准备。选择适宜猪苓生长的树木截成长60厘米的木段，特别粗的树木，可劈成两半，晒至两头有裂纹时点种播种。

（3）播猪苓种。将备好的段木用电钻打孔3～4行，孔深3厘米，孔间距10厘米，点入猪苓菌种，菌种要塞满孔，点种后覆盖发菌20～30天后再下地栽培。

（4）场地选择。猪苓纯菌种栽培对场地要求不严，房前屋后、林间果园等空地比较疏松的沙壤土都可利用栽培。但以海拔1 200～1 600米、半阴半阳的自然林间坡地且富含腐殖质的沙壤土栽培最好，坡度以20°～50°为宜。

（5）挖栽培坑。室外林地栽培时挖深40～50厘米、宽70～100厘米、长度不限的栽培坑。平地栽培要起垄，防积水；室内栽培可参考室外栽培方式进行。

（6）栽培。将点好菌的段木移到栽培场地，先在栽培坑内铺一层腐殖质基料或湿树叶，再将点好菌的段木平放在基料上，段木与段木之间留5厘米的间隙，在间隙处均匀地放一些短枝条，再将蜜环菌菌种均匀地撒在小枝条的空隙里和段木的截头处，然后盖上厚度5厘米的腐殖土与树叶的混合物；第二层要求同上，待第二层栽好后覆土厚5～10厘米，上面再盖树叶保湿，栽培1米^{2}需蜜环菌菌种2瓶（750毫升/瓶）。

（7）管理措施。室外栽培要防止人畜踩踏，室内栽培注意浇水，保持土壤湿度。另外如果2年后不采挖，须挖开栽培坑，添加新菌材，并保湿。

四、贮运与加工

猪苓收获后，灰苓直接留下作苓种，老苓和黑苓按个体大小、色泽、完整度进行分级，便于生产加工销售。除去黑苓菌核上的泥沙和菌索，采挖时损坏的黑苓可用于分离菌种，或掰成小块用作无性栽培的苓种；菌核个体完好的，直接晒干或加工成猪苓饮片（图23-8），可进一步深加工处理。一般天气好时晒6～10天，含水量在10%～13%时，

图23-8　猪苓饮片

即可作为商品出售或保存。干燥菌核应贮藏于清洁、阴凉、干燥、通风的仓库中，并防回潮、防虫蛀。

参考文献

陈晓梅,田丽霞,郭顺星,2017.猪苓化学成分及药理活性研究进展[J].菌物学报,36(1):35-47.

方清茂,黄璐琦,张美,等,2009.常用中药材猪苓的资源调查[C].北京:药用植物化学与中药资源可持续发展学术研讨会.

郭顺星,徐锦堂,王春兰,等,1993.不同年龄的野生与家种猪苓菌核氨基酸及微量元素分析[J].中国中药杂志(18):204-206.

郭顺星,徐锦堂,肖根培,1996.猪苓生物学特性的研究进展[J].中国药学杂志,21(9):515.

国家药典委员会,2015.中华人民共和国药典(一部)[M].北京:中国医药科技出版社.

韩汝诚,张维经,张正民,等,1980.猪苓与蜜环菌关系的初步研究[J].中药材科技(2):628.

金若忠,范俊岗,栾庆书,等,2010.猪苓生物学特性及菌种培养[J].辽宁林业科技(3):35-37.

彭成,2013.中华道地药材[M].北京:中国中医药出版社.

王天媛,张飞飞,任跃英,等,2017.猪苓化学成分及药理作用研究进展[J].上海中医药杂志,51(4):109-112.

夏琴,周进,李敏,等,2015.猪苓种植生产的研究进展[J].中药与临床,6(2):119-123.

徐锦堂,郭顺星,1992.猪苓与蜜环菌的关系[J].真菌学报,11(2):142-145.

编写人员：孙传齐　李彪　赵辉

第三篇

常见野生食用菌

块 菌

在欧美等发达国家，块菌（图24-1）被誉为"厨房钻石"，是野生菌中的极品，它与鱼子酱、鹅肝酱同被称为世界三大珍馐。

图24-1 块菌

四川是我国块菌的主产区之一，攀西地区产量约占全国总产量的50%，售卖的块菌种类很多，包括了印度块菌、攀枝花白块菌、中华夏块菌、假凹陷块菌等，以印度块菌为主。"会东块菌"和"攀枝花块菌"是国家地理标志产品。2008年，攀枝花市被中国经济林协会授予"中国块菌之乡"称号。

攀枝花市农林科学研究院和四川省农业科学院已持续多年开展印度块菌菌根苗培育和人工栽培技术研究。攀枝花市农林科学研究院通过菌根苗培育和移栽，在2023年12月，经四川省农村科技发展中心现场测产，印度块菌的最高单株产量超过2 000克，为国内已报道的最高产量。

一、概述

（一）分类地位

块菌 *Tuber* spp.，隶属子囊菌门 Ascomycota，盘菌纲 Pezizomycetes，盘菌目 Pezizales，块菌科 Tuberaceae，块菌属 *Tuber*，又称松露、猪拱菌、无娘果、隔山撬、松茯苓、马桑果等，是名贵的地下大型真菌。

四川攀西地区售卖的块菌种类很多，包括了印度块菌、中华夏块菌、攀枝花白块菌、假凹陷块菌等（图24-2至图24-4），但以印度块菌 *Tuber indicum* Cooke & Massee 的产量最大。

图24-2　印度块菌

图24-3　中华夏块菌

图24-4　攀枝花白块菌

（二）生态习性

1. 气候条件　在四川攀枝花块菌主产区，干湿季节分明，降水量少而集中，主要在6—10月，光照充足，日温差大，全年平均气温13.1 ～ 17.5℃，最冷月（1月）平均气温为5.0 ～ 9.3℃，7月平均气温为18.5 ～ 22.8℃，年降水量为800 ～ 1 500毫米，年日照时数为1 900 ～ 2 700小时。

2. 海拔范围　四川攀西地区为我国块菌主产区之一，产区主要分布在海拔1 100 ～ 3 200米范围内的华山松纯林、云南松纯林、针阔混交林、阔叶林（栎类）。黑色块菌分布海拔在2 900米以下；白色块菌分布海拔较高，在凉山彝族自治州会东县产地海拔超过3 000米的华山松林依然可以发现白色块菌的踪迹。

3. 宿主植物　调查发现，出产块菌的4类林地，以针阔混交林出产频率最高，约90％，常见植物为栓皮栎（*Quercus variabilis*）、白栎（*Q. fabri*）、槲栎（*Q. aliena*）、刺叶高山栎（*Q. spinosa*）、青冈（*Cyclobalanopsis glauca*）、小叶青冈（*C. gracilis*）、高山栲（*Castanopsis delavayi*）、锥连栎（*Q. franchetii*）、麻栎（*Q. acutissima*）、板栗（*Castanea mollissima*）、云南松（*Pinus yunnanensis*）、华山松（*P. armandii* Franch）、云南油杉（*Keteleeria evelyniana*）、云南黄杞（*Engelhardia spicata* Lesch）、滇杨（*Populus yunnanensis*）等，常发生在郁闭度0.2 ～ 0.9的林地，块菌出现频率最高的林地，其郁闭度为0.5 ～ 0.7。

4. 土壤条件　土壤是块菌发生及其宿主植物赖以生存的基本载体基质，土壤酸碱度、有机质含量、土壤结构及类型等都与其发生密切相关。块菌常产生于石灰岩地区，如沙石多、富含有机质和营养的红色石灰土、紫色疏松土壤。

中国野生印度块菌子实体主要生长在疏松的红壤、黄壤和黄棕壤类型的土壤中，90%以上的子实体生长深度为1 ～ 10厘米，土壤含钙量高，但pH为5.3 ～ 7.5，为微酸性土壤。

清源等调查川滇藏3省9个市州块菌主要产区认为，坡位越高越不适宜块菌生长，以中坡和中下坡最佳，粉粒含量为30.0 %、沙粒含量为55.0 %。 pH 6.40左右、全氮含量为2.29 ～ 3.70克/千克、交换性钙含量为0.23 ～ 0.37摩尔/千克、交换性镁含量为0.02 ～ 0.03摩尔/千克的环境条件适宜块菌生长。

5. 出菇季节　在中国块菌产区，每年3—5月气温回升，块菌子实体遇雨水开始腐烂，并释放出块菌孢子。宿主植物新根萌发感染形成块菌菌根，大量的外延菌丝不断生长扭结形成原基。6—7月子实体形成，8—9月快速生长，10—11月逐渐成熟，12月开始采收，翌年1—2月为最佳采收期，块菌香气和营养物质积累达到最佳。

（三）营养价值和经济价值

块菌除富含蛋白质、脂肪酸、氨基酸、维生素、矿物质、多糖外，还含有雄性酮、甾醇、鞘脂、神经酰胺及微量元素等多种化合物，具有独特香气物质。现代研究表明，块菌具有增强免疫力、抗衰老、益胃、清神、止血、疗痔、诱导细胞凋亡、抗肿瘤、抗癌等功效，是一种天然保健食品。

（四）历史文化

传说蜀建兴三年（公元225年），丞相诸葛亮带军南征，因天气酷热而染"瘴疾"，当地土著酋长献仙果（块菌），食后饭量大增、体力充沛、脚力强健、瘴疾顿消。从此，当地百姓有夏天用鸡炖块菌以健脾胃，冬天用牛、羊肉炖块菌以增强体力抗寒的食俗文化。明万历十八年（公元1590年）李时珍著《本草纲目》，其中关于"隔山消（撬）"的描述是块菌最早见于中国典籍的记载。

19世纪60年代开始，通过移栽野外块菌菌塘内小苗，法国学者成功栽培出块菌子实体。后来，法国国家农业研究院与意大利的科学家联合培育出了块菌的菌根苗，并分别于1975年和1979年通过人工培育的菌根苗栽培实现块菌子实体的产出。之后，法国科学家和意大利科学家发明了用黑孢块菌子囊孢子接种橡树（*Quercus palustris*）和榛子（*Corylus heterop* Hylla）的技术，开始了块菌产业化的进程。目前法国块菌有80%以上的产量来自人工栽培的块菌林。

1987年，在非天然块菌产区的新西兰，伊恩·霍尔引进法国黑孢块菌成功培育出菌根苗，并在新西兰的Otago用石灰质改良土壤pH到7.8 ～ 8.1以营造块菌林，于1993年7月29日，在全球范围内，首次在非块菌产地人工栽培5年产出块菌子实体。新西兰非块菌产地人工栽培黑孢块菌的成功直接引发了澳大利亚、美国、瑞典、英国、加拿大、智利等国家纷纷开创自己的块菌产业，并相继产出块菌。

中国块菌驯化栽培始于2001年，湖南省林业科学院赴法国引进黑孢块菌菌种，成功培育出菌根苗，并在张家界建立了国内第一个黑孢块菌园，但未见块菌产出报道。2003年，台湾大学胡弘道教授在贵阳市乌当区建立了国内首个印度块菌人工种植园，并于2009年开始产出块菌子实体。2018年中国科学院昆明植物所、云南省农业科学院生物技术与种质资源研究所均有人工栽培产出块菌子实体的报道。

据攀枝花市农林科学研究院报道，2007年在盐边县新九乡块菌园种植的块菌于2017

年初产块菌；2015年利用板栗培育的印度块菌菌根苗在盐边县格萨拉乡栽培3年，于2018年成功产出块菌，单个最重154克，单株产11个重达509克，现场有来自新西兰块菌栽培专家王云和Alexis Guerin、法国块菌栽培专家Pierre Sourzat、法国米其林酒店块菌大厨Joël Gilbert、墨西哥食用菌研究专家Juesus，专家们都一致认为，仿生栽培块菌的品质和香味可以与法国黑孢块菌媲美。2019年，新西兰块菌栽培专家Alexis Guerin和项目组在四年生板栗块菌树下采集到2株产量超过600克、单个最大直径15厘米、重达650克的块菌子实体，创国内块菌单个最重的新纪录。2020年攀枝花在五年生板栗块菌树下现场采集到单株块菌子实体产量达1 054克、单株最高产块菌98个、平均产量637克的块菌子实体，创国内单株产量最高的新纪录。块菌人工栽培技术的突破，成功实现了"树上结板栗，树下产块菌"的双重效益模式，大大提升了我国块菌人工栽培的技术水平。

（五）产业现状

全世界块菌种类80余种，已实现人工栽培的种类有黑孢块菌 *T. melanosporum*、波氏块菌 *T. borchii*、夏块菌 *T. aestivum*、冬块菌 *T. brumale*、印度块菌 *T. indicum*。中国块菌人工栽培起步晚，目前已突破印度块菌、攀枝花白块菌和中华夏块菌的栽培，以印度块菌栽培技术较为成熟。

世界商业块菌中心有两个，一是以法国、意大利和西班牙为中心的欧洲地区，年产块菌300余吨，80%的产量来自人工种植园；另一个是我国四川省攀西地区和云南省部分地区，年产量400吨左右，全为野生资源。近年来在北方多个省份发现有野生块菌分布，我国块菌资源年产值超过2亿元。

攀西地区为中国块菌集中分布区，块菌产量占全国块菌产量的50%以上，主要分布在米易县、盐边县、仁和区、会东县、会理市、宁南县、盐源县、冕宁县等10余个县区，商业块菌品种主要有印度块菌 *T. indicum*、中华夏块菌 *T. sinoaestivum*、李玉块菌 *T. liyuanum* 和攀枝花白块菌 *T. panzhihuanense* 等。近年来，野生块菌资源被掠夺式采集，产量逐年下降。初步调查统计，中国野生块菌产量已由20世纪初年产2 000余吨减少到现在400吨左右，攀枝花块菌资源由2006年的110吨减少到现在30余吨。

每年8月左右，攀西地区市场上就可见到未成熟的块菌售卖，营养价值和经济价值都受到显著影响；同时，由于野生块菌资源缺乏科学有序开发，部分地区块菌已绝收，块菌产量逐年锐减。近年来，四川攀枝花、凉山彝族自治州和云南一些地区出台了块菌保育和保护性采集的地方性政策，但目前对市场的引导和约束作用还十分有限。

为有效保护和高效利用野生资源，实现块菌产业的可持续发展，通过近20年的研究，从菌根苗培育到大田栽培技术，均已取得突破性进展，利用宿主植物板栗、榛子、美国山核桃、华山松、云南松、槲栎、青冈培育的印度块菌菌根苗栽培出菇技术获得成功，为实现产业化发展奠定基础，但块菌优质稳产技术还需持续科技攻关。

通过近20年发展，四川块菌产业已形成了一些地方品牌。2008年，攀枝花市被中国经济林协会授予"中国块菌之乡"称号；2013年，"攀枝花块菌""会东块菌"获得国家地理标志产品认定；2017年，会东县被中国经济林协会授予"中华松露第一县"称号；2018年，"野生块菌保育促繁及保鲜技术研究与应用"获得四川省科学技术进步三等奖；

2018年，会东县人民政府与四川省农业科学院土壤肥料研究所在会东县联合建立四川省首个松露产业园。

二、驯化栽培

（一）块菌菌根苗培育

1.**菌种选择和制作**　应选择成熟度高、个头大、外形好、香味相对较浓的块菌子实体制作成菌剂备用。

2.**宿主植物选择与无菌苗培育**　目前已有研究报道产块菌子实体的宿主植物有板栗、青冈、槲栎、榛子、华山松、云南松和美国山核桃等（图24-5至24-10）。

图24-5　榛子无菌苗培育

图24-6　华山松无菌苗培育

图24-7　板栗块菌菌根苗

图24-8　美国山核桃块菌菌根苗

图24-9　云南松块菌菌根苗

图24-10　华山松块菌苗培育

　　菌根苗培育时，要根据栽培地的气候条件选择适合的树种。为提高块菌栽培效益，通常采用"经济果树板栗、大果榛子、华山松和美国山核桃+块菌"的栽培模式，实现"树上结果，树下产菌"的双重效益模式。

　　无菌苗培育时，种子表面灭菌后浸泡，充分吸水后，播种到无菌蛭石中，置于20～30℃的洁净大棚中培养，保持基质湿润。

　　3.块菌菌根苗的接种和培育　将成熟块菌孢子按照（2×10^6）～（7×10^6）个/株的标准接种在无菌苗根系上，放于温度15～30℃的洁净大棚中培养，保持基质湿润。

　　4.块菌菌根检测　优质块菌菌根苗是实现块菌早产和丰产的前提，块菌菌根苗出圃前要经过专业严格的菌根检测，确保块菌菌根苗优质，栽培后能够出菇。

　　块菌苗接种后培育6个月，用解剖镜和显微镜检测菌根的感染率、菌根量、菌根活率等。菌根苗培育1.5～2年，出圃前要进行一次全面的菌根抽检，抽检率为5%，检测标准为菌根苗强壮、无病虫害、无机械损伤、无外生杂菌污染，块菌菌根感染率应大于75%，不合格块菌苗禁止出圃。常见块菌菌根如图24-11至图24-14所示。

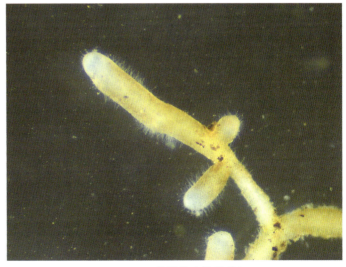

图24-11　攀枝花白块菌菌根

图24-12　波氏块菌菌根

图24-13　印度块菌菌根

24-14　黑孢块菌菌根

（二）土壤整理

在栽培前1年的冬季至春季，即12月至翌年4月进行。

需挖栽培坑，坑的规格为60厘米×60厘米×60厘米，根据宿主植物品种选择适合的种植密度，株行距4.0米×4.0米、4.0米×5.0米、4.0米×6.0米、3.0米×6.0米或3.0米×7.0米均可（图24-15）。

图24-15　挖栽培坑

将表土和深层土壤分层堆放，太阳暴晒2个月后回填。回填时间为栽培开始前1～2个月，回填时将杂草和枯枝落叶填入坑底，再回填深层土，最后回填表土（图24-16），整平后用旋耕机翻深15～20厘米，使石灰石和土壤充分混合（图24-17）。

图24-16　回填土壤

图 24-17　施石灰石改土

若栽培基地有机质含量和pH偏低，可按照每坑2米×2米，均匀铺0.1米³粒径为0.5～2厘米的石灰石颗粒，提高pH和钙质含量，每坑施发酵彻底的生物有机肥20千克，提高土壤有机质含量，禁止施用森林土、松针或栎类树叶发酵的有机肥。

（三）栽培和管理

1.栽培　按照"适地、适树、适菌"的三适原则，不同气候条件下栽培不同的块菌品种和宿主植物，一般以"经济果树+块菌"的栽培模式为主，适当配置一定数量的栎类、松类的块菌菌根苗，这样可以实现块菌栽培效益的最大化。攀西低海拔区域栽培"美国山核桃+块菌"、中海拔区域栽培"板栗+块菌"、高海拔区域栽培"大果榛子+块菌"。

（1）栽培时间。每年春分至清明，即3—4月苗木仍处于休眠状态时栽培，气温回升苗木即可萌动生长，此时需要有充足的灌溉水源保证菌根苗的成活；若在雨季即7—8月栽培，水分充足，管理相对粗放，成活率也高。

（2）栽培和补植。栽培块菌苗必须为容器苗，容器苗根系生长快，较易度过旱季，从而提高栽培成效。栽培时，在栽培坑中心挖一个小坑，脱去育苗钵，将菌根苗栽植在坑的中央，回填土高于容器苗土1～2厘米，压实，栽培苗高出地面10～15厘米（图24-18）。栽后浇一次定根水，采用规格为1.6米×1.6米、耐用2～3年且可降解的黑色无纺布覆盖树盘防草保湿（图24-19）。安装微喷灌设施，保持土壤微湿润（图24-20）。在当年雨季结束前或第二年春季对死亡的菌根苗进行及时补植。

2.栽培管护

（1）封禁管理。在块菌栽培园四周做围栏进行封禁管理，主要是防火、防牛羊和其他小动物毁坏菌根苗。

图24-18　块菌苗栽培

图24-19　覆盖无纺布

图24-20　安装微喷灌设施

（2）除草。黑色无纺布覆盖树盘可减少除草次数，其余空地杂草可每年用割草机割2～3次（图24-21），杂草经过雨季腐烂后不断提高栽培园有机质含量，有利于后期块菌的产出。块菌栽培园禁止施用除草剂，施用除草剂会破坏块菌园土壤并延迟块菌的产出。

图24-21　机器除草

（3）松土。针对容易板结的土壤，松土可以改善土壤的透气性，促进菌根的生长发育，石砾和有机质含量高的疏松土壤可不用松土。

第一年松土在距离菌根苗主干20厘米外，第二年为40厘米外，第三年为80厘米外，范围内松土深度小于5厘米，范围外松土深度大于10厘米，最好在10～20厘米，可连续开展3年，每年1次。松土的工具为齿耙，近苗浅，外围深，要做到不伤根、不伤株。

（4）灌溉。菌根苗栽培后3年内灌溉非常重要，能显著提高块菌成活率。块菌菌根苗可以在干旱条件下成活很长一段时间，但干旱会严重影响菌根的生长繁殖，延长出产年限。

在攀西地区，每年3—6月旱季，每15天灌溉1次，每次灌溉深度为20厘米。为降低蒸发量，节约用水，也可以覆盖地膜或地布保湿。

（5）施肥。特别瘠薄的土壤应考虑施肥，但不能施用无机化肥，只能施用农作物秸秆发酵的生物有机肥。禁止施用森林里的腐殖土或松针发酵的有机肥，以免造成菌根的污染导致栽培失败。

对小苗施肥时，在菌根生长的外围挖深20厘米、宽20～30厘米的环形沟，将有机肥施入沟内覆盖表土（图24-22）；对大苗施肥时，可以直接将有机肥施在树盘内，用齿耙将有机肥与土壤混合即可（图24-23）。

（6）修剪。在栽培的前几年，建立良好的树形非常重要，主要修剪病枯枝、徒长枝、过密枝等。可参照果树的修剪方法，主干形苗木保留1个主干，定干高度为1米，丛生形苗木留1～3个主干，冠幅控制在2.0米×2.0米范围内，高度控制在3米以下，控制冠幅在"火烧圈"内，超出的枝条进行回缩修剪（图24-24至图24-26）。

图24-22　块菌小苗施有机肥改土

图24-23　块菌大苗施有机肥改土

图24-24 板栗树形

图24-25 美国山核桃树形

图24-26 榛子树形

（7）块菌菌根监测。每年要对栽培园进行1～2次菌根监测，以采取相应措施维持块菌菌根的活力，提高菌根的感染率和菌根量，保持大量菌根分布在土表10厘米以内。主要监测块菌菌根量、块菌菌根感染率、菌根活力、分布深度、污染程度等（图24-27，图24-28）。当有大量葡萄状菌根形成，树周"火烧圈"形成较好，表明即将出菇。

图24-27　一年生块菌菌根生长情况

图24-28　发育较好的块菌菌根

（四）采收

1.采收时间及方式

（1）采收时间。12月1日到第二年2月底，块菌完全成熟，品质最佳。

（2）采集方式。使用培训的块菌狗、猪和齿耙采集（图24-29，图24-30）；最佳采集深度不超过10厘米，这样可减少对块菌菌根的破坏；采集完成后回填菌塘土，保护块菌菌根；对直径小于2厘米、挖烂和虫害严重，没有太大商业价值的块菌进行科学留种，提高块菌产量。

图24-29　培训狗采集块菌

图24-30　培训猪采集块菌

2.块菌狗培训　狗对成熟块菌气味都比较敏感。利用狗灵敏的嗅觉可以准确定位块菌的位置和发现成熟的块菌子实体，避免盲目采收破坏块菌生长菌塘，提高采集效率。选择3～6月龄、嗅觉比较灵敏、聪明、温顺、体力较好的品种，如拉布拉多、德国牧羊犬、比格犬、布列塔尼猎犬、边境柯利牧羊犬等进行培训。

从栽培到初产，菌根发育较好的部分树可在3年初产块菌（图24-31），以后初产树逐年增加，8年左右达到丰产。初产的时间主要由栽培菌根苗质量、气候、土壤和管护水平等因素决定。黑色块菌品种在产块菌前有明显的"火烧圈"现象，即圈内没有杂草或是杂草少并有枯死现象，而周围杂草长势茂盛。可以通过"火烧圈"的特征判断块菌菌根的生长情况，预测块菌的产出时间。块菌菌根发育好，"火烧圈"通常在第二年开始形成，第三年就比较明显。块菌初产一般距离树主干较近，随着树龄增大，块菌产出位置会逐步向外扩（图24-32）。一旦块菌产出，每年可产一次，可持续采收30～50年（图24-33）。

图24-31　3年板栗树初产块菌

图24-32　"火烧圈"（左：法国块菌种植园；中：攀枝花板栗块菌种植园；右：印度块菌种植园）

图24-33　印度块菌采收（4年产直径15厘米，单个650克；5年单株最高产1 054克）

（五）病害与防控

块菌苗抗病性强，不容易发生病害。在栽培的前2年菌根量少，容易受到地下害虫侵扰，蛴螬、地老虎等啃食会造成苗木的死亡，可采用低毒、高效、低残的农药如阿维菌素、高效氟氯氰菊酯等，诱杀清除害虫；3年后块菌根系发达，少量的地下害虫不会对树造成影响，可以不施药。

块菌苗地上部分易发生树干害虫危害，防治方法为用棉花蘸高效农药（如阿维菌素、高效氟氯氰菊酯）塞入受害处杀死树干内害虫，也可每年用石灰进行树干涂白处理。

三、贮运与加工

（一）块菌主要贮藏方法

1. 沙藏保鲜方法　该种保鲜方法针对偏远山区，海拔高，冬季平均气温10℃以下，没有冰箱的条件下采用。将采挖的新鲜块菌放入干净的河沙中保鲜，河沙含水量30%左右，即肉眼看上去水润，手捏后手上不沾水。将块菌放在沙里于阴凉处保存，温度低一些，保鲜时间会延长，但温度不要低于0℃，防止冻坏块菌（图24-34）。一般保鲜时间不超过1周，另外，要注意挖伤的块菌和好块菌一定要分开保存，否则容易造成块菌腐烂。

2. 冷藏保鲜方法　冷藏保鲜有冰箱保鲜和冷库保鲜两种，将采挖的新鲜块菌进行分类处理，分成完整块菌、虫蛀块菌和破损块菌3类。分别装入可盛放10～20千克块菌的塑料周转筐中，放置于2～3℃的条件下保鲜。块菌成熟度越差、保鲜时间越短，成熟度越高保鲜时间越长。成熟度达85%以上的完整块菌可以保鲜30天，破损块菌保鲜时间不超过一周，应进行加工处理，否则容易腐烂变质。

块菌清洗后采用抽真空冷藏保鲜，可延长保鲜期，一般销售块菌采用此种方法。

3. 速冻保鲜　冷冻块菌保鲜期长达一年以上，工业上最常用此保鲜方法。将块菌清洗干净，放入塑料筐或用塑料袋分装后放入−18℃以下的速冻库和冰柜中速冻保存，食用时拿出，常温解冻后烹饪，注意不要反复冷冻（图24-35）。

图24-34　块菌沙藏保鲜

图24-35　冰冻块菌

（二）产品加工

国外块菌加工产品有几十种，主要产品有块菌鹅肝、块菌罐头、块菌油、块菌面条、块菌酱、块菌醋、块菌盐等。国内通过20余年的发展，涌现了一批块菌加工企业，仅攀枝花最多时期涉及块菌加工的企业就有12家，块菌加工产品主要有酒、干片、精粉、月饼、玫瑰饼、蜂蜜、含片等10余种产品。

参考文献

陈娟，邓晓娟，陈吉岳，等，2011.中国属块菌多样性[J].菌物研究9(4): 244-254.

李小林，柳成益，唐平，等，2014.四川攀枝花米易县块菌产区植物群落及生态研究[J].西南农业学报，27(4): 1661-1666.

李小林，柳成益，唐平，等，2014.四川盐边县块菌产区优势植物及生态环境对块菌的影响[J].食用菌学报，21(2): 41-47.

清源，戴林，李廷轩，等，2015.适宜印度块菌生长的地形和土壤因子[J].应用生态学报，26(6): 1793-1800.

唐平，柳成益，杨梅，等，2014.印度块菌冷库保鲜技术研究[J].食用菌(3): 70-72.

唐平，兰海，雷彻虹，等，2005.攀枝花块菌资源及适宜生境初探[J].四川林业科技，26(2): 72-75.

陶恺，刘波，1990.中国块菌的生态和营养价值[J].山西大学学报，13(3): 319-312.

Barry D, Staunton S, Callot G, 1994. Mode of the absorption of water and nutrients by ascocarps of *Tuber melanosporum* and *Tuber aestivum*: a radioactive tracer technique[J]. Canadian Journal of Botany(72): 317-322.

Gao J M, Zhang A L, Wang C Y, et al., 2002. A New Ceramide from the Ascomycete *Tuber indicum* [J]. Chinese Chemical Letters, 13(4): 325-326.

Xiao Juan Deng, Pei Gui Liu, Cheng Yi Liu, 2013.A new white truffle species, *Tuber panzhihuanense* from China[J]. Mycol Progress, 12(3): 557-561.

编写人员：柳成益　杨梅　李小林

松　茸

　　松茸（图25-1）是十分著名的食用菌，据考证，宋哲宗元佑年间（1086—1093年）唐慎微著《经史证类备急本草》，以及宋代陈仁玉著的《菌谱》中都有关于松茸的介绍。松茸在日本、欧洲均享有很高的声誉，尤其在日本甚至被推为至高无上的珍品，有"蘑菇之王"之称。四川省甘孜藏族自治州、阿坝藏族羌族自治州和凉山彝族自治州盛产松茸，当地长期有采食松茸的习惯，但直到20世纪80年代初，因外商购买松茸，松茸价格飙升，身价倍增，当前采集销售松茸已经成为了四川"三州"地区农牧民增收致富的重要途径。

图25-1　松　茸

　　四川"三州"地区是我国松茸的重要产区，"小金松茸""乡城松茸""雅江松茸"均是原国家工商行政管理总局商标局批准的地理标志证明商标。2013年8月3日，四川甘孜藏族自治州雅江县被中国食用菌协会授予"中国松茸之乡"称号，2014年7月，雅江县人民政府确定每年8月3日为雅江县"松茸节"。2022年雅江县建成了松茸交易中心，雅江"数字松茸"在"全国首届乡村振兴品牌节"上喜获"乡村振兴赋能计划产业典型案例"殊荣。2022年，四川松茸产值6.63亿元，位列四川食用菌产值第10。

　　因林地过度采伐，松茸年产量总体呈递减状态，目前松茸被列为二级濒危保护物种，2018年被列入《中国生物多样性红色名录——大型真菌卷》中的易危物种，对松茸的保护和研究工作亟待开展。

一、概述

（一）分类地位

松口蘑*Tricholoma matsutake*（S. Ito & S. Imai）Singer，隶属担子菌门 Basidiomycota，伞菌纲 Agaricomycetes，伞菌目 Agaricales，口蘑科 Tricholomataceae，口蘑属 *Tricoloma*，别名松口蘑、松蕈、毛菇、松菇、松菌等。在四川盐源、德昌等地称"山鸡枞"，在四川马尔康、小金称"青冈蘑菇"，四川藏族同胞称"揹霞"（"松茸"藏语的直译音"beixia"），四川彝族同胞称"窝母"（"松茸"彝语的直译音"womu"）。日本松茸专家富永保人博士认为四川马尔康的松茸在其香味上有其自身特点，定名为*Tricholoma matsutake*（S. Ito & S. Imai）var. *qinggang Tominaga*。

（二）产地分布

四川松茸较为集中地分布于金沙江、雅砻江、大渡河中上游的高山峡谷和山原地区，根据四川省食用菌研究所科研人员调查，四川松茸在甘孜藏族自治州主要分布在康定、雅江、道孚、稻城、乡城、巴塘、理塘、新龙、九龙、丹巴、白玉、得荣、泸定等地；在阿坝藏族羌族自治州主要分布于小金、马尔康、理县、金川、壤塘、黑水等地；在凉山彝族自治州以木里为主。

（三）生态习性

1. 生长条件

（1）植被。在四川与松茸共生的植被类型有3种：①青冈林，即高山栎类，有川滇高山栎、黄背栎、川西栎、灰背栎等10余种；②混交林，即油松、云南松、高山松等松树与高山栎的混交林；③常绿阔叶林，即元江栲（*Castanopsis orthantha* Franch）和多变石栎 [*Lithocarpus variolosus*（Franch）Chun）] 等壳斗科植物。

（2）土壤。四川松茸产地的土壤多为山地棕壤、黄棕壤或灰棕壤，多石砾，结构松散，透气性好，土层薄，偏酸性，pH 5.5 ～ 6.0，有机质含量14.30%，全氮含量0.356%，全磷含量0.032%，全钾含量1.960%。土壤中细菌数量为25.88×10^5个/克（风干土）、放线菌数量为0.65×10^5个/克（风干土）、真菌数量为0.65×10^5个/克（风干土），并含有较多的红、白酵母菌。

（3）温度。富永保人等日本松茸研究者认为，松茸菌丝在4℃几乎不生长；在16℃、20℃、24℃生长良好，在20℃条件下培养70天菌丝生长长度为21.33毫米，24℃下培养70天菌丝生长长度为23.06毫米；28℃条件下菌丝生长缓慢，培养70天菌丝生长长度仅为3.34毫米；在32℃下培养菌丝会死亡。平均气温或地温在18 ～ 20℃，松茸子实体原基形成多，如果土壤水分充足，地温在20℃持续4 ～ 5天，原基大量形成，发育成子实体约需20天。然而，原基和极小幼菇受急速上升至23℃以上温度的影响，持续3天，腐烂增多。云南松茸子实体发生温度为12 ～ 20℃，最适温度为15 ～ 20℃，超过28℃停止生长。四川小金县松茸在7—9月发生，7月的平均气温为12.8℃，最高气温19.6℃；8月的平均气温为13.2℃，最高气温22.1℃；9月的平均气温为10.0℃，最高气温16.6℃。

（4）光照。野外实地调查发现，在黑暗的密林中不易发现松茸子实体，说明松茸子实体形成需要一定散射光。光照对松茸生长发育有直接影响的研究鲜有报道，但有林地郁闭度对松茸发生的间接影响的报道。廖树云等报道，四川小金县松茸发生在阳山坡面或半阳山山脊的巴郎栎和黄背栎林，郁闭度0.6～0.7。唐利民等调查发现，四川马尔康市松茸发生地郁闭度0.9以上，林地散生少量桦树和亮叶杜鹃，郁闭度0.7左右；小金县松茸发生地的树木以油松为主，下层散生青冈树等，上层林郁闭度为0.5～0.6，加上青冈及草本植物其郁闭度在0.6左右，盐源县松茸发生地为云南松与青冈的混交林，其郁闭度为0.5～0.6；德昌县松茸发生地的树木以元江栲为主，郁闭度为0.8左右。川西高原松茸生长在黄背高山栎林下的半阴半阳处，郁闭度0.6～0.7。因此，四川松茸发生地的郁闭度范围为0.5～0.9，多发生在阳光照射程度不高的密林之中。

（5）水分。松茸发生地土壤含水量一般多在15%～30%。试管培养松茸菌丝，土壤含水量高达30%时菌丝生长很好，升至35%时菌丝生长变差。但是，松茸发生地土壤的最适含水量与松根及土壤微生物繁殖等的关系复杂。

降水量影响松茸发生量。松茸丰收之年多为8月和9月气温低、降水量多的年份。廖树云等分析了四川小金县松茸产地降水量，产菇小年期间降水量小于300毫米，产菇大年期间降水量大于300毫米，大年产菇量约为小年的3倍。

2.出菇季节　四川松茸的出菇期为7月中下旬至9月下旬，盛产期在8月上旬。我国吉林松茸盛产期在8月上中旬，云南松茸盛产期在7月中旬至9月中旬。日本松茸盛产期在8月中旬至9月。韩国松茸盛产期在9月初至10月上旬。可见，四川松茸盛产期要比日本提前1个月时间。

（四）营养与保健价值

1.营养价值　松茸蛋白质含量较高。据笔者检测，松茸干品含蛋白质15.2%、脂肪2.12%、纤维10.3%，含17种氨基酸，氨基酸总量为9.57%。100克子实体干品中总糖42.26克、多糖3.64克、维生素C16.4毫克、维生素$B_1$0.10毫克、维生素$B_2$1.90毫克。1千克子实体中硒0.07毫克、铜20.6毫克、铁916毫克、锌52.6毫克、锰56.0毫克、钙344毫克。

2.保健价值　松茸有强身、益肠胃、止痛、化痰、理气效能；具有抗肿瘤（对移植性S-180肉瘤的抑制率在59.5%～65.1%）、降血糖（降血糖率在17.02%～19.12%）、增加肠胃运动等保健作用。

（五）历史文化

1.四川松茸资源利用回顾　甘孜藏族自治州各族人民应用松茸等食药用菌历史悠久。清宣统年间开始采集利用四川松茸，1909—1912年，年集散松茸（青冈菌）10 000千克，总值白银400千克。新中国成立以来，松茸年产量75 000千克以上。

20世纪80年代初期四川松茸开始远销日本。日本人喜食松茸，于是，日本商人从中国、韩国等进口松茸，满足国内松茸消费。甘孜藏族自治州松茸于1985年进入日本市场，凉山彝族自治州和阿坝藏族羌族自治州松茸基本上在同期开始出口日本。

四川松茸产区中以雅江县的松茸产量为最大。2013年8月3日，雅江县被授予"中国松茸之乡"荣誉称号；2014年3月《雅江鲜松茸 等级规格》由四川省质量技术监督局发函准予发布（川质监办函〔2014〕89号），成为该州鲜松茸等级规格首个地方标准；2014年7月18日，雅江县十二届人大常委会第十九次会议听取和审议了县人民政府《关于确定雅江县"松茸节"的报告》，经会议审查，决定每年8月3日为雅江县"松茸节"；2014年8月3日，首届中国（雅江）松茸节在雅江县开幕。2021年，《地理标志产品 雅江松茸鲜品》（DB5133/T 52—2021）颁布。

2.四川松茸科技研究 20世纪80年代后期，四川省农业科学院食用菌团队开始进行四川松茸资源及生态调查，王波、鲜明耀、王明福等先后开展了相关工作。

四川省农业科学院土壤肥料研究所微生物室刘芳秀主任于1985年应邀访问广岛松茸等食用菌研发情况。1987年四川省邀请日本松茸专家富永保人来蓉讲学，涉及松茸生活史、发生地生态和广岛法松茸栽培技术等内容；同年，四川省农业科学院土壤肥料研究所与日本广岛菌类研究所签订《食用菌合作研究意向性协议》。

自1988年开始，四川省农业科学院每年派出2名研修生到日本广岛菌类研究所学习松茸等食用菌生产技术。其间，富永保人、刘芳秀、鲜明耀和谭伟等合作开展了四川马尔康市、小金县、盐源县和德昌县的松茸研究，发现四川松茸有自身特点而不同于日本松茸。之后，四川陈惠群、谭伟、王明福等在松茸资源分布、利用与保护、生物学特性和菌丝分离等方面开展了系列工作。

20世纪90年代后，谭伟结合了在日本学习的松茸理论知识和栽培实践，系统编译了日本松茸的研究成果，将日本松茸研发成果与我国、四川省实情有机结合，凝练出松茸栽培理论及方法，提出了持续开发利用松茸资源的具体措施。

近年来，四川省农业科学院食用菌团队继续开展了松茸内生细菌群落结构与多样性等研究工作，进一步为松茸基础科学问题的解析奠定基础。

（六）产业现状

四川省甘孜藏族自治州、阿坝藏族羌族自治州和凉山彝族自治州盛产松茸。当地有长期采食松茸的习惯，到了20世纪80年代初，因外商购买松茸，其价格飙升。采集销售松茸已经成为了四川"三州"地区农牧民增收致富的重要途径。

当前，四川雅江县松茸产量为全省最高，雅江县地处四川省甘孜藏族自治州东南部，雅砻江中游，全县地貌以高原和高山峡谷为主，属青藏高原亚湿润气候区，是中国香格里拉核心区的中心驿站。得天独厚的地理条件造就了雅江县丰富的野生松茸资源，其松茸产地面积达1200多平方千米，年产优质松茸超过1 000吨。此外，康定、九龙、理塘、稻城、乡城、巴塘等地松茸年产量也较高，其中巴塘松茸采集时间持续较长，通常可到9月中旬。2017年四川省鲜松茸出口108 329千克，产值5 301 322美元。

四川松茸产品类型主要有鲜品、干品、盐渍品。四川企业将松茸加工为冷藏松茸、冰冻松茸、干品松茸（片）、盐渍松茸等多种产品类型进行保藏和销售。

二、松茸人工促繁技术

目前松茸主要栽培模式是人工促繁，即基于松茸生物学特性，采取人为整理发生地植被、增加林地菌丝数量、调控子实体发育小环境和适度新栽幼树等技术措施，以促进松茸生长发育，达到提高松茸产量和品质的目的。

（一）林地整理

在四川松茸发生林地，采取间伐或修剪措施调整植被松树与栎类树木等的密度，使其郁闭度为0.5～0.9；用竹耙或手将地面腐殖质厚度调整至3～5厘米，有利于松茸菌丝生长和子实体形成与发育。

（二）创制松茸新菌床

将松茸的孢子、子实体和菌根作为种源，播种或栽植在适宜林地内，形成新的松茸菌床。

1.孢子播种法

（1）配制孢子液菌种。先在塑料桶（其他容器也可）装入清水，再将开伞的松茸菌盖放入水中并振荡，让菌褶上数量巨大的孢子充分进入水中，以1个菌盖配1 000毫升水的比例为宜，形成白色浑浊的孢子液作为栽培菌种。

（2）制作松茸栽植坑。在具备松茸生长发育环境的新树林内，用小铁铲挖制或用铁棒、树棍下插成直径1～3厘米、深度10～15厘米的坑洞作为播种的栽培坑。

（3）向坑内注入菌种。向栽植坑内注入孢子液菌种，播种量可在30～50毫升/坑，让孢子附着于松树或栎树的细根之上，用周边土壤填平坑洞，孢子在条件适宜情况下萌发出菌丝，与松树或栎树的细根形成菌根，从而形成新的松茸菌床。

要求孢子液菌种及时配制、栽培坑及时制作和播种作业动作迅速，有利于孢子萌发菌丝并提高菌根形成的成功率。

2.菌柄移植法

以松茸成熟子实体的菌柄作为栽培菌种。在具备松茸生长发育环境的新树林内，先用小铁铲挖制或用铁棒、树棍下插成与菌柄相同粗细的孔洞作为栽培坑，再将松茸菌柄插入栽培坑中，使菌柄上的松茸菌丝能够着生在松树或栎树细根上形成菌根，从而产生新的松茸菌床。

3.菌根移植法

（1）菌根菌种准备。在发生过松茸子实体的地面，用铁铲切取表面直径10～15厘米、深度10～15厘米区域的土层，可见切取土层下面及侧面为雪白色，这是松茸菌丝与共生植物形成的菌根所致，以这部分土层作为栽培菌种。

（2）移栽菌根菌种。在具备松茸生长发育环境的新树林内，先用铁铲挖出与菌根土层菌种块大小基本一致的栽培坑，再将菌根土层菌种移栽入坑内，使其与松树或栎树的细根紧密接触，从而形成新的松茸菌床。

（3）菌根幼苗栽种。分离培养出松茸纯菌丝，在实验室或车间内栽培松树或栎树幼

苗过程中人为地让松茸菌丝侵入细根之中，使松茸菌丝感染树苗。然后，将感染苗移栽至具备松茸生长发育环境的新树林内，从而形成新的松茸菌床。

（三）隧道栽培法

松茸隧道栽培法是指在松茸当年预定发生地，人为地提前搭建环状塑料棚，采用空调和冰块将棚内温度调节到松茸子实体发生的适宜范围，并进行浇水和虫害防控，形成有利于松茸发生的有利环境，不受当年自然气候条件的影响而在独立稳定环境下促使子实体交替发生。

该栽培法有3个特点：一是子实体收获较自然发生的提前1个月以上，这是夏季用空调和冰块调节棚内温度并进行灌溉栽培的结果；二是具有增产作用，子实体产量较自然发生的增加2～6倍；三是很易实现“无虫松茸”且品质较好，在棚内撒施杀虫剂，子实体不会遭到害虫危害，菇体无虫孔。

（四）迹地更新法

松茸迹地更新法是指在采伐松树或栎树时保护好松茸菌床的方法。

1.栽植树苗 在采伐松树和栎树前，预先用木桩标记出松茸菌床位置，待采伐结束后及时在松茸菌床迹地（林业术语，指采伐之后还没重新种树的土地）栽植2～3年树龄或栎树树苗，让松茸菌丝与树根形成菌根，期望迹地会继续发生松茸。

2.种木残存 树木采伐时不要全部连片伐光，应将松茸发生的主层木保留一部分，作为松茸菌根种木残存。同时，也要在采伐迹地处及时栽植树苗或栎树苗，促使形成新的菌根。

（五）病害防控

1.病虫种类 据富永保人（1982）报道，危害日本松茸的害虫主要是菇蝇和掌状蝇的幼虫，可将菌柄啃食成隧道状；苏开美等（2007）报道，危害云南楚雄彝族自治州松茸的害虫主要有7类：果蝇、蚤蝇、菌蚊、眼菌蚊、蛞蝓、蠼螋和金针虫，另外，云雀、松鼠和蜈蚣也对松茸有一定程度危害。文艺等（2016）报道，危害西藏林芝松茸的病虫为果蝇（幼虫啃食幼茸）、沟金针虫（幼虫啃食菌柄）、镰刀菌（侵染松茸，病变部位初期呈浅褐色，质地变软，呈失水状或干腐状），导致松茸减产和品质下降。

2.防控方法 预防为主，综合防控。

（1）推广保育促繁技术。改善松茸发生林地生态环境，将林地郁闭度调整至0.5～0.9；用竹耙或手将地面腐殖质厚度调整至3～5厘米。有条件者可以尝试隧道松茸栽培法，以促使松茸菌丝大量增殖并与共生植物形成良好菌根，子实体发育健壮，增强自身抗病虫能力。

（2）实施物理方法防控。一是在黄昏时人工捕捉杀灭蛞蝓和蠼螋，以降低害虫基数；二是在幼茸上方罩上竹子或铁丝编制物并盖上纱布或60目以上不锈钢筛网的罩子，以阻止害虫、鸟、松鼠进入造成危害；三是在松茸发生地悬挂粘虫板，持续2个月以上，利用成虫的趋光性诱杀害虫，以降低害虫基数。

三、采收与产品

（一）采挖

受采集松茸出售能获得高额经济利益的影响，产地山民竞相上山，用锄、镰等工具轮番挖找松茸，无论大小老嫩见到就采，存在掠夺性、毁灭性和过渡性采集的问题，严重破坏了松茸生态环境，具有"断本绝源"的潜在危险。

（二）科学采集

1.采摘松茸遵循原则　"采大留小，多次采摘"。采摘长度在5厘米以上的子实体，保留5厘米以下的幼小子实体，待下次采摘，不但不会降低开采价值，还会提高子实体单价。

2.采摘松茸具体方法　手戴布手套，用手握住菌柄，左右轻轻旋转菌柄，使其与菌根分离开后，取出菇体，横放至菇篮（用新鲜松树针或柏树枝叶垫底），盖上枝叶。

（三）产品类型

《松茸》（GB/T 23188—2023）将松茸产品划分为3种类型：一是松茸鲜品，指正常发育、野外采集后，经简单保鲜处理的松茸；二是松茸速冻品，指以新鲜野生松茸为原料，采用低温速冻工艺加工而成的松茸；三是松茸干品，鲜品纵向切片，经热风、晾晒、干燥脱水等工艺加工而成的松茸。

（四）包装、贮存与运输

包装材料应坚固、干燥、防湿、无破损、无异味、无毒、无害，包装箱（袋）的卫生指标应符合相关标准规定。包装上应有相应标志和标签。

松茸产品在贮存过程中不得与有毒、有害、有异味和易于传播霉菌、虫害的物品混合存放。松茸鲜品在3～5℃下贮存1～3天；松茸速冻品在−28℃条件下贮存；松茸干品在通风、阴凉干燥、洁净，有防潮设备及防霉、防虫和防鼠设施的库房贮存。

运输工具应清洁、卫生、无污染物、无杂物。运输时，应轻装、轻卸、防重压，避免机械损伤；防日晒、防雨淋、不可裸露运输；不得与有毒、有害、有异味和鲜活动物混运。松茸鲜品在1～5℃条件下运输，松茸速冻品在低于−18℃条件下运输，松茸干品在常温并保持干燥条件下运输。

参考文献

陈杭，罗孝贵，唐明先，等，2016.甘孜州松茸资源保护性开发利用现状及对策[J].现代农业科技(16)：81，90.

陈慧群，1987.四川松茸资源的分布、利用与保护[J].资源开发与保护杂志，3(4)：58-59.

戴贤才，李泰辉，等，1994.四川省甘孜州菌类志[M].成都：四川科学技术出版社.

富永保人，1989.松口蘑的孢子萌发和菌丝分裂[J].谭伟，译.国外食用菌(2)：32-34.

富永保人，1991. 日本的松茸研究与栽培史 [J]. 谭伟，译. 中国食用菌，10(3, 4): 15-16, 9-10.

高明文，代贤才，1996. 川西高原的松茸生态 [J]. 中国食用菌，15(6): 34-35.

黄年来，林志彬，陈国良，2010. 中国食药用菌学 [M]. 上海：上海科学技术文献出版社.

李强，陈诚，李小林，等，2016. 松茸的适宜生态因子 [J]. 应用与环境生物学报，22(6): 1096-1102.

李强，李小林，黄文丽，等，2014. 四川松茸内生细菌群落结构与多样性 [J]. 应用生态学报，25(11): 3316-3322.

李小林，金鑫，李强，等，2015. 生态因子对四川松茸菌塘土壤微生物的影响 [J]. 应用与环境生物学报，21(1): 164-169.

廖树云，刘怀琼，刘彬，1991. 四川松茸的特殊生态研究 [J]. 四川农业大学学报，9(2): 297-302.

林强，孙志宇，谭方河，等，2002. 四川省野生菌类资源开发策略 [J]. 四川林业科技，23(1): 35-37.

刘波，1974. 中国药用真菌 [M]. 太原：山西人民出版社.

苏开美，王志和，杨宇华，等，2007. 松茸虫害调查及防治研究 [J]. 中国食用菌，26(1): 59-60.

谭伟，王春梅，刘孝斌，等，2013. 川西高原特色优势产品雅江松茸 [J]. 四川农业科技 (7): 41.

谭伟，郑林用，彭卫红，等，2000. 四川松茸资源分布及开发利用 [J]. 西南农业学报，13(1): 118-121.

谭伟，1990. 日本广岛松茸研究会及其会志 [J]. 中国食用菌，9(5): 48.

谭伟，1994. 松口蘑隧道式栽培法 [J]. 土壤农化通报，9(4): 47-52.

谭伟，1994. 松口蘑栽培理论及方法 [J]. 食用菌学报，1(1): 35-63.

谭伟，2002. 科学采集，持续利用松茸资源 [J]. 中国食用菌，21(6): 15.

谭伟，2002. 松茸的科学采集利用 [J]. 四川农业科技 (7): 22.

王波，1989. 稻城松口蘑生态调查初报 [J]. 食用菌 (6): 4.

王明福，1989. 温度和降水对松口蘑发生的影响 [J]. 食用菌 (4): 4-5.

王明福，1989. 松茸野外分离 [J]. 浙江食用菌 (3): 17-18.

文艺，邹莉，王君，2016. 西藏松茸主要病虫害调查研究 [J]. 现代农业科技 (18): 90-93.

鲜明耀，刘芳秀，1989. 四川松茸分布及其生态环境 [J]. 食用菌 (5): 9-10.

叶雷，富雨，李强，等，2018. 高通量测序研究松茸菌柄土壤细菌群落结构 [J]. 应用与环境生物学报，24(3): 583-589.

张光亚，1984. 云南食用菌 [M]. 昆明：云南人民出版社.

郑林用，郭耀辉，黄羽佳，等，2014. 加强四川藏区野生菌资源保护、推进野生菌产业化开发的建议 [J]. 食用菌 (4): 1-2.

富永保人，1965. マツタケの菌糸の特性に関する研究 [J]. 広島農業短期大学研究報告 (2): 242-246.

富永保人，米山稔，1987. マツタケの栽培実際 [M]. 東京：株式会社養賢堂.

富永保人，鮮明耀，1988. 中华人民共和国のマツタケについて，Ⅱ，四川省馬爾康県と小金県のマツタケ [J]. 広島農業短期大学研究報告，8(3): 559-570.

富永保人，鮮明耀，劉芳秀，譚偉，1989. 中华人民共和国のマツタケについて，Ⅲ，四川省塩源県と徳昌県のマツタケ [J]. 広島農業短期大学研究報告，8(4): 735-742.

中村克哉. 1982. キノコの事典 [M]. 東京：株式会社朝倉書店.

编写人员：谭伟　张波　叶雷

黄 绿 卷 毛 菇

　　黄绿卷毛菇（图26-1）曾被称为黄绿蜜环菌，俗名白菌，味道鲜美，营养丰富，口感脆嫩，生于海拔3 800米以上。一般生于较干旱的高山草甸，可形成蘑菇圈，发生季节稍晚。雨量充沛时，子实体呈黄色，天气干燥时，子实体呈白色。由于无节制地采摘，白菌天然产量越来越少。在欧洲一些国家，该种已受到法律保护。"石渠白菌"是国家地理标志产品。据调查和了解，该种在四川的分布不仅限于石渠县，在甘孜藏族自治州甘孜县、阿坝藏族羌族自治州阿坝县等地也有分布，8月左右在康定等地可见大量鲜品销售，干品在甘孜藏族自治州多地常年有售。

图26-1　黄绿卷毛菇（白菌）

一、概述

　　黄绿卷毛菇*Floccularia luteovirens*（Alb. & Schwein.）Pouzar，又名白菌、石渠白菌、石渠白蘑菇、白色白桩菇、黄蘑菇、黄环菌、黄金菇等，隶属担子菌门Basidiomycota，伞菌纲Agaricomycetes，伞菌目Agaricales，伞菌科Agaricaceae，卷毛菇属*Floccularia*。

石渠白菌鲜嫩可口，香味浓郁，性味甘平，富含蛋白质、粗脂肪、钙、磷、微量元素等营养物质，特别是富含20余种氨基酸，谷氨酸和天门冬氨酸含量高达3.59%和2.11%，粗蛋白质含量达到31.3%。经原轻工业部食品质量监督检测中心成都站检测，石渠白菌硒含量达到7.02毫克/千克。

石渠白菌历来被视为宫廷珍品、皇室蘑菇。石渠白菌不但味道鲜美，长期食用还具有抗癌、抗疲劳、延年益寿、美容养颜之功效，是高原特有原生态纯天然健康食品。2018年7月3日，农业农村部正式批准对"石渠白菌"实施农产品地理标志登记保护。

二、生态习性

（一）形态特征

子实体中等大，菌肉厚实，白色至淡黄色，菌盖圆形，扁平至凸镜形，直径3～12厘米，盖缘内卷，有菌膜残余，新鲜时呈鲜黄色至硫黄色，干品近白色，菌盖表皮龟裂或形成环状鳞片（图26-2）。菌褶较密，黄色，近直生至弯生。菌柄中生，圆柱形，实心，长2～9厘米，粗1.2～2.6厘米，白色至黄色，基部偶有膨大，具菌幕残余。菌环上位，黄色，菌环以下具黄色鳞片。孢子印白色。担孢子椭圆形，无色至微黄色，（6～7）微米×（4～5）微米。担子棒状，大小为（12.5～16.8）微米×（4.0～4.8）微米，具4小梗，偶见2小梗，菌丝具明显锁状联合。

图26-2 白菌子实体形态

（二）自然分布与生态环境

1.自然分布 白菌主要分布在我国北纬28.93°—37.69°、东经90.4°—102.1°，与青藏高原嵩草属（*Kobresia*）的分布地区基本吻合，以单生、丛生及蘑菇圈方式分布在海拔3 200～4 800米的青藏高原高寒嵩草草甸上。白菌主要分布在青藏高原海拔4 000～4 300米的高原草地上，海拔4 000米以下和4 300米以上的区域分布较少。王庆莉等将甘孜藏族自治州黄绿卷毛菇年产量在250千克以上乡镇划分为适宜出菌区、

50 ～ 250千克划分为较适宜出菌区，50千克以下划分为不适宜出菌区。由此得出白菌生长最适宜的乡镇为色须镇、呷依乡、德荣玛乡、蒙沙乡、虾扎镇、格孟乡、长沙贡玛乡，较适宜的乡镇为长须贡玛乡、温波镇、长沙干玛乡、阿日扎乡、起坞乡、宜牛乡、尼呷镇、长须干玛乡，不适宜的乡镇为麻呷乡、奔达乡、蒙宜乡、新荣乡、正科乡、真达乡、瓦须乡、洛须镇。

2.生活条件

（1）气候与环境。四川白菌主产区石渠地处川青藏三省交界处，北起巴颜喀拉山南麓，南抵沙鲁里山脉的莫拉山段，西北部与青海玉树藏族自治州接壤，西南面与西藏江达县隔江相望，东南面与色达县、德格县毗邻，县城海拔4 200米。属大陆性季风高原气候，全年冬长夏短，气温低，日照强烈。昼夜温差大，气候干燥，风大少雨，无绝对无霜期。

白菌子实体发生在7—9月，发生期和发生量受降水期和降水量的影响。7—8月降水极为重要，降水次数多，月平均雨日20天左右，则白菌产量高。根据甘孜藏族自治州气象局王庆莉和石渠县气象局冯超等报道，石渠白菌生长区气温较低，年均气温为−0.9℃，菌丝生长的草场气温有7个月在0℃以下，5—9月平均气温为6.6℃。

（2）植物。石渠白菌发生地全部为嵩草、羊草、羊茅、苔草、珠芽蓼、委陵菜、翼首花及线叶菊等草本植物，多数形成蘑菇圈，圈上牧草一般长得较茂盛，其生长的增绿带叶绿素含量明显高于非增绿带（图26-3），这可能是白菌在生长发育过程中，菌丝体分泌出一些能刺激植物生长的激素物质的缘故，抑或是具有某种促进草增绿的机制存在，而白菌子实体的生长发育也可能与上述牧草的根系分泌物形成的胞外酶类相关。

图26-3　白菌生长的"增绿带"

白菌蘑菇圈的牧草生长茂密，而在白菌子实体生长季节，蘑菇圈周围的嵩草却提前发黄，剖出根部，地下茎上附有许多白色菌丝（图26-4）。周启明于1984年第1次提出黄绿卷毛菇与嵩草之间有共生关系。后来有人发现嵩草属植物，如矮嵩草、高山嵩草、小嵩草等与黄绿卷毛菇之间的关系较密切，并且这3种嵩草的地理分布与黄绿卷毛菇的分布几乎重合，进一步佐证了该菌的菌根菌假说。

图26-4 地表下菌丝与植物根系的生长情况

（3）土壤与微生物。白菌生长在高山草甸土上，腐殖层厚10～20厘米，土壤为棕壤或棕色灰化土，中性或微酸性，草甸土和草原土具有雨后不积水、久旱仍湿润的特点。白菌一般形成蘑菇圈，圈的宽度约50厘米，直径约6米左右，圈上植物呈明显的深绿色，且生长旺盛。蘑菇圈上和圈外主要土壤理化特性、微生物类群数量有明显差异，圈上氮、磷、水分含量均高于圈外和圈内，土壤pH略低于其他两处；圈上微生物多样性均低于圈内和圈外，细菌以土地杆菌属（*Fedobacter*）、黄杆菌属（*Flowobacterium*）、假单胞菌属（*Pseudomonas*）为主，真菌以担子菌为主，银耳目真菌的丰度最高。

三、产业现状

白菌营养丰富，天然美味，开发前景非常广阔。但目前人工驯化栽培还未成功，产品均来自野生，当地农牧民的采集手段非常原始，土法晾晒和火炉烘干是基本加工手段，还谈不上保护性利用与开发。目前石渠白菌年产量仅有5吨左右，每千克鲜品售价50～60元，干品高达700～800元，远不能满足市场供应。为了将这一高原天然美味"佳品""贡品"更多推向国内外，应加强对该菌的保护性利用与开发研究，尤其应加大人工驯化研究的力度。

四、栽培驯化现状

20世纪80年代以来，国内外学者非常关注石渠白菌的驯化研究，对其地理分布、生态环境、生理生化、菌株培养与驯化等研究做了大量工作，目前还没有取得突破性进展。

石渠白菌驯化研究难点主要体现在3个方面。一是该菌是否为菌根菌还没有定论。二是该菌与环境、土壤和微生物、植物之间的相互作用关系没有明确的定论。三是该菌子实体分离培养物和担孢子在现有人工合成培养基上萌发很快，但生长特别缓慢，生长90天菌落大小不超过2厘米，这也严重影响了该菌的进一步驯化栽培研究。

五、食用方法

石渠白菌食用方法主要有炒、烧和炖等。白菌烹饪前，先用温开水泡发1小时以上，然后切片与肉混炒，仅加入少许精盐、蒜瓣和鲜葱调味即可。还可将泡发切片的白菌与午餐肉、肚条等进行清烧成菜。还有最通常的食用方法是将白菌与鸡肉、排骨等一起清炖3～4小时，仅加入少量精盐和蒜瓣调味，味美滋补。需要注意的是石渠白菌本身味道鲜美，烹饪时建议不要放过多调味品，一般放少量盐即可，这样既不会影响其营养成分释放，而且味道鲜美、菌香四溢。

参考文献

戴玉成,周丽伟,杨祝良,等,2010.中国食用菌名录[J].菌物学报,29(1): 1-21.

刁志民,1997.青海草地黄绿蜜环菌生态学特性及营养价值的研究[J].中国食用菌,16(4): 21-22.

葛绍荣,刘世贵,1995.石渠白菌的初探[J].中国食用菌,14(1): 29.

李玉,李泰辉,杨祝良,等,2015.中国大型菌物资源图鉴[M].北京:科学出版社.

刘昆,蒋俊,郑巧平,等,2019.黄绿卷毛菇研究进展[J].中国食用菌,38(5): 1-5, 12.

卢素锦,李军乔,陈刚,等,2006.青海黄绿蜜环菌植被类型及伴生植物的初步调查[J].食用菌(3): 4-5.

王启兰,姜文波,陈波,2005.黄绿蜜环菌蘑菇圈生长对土壤及植物群落的影响[J].生态学杂志(3): 269-272.

王庆莉,韩玉江,冯超,等,2019.四川石渠黄绿卷毛菇资源的适宜性区划[J].食用菌学报,26(2): 106-112.

王琰,谢占玲,2015.不同地区黄绿卷毛菇生长发育相关植物的研究[J].江苏农业科学(6): 215-219.

谢占玲,赵连正,李椰,等,2016.青藏高原特有种黄绿卷毛菇的地理分布与生态环境的相关性[J].生态学报,36(10): 2851-2857.

周启明,王世敏,1985.祁连山黄绿蜜环菌初步调查[J].食用菌(5): 2-3.

Xing R, yan H, Gao Q, et al., 2018.Microbial communities inhabiting the fairy ring of *Floccularia luteovirens* and isolation of potential mycorrhiza helper bacteria[J]. Journal of Basic Microbiology, 58(6): 554-563.

编写人员：曾先富

乳 菇

乳菇*Lactarius* spp.，隶属担子菌门Basidiomycota，伞菌纲Agaricomycetes，伞菌目Agaricales，红菇科Russulaceae，乳菇属*Lactarius*，在四川广泛分布。

乳菇属真菌在四川野生菌市场上极为常见，种类异常丰富，尤其在攀西地区和秦巴山区。常见且产量较大的包括松乳菇*L. deliciosus*（图27-1）、云杉乳菇*L. deterrimus*（图27-2）和靓丽乳菇*L. vividus*（图27-3）。松乳菇主要在攀西地区市场上较常见，俗称早谷黄；靓丽乳菇是秦巴山区老百姓极其喜爱的一种野生食用菌，也是当地最重要的野生食用菌之一，产量较大，当地老百姓一般称其为松菌；云杉乳菇在阿坝藏族羌族自治州市场上较常见，俗称为杉木菌。

图27-1 松乳菇

图27-2　云杉乳菇

图27-3　靓丽乳菇

　　四川省农业科学院研究人员通过对乳菇菌根进行合成，4个月内可实现室内出菇，为进一步的乳菇人工驯化奠定了较好的基础。

编写人员：何晓兰　王迪

冬 虫 夏 草

　　冬虫夏草*Ophiocordyceps sinensis*，俗名虫草，隶属子囊菌门Ascomycota，粪壳菌纲Sordariomycetes，肉座菌目Hypocreales，线虫草科Ophiocordycipitaceae，线虫草属*Ophiocordyceps*。在四川主要分布于甘孜藏族自治州、阿坝藏族羌族自治州和凉山彝族自治州木里县海拔3 500米以上的高山草甸。

　　冬虫夏草（图28-1）主要分布在海拔3 500米以上的高山草甸，甘孜藏族自治州和阿坝藏族羌族自治州较多地区都有虫草分布，其中理塘县是最主要的产区之一；凉山彝族自治州目前仅分布于木里县。采挖虫草售卖是四川藏区农牧民主要的收入来源之一，近年来，由于过度采集对其生长环境造成了较大的破坏，产量逐年下降。

图28-1　冬虫夏草

　　每年"五一"左右，即进入虫草采挖季，采虫草的农牧民会在采集地扎营，直到采集季节结束。

编写人员：何晓兰　王迪

翘鳞肉齿菌

翘鳞肉齿菌Sarcodon imbricatus (L.) P. Karst.，俗称黑虎掌、獐子菌、老鹰菌，隶属担子菌门 Basidiomycota，伞菌纲 Agaricomycetes，革菌目 Thelephorales，烟白齿菌科 Bankeraceae，肉齿菌属 Sarcodon，在甘孜藏族自治州、阿坝藏族羌族自治州广泛分布，在凉山彝族自治州木里县也有一定产量，主要生长于云杉、冷杉林下。

黑虎掌是四川重要的野生食用菌，天然产量较大，据不完全估计，甘孜藏族自治州和阿坝藏族羌族自治州市场上售卖的黑虎掌年产量超过1 000 吨。市场上售卖的该类群至少包括了翘鳞肉齿菌（图29-1）在内的5 个不同物种，虽然他们在形态上较为相似，但仍存在一些细微且稳定的差异，同时，基于DNA序列分析的结果也表明他们是截然不同的物种，但笔者对收集自市场上的200 多份标本分析，结果表明，市场销售的黑虎掌大多都是翘鳞肉齿菌。

图29-1　翘鳞肉齿菌

在甘孜藏族自治州，当地老百姓将其称为獐子菌；而在阿坝藏族羌族自治州当地老百姓称其为老鹰菌，獐子菌是指齿菌属 Hydnum 的物种。

编写人员：何晓兰　王迪

壮 丽 松 苞 菇

壮丽松苞菇 *Catathelasma imperiale* (P. Karst.) Singer，俗称老人头，隶属担子菌门 Basidiomycota，伞菌纲 Agaricomycetes，伞菌目 Agaricales，Biannulariaceae，松孢菇属 *Catathelasma*，在甘孜藏族自治州和阿坝藏族羌族自治州广泛分布，多见于冷杉、云杉林中地上。

壮丽松苞菇（图30-1）是四川极为常见的一种野生食用菌，因外形与松茸有些相似，有些商贩将其冒充松茸售卖。壮丽松苞菇天然产量较大，主要见于甘孜藏族自治州和阿坝藏族羌族自治州市场，而在凉山彝族自治州（除木里县外）市场售卖的松苞菇属物种与甘孜藏族自治州或阿坝藏族羌族自治州市场上的并非同一个物种，凉山彝族自治州售卖的是松苞菇属另外两个种，即老人头松苞菇 *Catathelasma laorentou* 和亚高山松苞菇 *C. subalpinum*，产量比壮丽松苞菇低很多。在西昌周边，当地老百姓直接将该属物种称为"松茸"。

图30-1 壮丽松苞菇

编写人员：何晓兰　王迪

白 牛 肝 菌

白牛肝菌*Boletus bainiugan* Dentinger，俗名大脚菇、美味牛肝菌，隶属担子菌门Basidiomycota，伞菌纲Agaricomycetes，牛肝菌目Boletales，牛肝菌科Boletaceae，牛肝菌属*Boletus*，在四川多地广泛分布，多生长于松树与壳斗科混交林种地上。

四川野生菌市场上牛肝菌种类众多，以攀西地区最为丰富。据不完全调查，四川市场上售卖的牛肝菌种类超过35种，其中白牛肝菌（图31-1）分布范围最广、产量最大，在攀西地区、秦巴山区都较为常见。

图31-1　白牛肝菌

早期的文献中，白牛肝菌被鉴定为美味牛肝菌，但近几年的研究表明，在西南地区备受老百姓喜爱的"美味牛肝菌"与欧洲的真正的美味牛肝菌存在较大差异，是另一个独立的物种，即白牛肝菌。

在攀西地区，玫黄黄肉牛肝菌（*Butyriboletus roseoflavus*，又称白葱）和兰茂牛肝菌（*Lanmaoa asiatica*，又称红葱）的售价要高于白牛肝菌。

编写人员：何晓兰　王迪

鸡 油 菌

鸡油菌 *Cantharellus* spp.，俗名黄丝菌，隶属担子菌门Basidiomycota，伞菌纲 Agaricomycetes，伞菌目Agaricales，齿菌科Hydnaceae，鸡油菌属*Cantharellus*，在四川分布较广，可见于松树林下、壳斗科林下或针阔混交林下。

鸡油菌（图32-1）在四川分布较广，市场上售卖的鸡油菌包括了多个不同的物种。四川多地都称之为黄丝菌；但在凉山彝族自治州通常称其为鸡油菌，而黄丝菌指的是油口蘑*Tricholoma equestre* (L.) P. Kumm.。

图32-1　鸡油菌

编写人员：何晓兰　王迪

蚁巢伞 *Termitomyces* spp.，隶属担子菌门 Basidiomycota，伞菌纲 Agaricomycetes，伞菌目 Agaricales，离褶伞科 Lyophyllaceae，蚁巢伞属 *Termitomyces*，俗称豆鸡菇、伞把菇、火把鸡等，在四川分布较广，但以攀西地区产量为最大。

四川攀西地区蚁巢伞（图33-1）产量大，物种多样性较高，攀西地区市场上可见的蚁巢伞属物种超过10种，其中盾形鸡枞 *T. clypeatus* 最为常见，但基于DNA序列分析发现，形态学意义上的盾形鸡枞包括了至少5个系统发育种，还需进一步研究确认。

图33-1　蚁巢伞

蚁巢伞味道鲜美，深受民众喜爱，其鲜品售价一般为160～400元/千克，在攀西地区，有制作鸡枞油的传统习惯。2022年，会东县"鸡枞油传统制作技艺"被列入四川省农村生产生活遗产名录（第二批）。

编写人员：何晓兰　王迪

玫黄黄肉牛肝菌

玫黄黄肉牛肝菌*Butyriboletus roseoflavus* (Hai B. Li & Hai L. Wei) D. Arora & J.L. Frank，俗称白葱，隶属担子菌门Basidiomycota，伞菌纲Agaricomycetes，牛肝菌目Boletales，牛肝菌科Boletaceae，黄肉牛肝菌属*Butyriboletus*，主要分布于攀西地区，多生长于松树与壳斗科植物混交林下。

玫黄黄肉牛肝菌（图34-1）在攀西地区市场上常见，其售价一般为60～120元/千克，通常高于白牛肝菌。有许多商贩在攀西地区收集玫黄黄肉牛肝菌和兰茂牛肝菌（俗称红葱）发往昆明，尤其是会东县和会理县的大部分这类野生菌都流向了昆明市场。

图34-1　玫黄黄肉牛肝菌

除玫黄黄肉牛肝菌外，彝食黄肉牛肝菌*B. yicibus* D. Arora & J.L. Frank和假小美黄肉牛肝菌*B. pseudospeciosus* Kuan Zhao & Zhu L. Yang在市场上也较常见。

编写人员：何晓兰　王迪

兰 茂 牛 肝 菌

　　兰茂牛肝菌 *Lanmaoa asiatica* G. Wu & Zh. L. Yang，隶属担子菌门 Basidiomycota，伞菌纲 Agaricomycetes，牛肝菌目 Boletales，牛肝菌科 Boletaceae，兰茂牛肝菌属 *Lanmaoa*，俗称红葱，主要分布于攀西地区，生长于松树下，或松树与壳斗科植物混交林下。

　　兰茂牛肝菌（图35-1）味道鲜美，脆嫩。在攀西地区市场上较常见，是当地重要的野生食用菌类之一，产量较大。当地老百姓比较偏好食用该菌，其售价比白牛肝菌高出一倍左右。攀西地区当地人都将兰茂牛肝菌称为"红葱"，市场上也有许多商贩大量收购该种发往云南市场，在云南其售价也几乎比在攀西地区高出1倍。

图35-1　兰茂牛肝菌

编写人员：何晓兰　王迪

喜 山 丝 膜 菌

喜山丝膜菌 *Cortinarius emodensis* Berk，隶属担子菌门 Basidiomycota，伞菌纲 Agaricomycetes，伞菌目 Agaricales，丝膜菌科 Cortinariaceae，丝膜菌属 *Cortinarius*，俗称杉木菌、羊角菌、杉木蘑菇，在四川甘孜藏族自治州、阿坝藏族羌族自治州和凉山彝族自治州均有分布。

喜山丝膜菌（图 36-1）为树木外生菌根菌，广泛分布于我国喜马拉雅和横断山区，在四川木里县、康定市、马尔康市、小金县、理县等市场极常见，出售量大，是川西地区最为重要的野生食用菌之一。因该种在冷杉林中常见，甘孜藏族自治州和凉山彝族自治州木里县等地居民称其为"杉木菌"；它在杜鹃林下也较常见（在阿坝藏族羌族自治州，杜鹃树也称为羊角树），因此在小金县、马尔康市等地也被称为"羊角菌"。

图 36-1 喜山丝膜菌

在凉山彝族自治州，喜山丝膜菌主要见于木里县和西昌附近，西昌附近的喜山丝膜菌基本都采自于螺髻山。

编写人员：何晓兰　王迪

红青冈蜡伞

红青冈蜡伞 *Hygrophorus deliciosus* C.Q.Wang & T.H. Li，隶属担子菌门Basidiomycota，伞菌纲Agaricomycetes，伞菌目Agaricales，蜡伞科Hygrophoraceae，蜡伞属*Hygrophorus*，俗称青冈菌、红菌子，生长于高山栎林下。

红青冈蜡伞（图37-1）是四川藏区非常重要的一种野生食用菌，产量极大，在甘孜藏族自治州和阿坝藏族羌族自治州分布广泛，在凉山彝族自治州仅见于木里县。该种宏观形态上与红菇属的物种相似，但其显微特征有明显区别。

图37-1　红青冈蜡伞

早先的文献中多将该类蘑菇鉴定为红菇蜡伞 *H. russula*（Schaeff. ex Fr.）Kauffman，但形态学上的红菇蜡伞应该是包括几个不同物种的复合群。Huang 等（2018）结合形态学和分子生物学研究结果，将西南地区亚高山带阔叶混交林中的"红菇蜡伞"作为一个独立的物种 *H. parvirussula* H.Y. Huang & L.P. Tang 进行了正式描述，但在四川高山栎林中的"红菇蜡伞"在形态和DNA序列上与 *H. parvirussula* 及欧洲的红菇蜡伞都存在较大的差异，王超群等将其描述为 *Hygophorus deliciosus*。

编写人员：何晓兰　王迪

黄 褐 鹅 膏

黄褐鹅膏*Amanita ochracea* (Zhu L. Yang) Yang-Yang Cui, Qing Cai & Zhu L. Yang, 隶属担子菌门Basidiomycota, 伞菌纲Agaricomycetes, 伞菌目Agaricales, 鹅膏科 Amanitaceae, 鹅膏属*Amanita*, 俗名鹅蛋菌、鸡蛋菌, 生长于高山栎或冷杉林下。

黄褐鹅膏(图38-1)子实体较大, 口感细腻嫩滑, 是四川藏区主要的野生食用菌类之一, 深受产地老百姓喜爱, 在甘孜藏族自治州九龙县、阿坝藏族羌族自治州小金县等地产量尤其大。攀西地区市场上销售的"黄罗伞"是鹅膏属另一个物种黄蜡鹅膏*A. kitamagotake* N. Endo & A. Yamada, 其子实体相对小一些。

图38-1 黄褐鹅膏

采食时应注意与剧毒的黄盖鹅膏*A. subjunquillea* S. Imai相区分。

编写人员: 何晓兰 王迪

远东皱盖牛肝菌

远东皱盖牛肝菌 *Rugiboletus extremiorientalis*（Lj. N.Vassiljeva）G. Wu & Zhu L. Yang，隶属担子菌门 Basidiomycota，伞菌纲 Agaricomycetes，牛肝菌目 Boletales，牛肝菌科 Boletaceae，皱盖牛肝菌属 *Rugiboletus*，俗名黄香棒、老虎菌、黄牛肝，多生长于松树林中，在四川主要分布于攀西地区。

远东皱盖牛肝菌（图39-1）在攀西地区市场较为常见，产量较大，但大多被收购销售至外地；在川东地区野生菌市场上也可见到，但产量较小。

图39-1　远东皱盖牛肝菌

褐孔皱盖牛肝菌 *R. brunneiporus* G. Wu & Zhu L. Yang 是与其相近的另一个可食用物种，在康定等地市场上可见到，但产量要小得多。

编写人员：何晓兰　王迪

第四篇

食用菌贮运加工

概 述

食用菌具有较高的营养价值，具有广阔的产品开发前景。

新鲜食用菌含水量高，难以长期保存，必须经过加工处理形成便于运输和消费的产品。常见的食用菌加工产品以食品为主，还有部分保健品和少量的药品（图40-1）。不同的产品加工类型对加工方式和对设施的要求各异。

图40-1　食用菌加工产品

食用菌产品加工可利用菌丝体或子实体。菌丝体发酵方式可以在较短的时间内生产大量的菌丝体原料，能实现周年生产；对子实体的加工不仅可以提高产品附加值，也能消耗大量鲜销过剩产品，充分利用在采后分级、淘洗过程中产生的边角余料，实现增值加工。

四川食用菌加工产品类型多样，如开袋即食的金针菇、食用菌调味品、野生菌汤料，以及具有保健功效的灵芝系列保健品，以银耳为代表的护肤品等，但总体加工利用率还不高，加工产品还不够丰富，亟待进一步开展。

食 品 加 工

一、干制加工

　　新鲜食用菌含水量高，无法长时间贮存，遇高温易腐烂变质。将新鲜食用菌自然干燥或者人工干燥，使含水量降至13%以下，即食用菌的干制加工。经干燥后的食用菌干品，含水量低，加工过程无其他添加剂（图41-1）。干制后的食用菌可长期贮存或外销，调节市场供应，为精深加工提供原料。操作要点为：

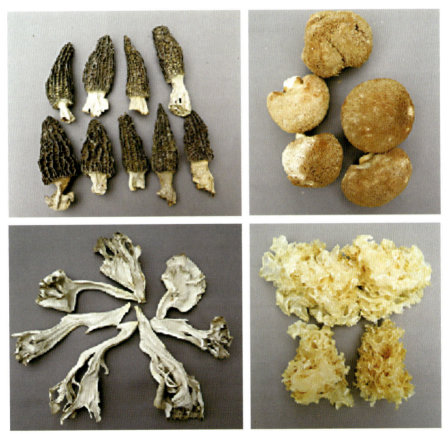

图41-1　常见食用菌干品

1.原料处理 采收后将新鲜菌菇按大小、厚薄分级摆放。

2.干燥 不同新鲜食用菌干燥温度有差异，大多设定为30～65℃。初期控制温度30～45℃，升温幅度每次低于5℃；中期温度50～55℃，该阶段决定干菇的形状，菌菇呈五至七分干，菇品表面干燥；后期温度60～65℃，食用菌菌盖边缘卷缩，重量降至鲜重的13%以下。

3.包装 将干燥好的食用菌根据大小、色泽、完整程度分级密封包装，应采用防潮材料密封，防止干燥菌菇吸潮、霉变。

干燥后的产品质量标准为形态均匀一致；具有食用菌固有香味；无霉变、虫害、异物；含水量低于13%。

二、腌渍加工

食用菌的腌渍加工主要分为盐渍加工和糖渍加工。盐渍加工食用菌的产品含盐量可达25%，产生超过微生物细胞的渗透压，导致细胞水分外渗，处于休眠或死亡状态，盐渍食用菌可长期保存。

糖渍加工保存食用菌的原理与盐渍类似，含糖量65%以上的食用菌糖渍品也处于较高的渗透压下，细胞因脱水收缩而处于休眠或死亡状态，达到长期保存食用菌的目的。同时，糖具有抗氧化作用，有利于糖渍食用菌色泽、风味和维生素的保存。

腌渍新鲜食用菌主要原料为食盐、柠檬酸、蔗糖、淀粉糖浆。

主要工艺流程包括：采收、分级、漂洗、杀青、冷却、盐渍/糖渍、包装贮藏。

操作要点为：

1.原料处理 将采收的新鲜食用菌根据品相分级，用低于0.6%的盐水或者0.05%柠檬酸溶液（pH4.5）漂洗食用菌，除去菇体表面的附着物并改善菇色。

2.杀青 将漂洗后的食用菌投入浓度5%～10%的煮沸盐水中煮制5～10分钟。保证食用菌全部浸没在沸盐水中，边煮边上下翻动，除去浮在水面的泡沫。将杀青后的食用菌放入清水中冷却。

3.腌渍 ①盐渍。沥去清水后，将食用菌放入浓度15%～16%的盐水中盐渍3～4天，其间食用菌会逐渐"转色"，若条件允许，建议每天给食用菌转缸一次。4天后，将食用菌转入浓度23%～25%的盐水中继续腌渍。7天后，当缸内盐水浓度不再下降，稳定在22波美度左右，盐渍完成；②糖渍。将食用菌浸没于波美度为38的糖溶液中，10～24小时后过滤，分离糖液与食用菌。在过滤后的糖液中加糖，调节至38波美度，再将过滤的食用菌重新浸入糖液中，煮沸，当糖液浓度达到60%时捞出食用菌，连同糖液一起腌渍48小时后完成糖渍。

4.包装 ①盐渍。沥去盐水后，将盐渍完的食用菌浸没于pH3.0～3.5、含有柠檬酸的盐水中，密封包装。②糖渍。将糖渍完成的食用菌捞出，65℃下干燥至含水量约为18%，密封包装。

处理完成的产品包装无胀气、异物，可常温贮藏3～5个月。

三、休闲食品加工

食用菌因其鲜香可口、营养丰富的特质而被开发应用到各类休闲食品中，常见的有麻辣金针菇、香菇脆片、猴头菇饼干、银耳软糖等，深受消费者喜爱。以椒盐香菇干为例，以香菇柄为原料，通过腌煮干燥，得到美味可口的即食香菇，不仅充分利用了香菇柄丰富的膳食纤维、香菇多糖等成分，还提升了不常食用的香菇柄的附加值。常用加工方法如下：

1.**主要原料配方**　香菇柄、柠檬酸、砂糖、食盐、胡椒粉、葱段、味精。

2.**操作流程**

（1）选料。选取无虫蛀、病害、霉变，粗细较均匀的香菇柄。鲜品可剪去根脚后漂洗干净直接使用，若是干香菇柄，则需要先浸水泡发后再剪去根脚、漂洗干净备用。

（2）煮制。锅内放入适量水、砂糖、食盐及香菇柄，大火煮开后再小火熬煮20分钟，加入葱段、柠檬酸、胡椒粉、味精继续煮制，当锅内料汁基本烧干时关火。

（3）干燥。将煮好的香菇干捞出，均摊在烘筛上，烘箱调至75℃，也可在阳光下晾晒。在干燥期间翻筛2次，防止粘连，干燥时间以自己口感判断，以不滴汁且入口有嚼劲为宜。

（4）包装。将制好的香菇干密封包装，防止吸潮霉变。

加工后的成品呈褐色，有浓郁的香菇风味，软硬适中。

四、酒水饮料加工

以食用菌菌丝体、发酵液、子实体为原料，通过浸渍、勾兑、发酵等加工方式，可制作众多风味各异的食用菌酒水饮料。

该类产品能充分利用食用菌采收加工时产生的残次菇，将食用菌营养丰富、风味独特的特点与不同种类酒水饮料的特色相结合，形成颇受消费者欢迎的新型酒水饮料产品。

以灵芝酸奶为例，主要原料包括灵芝、牛奶、嗜热链球菌、保加利亚乳杆菌等，通过灵芝液体发酵、过滤、配料、灭菌、接种、发酵、后熟、包装，形成具有灵芝风味的酸奶。

操作要点：

1.**母种培养**　接种灵芝母种于PDA试管斜面，25℃培养约25天，至菌丝布满斜面。

2.**液体菌种培养**　取指甲盖大小上述PDA斜面接种于PDA液体培养液中，26～28℃，转速为150转/分，摇瓶培养，至菌丝球长至培养液体积的约2/3即可。

3.**匀浆并过滤**　将菌丝体与培养液一起匀浆15分钟后，用4层纱布过滤匀浆液，收集过滤后的液体。

4.**配料**　将牛奶、匀浆液、水按照1∶0.2∶5的比例混匀，加入总体积5%的白砂糖。

5.**灭菌**　将配置好的溶液分装，不超过容器体积4/5，并置于90℃水浴5分钟。

6.**接种**　待分装瓶降至室温后，按体积5%～10%的量接入市售新鲜原味酸奶；或接入2.5% ~ 3%的嗜热链球菌和保加利亚乳杆菌（1：1）。

7.发酵 接种完毕后，在瓶口覆盖一张干净的防水纸，并用皮筋扎紧，于42 ~ 43℃下恒温发酵3 ~ 4小时。待瓶内溶液全部变为半固态后结束发酵。

8.后熟 将发酵好的酸奶置于10℃以下后熟12 ~ 18小时。

9.包装 将制好的酸奶分装后封紧瓶盖。

成品的灵芝酸奶呈乳白色，半固体状，均匀细腻，表面有一层乳脂。酸甜可口，有灵芝风味，无致病菌。

五、调味品加工

食用菌含有多种鲜味物质，如稀有氨基酸、呈味核苷酸等，有独特的菌香味，为广大消费者所喜爱。食用菌相关调味品种类繁多，包括口蘑酱油、香菇调味汁、蘑菇香醋等。

加工过程可充分利用食用菌的菇脚、残次菇等，大幅度提高食用菌产业附加值。以香菇糯米醋为例，是利用残次香菇或香菇柄等为原料，将香菇独特的菌香和糯米醋的风味相融合，充分利用香菇的营养活性物质提升醋品的营养价值。

1.主要原料配方 残次香菇或者香菇脚、糯米、酒精、麦麸、谷糠、食盐、白糖。

2.工艺流程

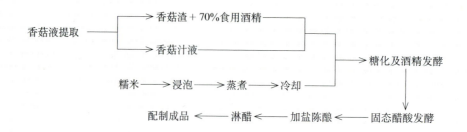

3.操作要点

（1）香菇液提取。将残次香菇或者菇脚洗净后干燥、粉碎，加入10倍香菇重量的清水浸泡4小时，再煮沸2小时，在煮沸期间补充蒸腾损失的水量。冷却后过滤，香菇汁液和香菇渣分别保存，其中香菇渣加70%乙醇。

（2）处理糯米。浸泡糯米，冬季浸泡24小时，夏季浸泡12小时。淋洗后沥干，将糯米蒸煮至熟透，冷却放置。

（3）糖化及酒精发酵。糖化：将糯米冷却至30 ~ 34℃，倒入发酵缸。加0.4%酒精，再加水拌匀、按实，缸中间留一个洞。经24 ~ 36小时发酵后，待洞中充满酒液时，加入3%香菇汁液拌匀，继续发酵3 ~ 4天。酒精发酵：继续加入香菇渣、酒精、6%麦麸、水，搅拌充分，26 ~ 28℃发酵。温度下降时酒精发酵结束。

（4）固态醋酸发酵。将酒醪移入大缸中，加入80%～85%麸皮、20%发酵成熟的醋醅，拌匀，使醅料疏松。加席盖保温，当醋醅上层达到38℃以上时进行第一次翻醅（上层与下层的凉、热醅翻转），往后每天翻醅一次。3～5天后温度达到最高值，但不宜超过45℃。发酵后期温度逐渐下降，取样检测，当连续2天醋醅的醋酸量基本一致、酒精含量低时，固态醋酸发酵结束。

（5）加盐陈酿。醋醅成熟后及时加入3%～5%食盐，一半食盐用于拌匀醋醅，一半食盐撒在醋醅表面。第二天翻醅一次，1～2天后再翻醅一次后，压紧密封。常温下储存，时间越长，香菇糯米醋风味越好。

（6）淋醋。将陈酿后的醋醅置于醋缸中，加水浸泡醋醅数小时后从缸底倒出，淋出醋即为成品生醋。每缸淋醋3次。

（7）配制成品。加入3%的白糖，80～85℃加热灭菌，冷却澄清。检验合格后，包装为成品。

4.质量标准

（1）感官指标。橙黄色或淡黄色；具有香菇和米醋香气，酸味柔和，微甜；液体澄清，无沉淀、悬浮物。

（2）理化指标。总酸（醋酸）含量＞60克/升，还原糖（葡萄糖）含量＞15克/升，氨基态氮含量＞3克/升。

（3）卫生指标。杂菌总数≤700个/升，大肠杆菌群数量≤50个/升，不得检出致病菌。

六、主食加工

近年来，我国主食加工业发展迅速，主食营养化是主食未来发展的重要方向。食用菌高蛋白、低脂肪、维生素含量高，非常适合与主食相结合开发营养主食。以金针菇为例，通过和面压片、干燥、包装，可开发形成金针菇面条，该类营养主食的生产步骤如下。

（1）金针菇处理。将新鲜金针菇清洗后60℃烘干，再用粉碎机粉碎后过100目筛，收集金针菇粉。

（2）和面。按照1∶9∶3的质量比例加入金针菇粉、富强面粉、豆浆，最后加入1%的葡甘露聚糖和适量水。所有配料倒入搅拌机搅拌10～12分钟至面粉成筋，具有一定的延伸性。将和好的面在25℃温度下放置15分钟。

（3）压片。面团熟化后及时上机压片，先双辊压延，形成初步薄片，再通过数道压辊逐步压延，使面筋网络均匀分布。再用轧片机将面皮切成1厘米宽的面条。

（4）干燥。低温阴干刚轧好的面条，最适条件为温度15～20℃、空气相对湿度70%～80%、通风良好。切忌太阳或高温干燥，面条易断裂。

（5）包装。纸袋或塑料袋包装，干燥条件储存。

质量标准：面条粗细一致，具有金针菇特有风味，下锅煮后筋道，不易断裂。

化妆品加工

我国古代已有采用食用菌美容的记载。银耳可祛斑、润泽肌肤，使皮下组织丰满、皮肤润滑；唐宋时期宫廷美容剂常常使用灵芝、茯苓为常用原料。在传统医学基础上，结合现代科学技术工艺，食用菌在化妆品产业中的应用越来越广泛。

一、洗面奶

皮肤清洁是皮肤健康护理所必需的过程。尤其是对于敏感的或脆弱的皮肤，更加需要特别清洁和护理。有问题的皮肤类型，必须着重考虑洗面奶的温和性和安全性。食用菌提取物大多能够抗氧化、提高机体免疫力，并且不容易引起过敏，因此含有食用菌提取物的洗面奶也备受消费者青睐。以灵芝洗面奶为例，主要有添加配料、搅拌、冷却、加入提取物、降温、装瓶等制作步骤。开发的产品含有灵芝、人参、甘草等提取物，清洁肌肤时更柔和、安全。

1.主要原料配方 灵芝、人参、甘草提取物，缩水山梨醇单甘油酯，白油（11号），蜂蜡，植物抗氧化剂，植物防腐剂，香精等。

2.操作要点

（1）甘油预处理。将甘油加入水中，加热至95℃，维持20分钟，再冷却至80℃。

（2）油脂混合。加入缩水山梨醇单甘油酯3.2份、白油（11号）37.9份、蜂蜡3份，加热至80℃，再加入水，搅拌10分钟后降温至45℃。

（3）加入提取物。加入灵芝、人参、甘草提取物，以及植物防腐剂、香精，搅拌均匀，降至室温后装瓶。

产品呈淡黄色乳状，无异味，对皮肤或黏膜无刺激和损伤作用。不得检出大肠杆菌群、绿脓杆菌或金黄色葡萄球菌。

二、润肤乳

乳液作为护肤品，最大的特点就是含水量很高，可以滋润肌肤，为干燥肌肤补充水分。食用菌中有些成分本身具有很好的保湿效果，例如银耳多糖等，可防止皮肤水分流失，达到极佳的保湿效果。以银耳美白霜为例，含有灵芝、银耳、茯苓的提取物，提升了普通润肤乳在保湿、美白、抗过敏方面的作用。制作过程主要包括制备浸提液、加热搅拌乳化、配合调配、快速冷却等。

1.主要原料配方 银耳、灵芝、茯苓、硬脂酸、羊毛脂、凡士林、白矿油、甘油、蒸馏水、香精、山梨酸钾等。

2.操作要点

（1）制备浸提液。取干银耳12克、干灵芝2克、干茯苓2克，与450毫升水一起煮沸2小时。经80目筛过滤收集滤液；向残渣中加水400毫升，继续煮沸1.5小时，用80目筛过滤得滤液。将两次滤液合并即为浸提液。

（2）加热搅拌乳化。将上述浸提液4份、甘油13份，蒸馏水64份搅匀后置于95℃水浴中加热半个小时，再冷却至75℃。取羊毛脂5份、硬脂酸6份、白矿油2份、凡士林6份一起置于75℃水浴中加热半个小时。将上述两部分水相与油相混合，在双向磁力搅拌器中加热乳化。

（3）配合调配。乳化完成后，冷却至50～60℃，加香精、山梨酸钾。

（4）快速冷却。快速冷却，使膏体软滑细腻。

产品一般呈雪白色乳状，无异味，具有显著的保湿作用，对皮肤或黏膜无刺激和损伤。不得检出大肠杆菌群、绿脓杆菌或金黄色葡萄球菌。

三、洗护用品

洗护用品包括洗发露、沐浴露、洗手液、手工皂等，主要用于清洗和除去人体表面分泌的油脂、汗垢、头皮上脱落的细胞以及外来的灰尘、微生物、定型产品的残留物和不良气味等。以灵芝洗发露为例，含有灵芝提取物，具有抗菌、消炎、止痒的活性，制备步骤包括提取灵芝浸提液、依次混料、加热搅拌、pH和香味调节等，主要生产流程如下。

1.主要原料配方 紫芝、JR-400阳离子纤维素、瓜尔胶、表面活性剂、卡松、香精、柠檬酸、椰油酰胺丙基甜菜碱、C16-18醇、乙二胺四乙酸二钠、甘油、椰子油脂肪酸单乙醇酰胺等。

2.操作要点

（1）制备灵芝提取物。将紫芝浸泡软化后切片，用100℃水煮沸浸提3小时，过滤后收集滤液，将滤渣加水重复一次浸提过程，合并两次滤液，即为灵芝提取物。

（2）混料。将JR-400阳离子纤维素、瓜尔胶、水搅拌混合，进一步加入表面活性剂、椰油酰胺丙基甜菜碱、C16-18醇、椰子油脂肪酸单乙醇酰胺、乙二胺四乙酸二钠和甘油，搅拌均匀。

（3）加热混合。将上述混合料加热至85℃维持半个小时，再降温至50℃左右。进一步加入表面活性剂M550、SL-20，灵芝提取物，卡松和香精，混合搅拌，最后加入柠檬酸调节pH，即得到所述灵芝洗发露。

洗发露产品一般有淡淡灵芝香味，质地均匀，能够有效清除头皮表面附着的头皮屑、油污等。

编写人员：许瀛引　谢丽源　张谦　舒雪琴

图书在版编目（CIP）数据

四川食用菌 / 彭卫红，吴传秀主编. -- 北京 ： 中国农业出版社，2025.5. -- ISBN 978-7-109-32903-4

Ⅰ.S646

中国国家版本馆CIP数据核字第2025QE1963号

四川食用菌

Sichuan Shiyongjun

中国农业出版社出版

地址：北京市朝阳区麦子店街18号楼

邮编：100125

责任编辑：李　瑜

版式设计：王　晨　　责任校对：张雯婷　　责任印制：王　宏

印刷：北京中科印刷有限公司

版次：2025年5月第1版

印次：2025年5月北京第1次印刷

发行：新华书店北京发行所

开本：787mm×1092mm　1/16

印张：23

字数：545千字

定价：245.00元